ロケットガールの誕生

コンピューターになった女性たち

ナタリア・ホルト 著
Nathalia Holt

秋山文野 訳
Ayano Akiyama

Rise of the
Rocket Girls
The Women Who Propelled Us,
from Missiles to the Moon to Mars

地人書館

RISE OF THE ROCKET GIRLS
The Women Who Propelled Us, From Missiles to the Moon to Mars
by
Nathalia Holt

Japanese translation rights arranged with Nathalia Holt
c/o DeFiore and Company, New York
through Tuttle-Mori Agency, Inc., Tokyo

夫、ラーキンと私たちの小さなロケットガール、エレノアとフィリッパに。

ロケットガールの誕生――目次

第Ⅰ部　１９４０年代

第Ⅱ部　１９５０年代

私は歴史を作るためにＮＡＳＡへ来たのではありません。
——サリー・ライド

我らは太陽帆船、羽枝のように壊れやすいもの
これほど遠くまで静かに航海しようとするのはなぜ
我らは空を歩むもの、ここより出て惑星を越える
生命を、そうである自分を何よりも愛するため
——レイ・ブラッドベリ、ジョナサン・Ｖ・ポスト
『太陽を越える船出』

まえがき

「リリーは？」私は湿った紙ナプキンに走り書きした名前を指さして聞いてみた。夫は首を横に振った。私はペンを唇に押し付けて集中し、バーの椅子のぐらぐらする縁を使って妊娠中のお腹を支えようとした。二〇一〇年の夏、私と夫は一二月に生まれる予定の娘の名を考えようとしていたのだ。マサチューセッツ州ケンブリッジのバーで、私たちは名前を提案し合い、それぞれ考えておいた候補をナプキンに書きつけては見せ合う。なんだか、「子供に名前を付けて！」とでもいうようなおかしなゲームショーをしているようだった。私たちは名前に恵まれていない。ナタリアとラーキンという珍しいファーストネームを持っていたため、二人とも娘には一生、変なあだ名を付けられないような名前を考えようとしていた。ラーキンが「エレノア」という名前を提案したとき、私は即座に却下した。あまりにも古めかしいように思えたのだ。だが、一ヵ月が過ぎてお腹がさらに大きくなると、その名前が良いように思えてきた。私たちはミドルネームを付けようと考えた。私は、七年前に亡くなったラーキンの母親への賛辞を込めて「フランシス」にしようと提案した。

今どきの母親もするように、私も夢中になってインターネットで名前を調べた。「エレノア・フランシス」を調べてみると、驚いたことに、歴史の中に埋もれていた一九三二年一一月一二日生まれのエレノア・フランシス・ヘリンという人物が見つかった。NASAのジェット推進研究所（JPL）の科学者で、地球に近づいてくる小惑星を追跡する計画を担当していた。彼女は、少しばかり地球に近すぎる小惑星を見つけ出していて、映画『アルマゲドン』といった作品に登場する科学者のようだった。NASAに在籍していた間に、彼女は実に八〇〇個以上という驚くべき数の小惑星と彗星を発見している。娘と同じ名前を持つとすればこのような人を、と思える女性だ。検索すると、彼女の古い白黒写真が見つかった。小惑星発見の功績により天文学賞を受賞したときのもので、ふんわりとカールした金髪が肩にかかり、内気そうな微笑みを浮かべていた。この女性は、NASAでどのくらいの間、働いていたのだろう？　NASAには、一九五〇年代に女性の科学者がいたのだろうか？

残念ながら、その答えは決して得られないように思えた。私の娘が生まれてエレノア・フランシスと名付けられたのは二〇一〇年一二月一四日の深夜で、ヘリンはその一年前の二〇〇九年に亡くなっている。だが、私は一度も会ったことのないその女性のことを考え続けた。

エレノア・フランシス・ヘリンのことをもっと知りたいという思い（それは彼女の友人たちへと広がっていった）から、私はカリフォルニア州パサデナのジェット推進研究所で興味深くも「人間コンピューター」として知られていた女性のグループについて話を聞くことになった。女性たちは、一九四〇年代から一九五〇年代にかけて雇用され、JPLがその初期に開発していたミサイルや、太平洋に向かって飛行した重爆撃機、アメリカ初の人工衛星の打ち上げ、月探査機や惑星探査機の誘導から今日の火星ローバーの航行にいたるまで、あらゆる重要な計算を行う責任を負っていた。検索すると、女性たちが机に向かって作業している一九五〇年代の写真が見つかった。画像は今でも鮮明だが、NASAの公的な記録では一部しか名前がわからず、その後どうなったかもよくわからなかった。彼女たちの物語は、歴史の中で失われてしまったようだ。

初期のNASAで女性が果たしていた仕事というと、秘書のような役割を想像しがちだが、彼女たちはそうした思い込みとはかけ離れた存在だった。この若い女性エンジニアたちは、今日の私たちが手にしている技術と歴史を築き上げてきたのだ。彼女たちはNASAのコンピューター・プログラマーの先駆けともなった。うち一人は現在もNASAで働いていて、アメリカの宇宙計画に最も長く貢献した女性である。彼女たちの物語は、これまで語られてこなかった視点からアメリカの歴史の中でも重要な瞬間のことを内側から見せてくれる。

エレノア・フランシスが生まれた冬の夜から、私は彼女たちのことをたびたび（とりわけ気持ちが高ぶったときには）考えるようになった。私は微生物学者として、遠く離れた南アフリカの研究施設で壊れた搾乳器を直し、自分の子供が暗い研究所のホールを駆け下りてくるのを眺め、そして美しくかすかに輝く試料で両手をいっぱいにしていた。いつのときにも、半世紀前に同じ奮闘を強いられ、勝利を手に入れた女性たちのことに想いは引き戻された。女性であり、母であり、そして同時に科学者でもあるという、ときには厄介な、ときには素晴らしい課題に彼女たちはどう向かい合っていたのだろう。それを知るには、方法は一つしかない。自分で聞いてみるのだ。

一九五八年一月　打ち上げの日

若い彼女の心臓は激しく鼓動し、鉛筆を握る手は汗ばんでいた。彼女はテレタイプを通して送られてくる数値を急いで書き取った。もう一八時間も起きていたが、疲れはまったく感じていなかった。むしろ、この経験が自分の感覚を研ぎ澄ませてくれるように感じていた。後ろから、高名な物理学者のリチャード・ファインマンが方眼紙を覗き込んでいるのも感じていた。彼は肩越しに立って、時折ため息をついていた。彼女は、自分の一挙手一投足が注目され、計算結果が緻密に検証されているのも感じていた。アメリカ初の人工衛星が成功したのか、あるいは壊滅的な失敗に終わったのか、それはミッション・コントロール室での自分の作業によって判明する。

数時間前、まだ衛星が打ち上げられる前に、ボーイフレンドはうまくいくようにと祈ってくれた。彼は、恋人がアメリカの宇宙計画にとって欠くべからざる人材であり、そのために深夜まで働かなくてはならないということにあまり慣れていなかった。それでも家を出る前、彼は素早くキスして「そいつが海に落っこちたとしても、君のことを愛してるよ」と笑ったのだった。

そして数時間後、衛星が壊れて海に沈んでしまったかもしれないという懸念は、現実のものになろうとしていた。衛星からの信号は、とっくに届いていなければならない。過ぎゆく一秒ごとに、事態は一寸刻みで壊滅的な大失敗に近づきつつあった。世界中の追跡局から先を争うように数値が飛び込んできた。新しい計測値が届くたび、彼女は衛星の軌道を計算していった。もし、あるべき速度に届いていなければ、もしも衛星が軌道を描いていなければ、アメリカはただでさえソ連に遅れをとっているのに、さらに恥をかくことになる。彼女の誇りは、人工衛星の運命にかかっている。彼女は、ジェット推進研究所（ＪＰＬ）の設立の頃からここにいて、よちよち歩きの幼児くらいの重さしかないチューブ型の人工衛星をロケットで飛ばすための設計を支えてきたのだ。いまや、プロジェクトの最終的な運命が彼女の手で明らかになろうとしていた。

オレンジ色の方眼紙の端から端まで曲線が描かれていくにつれて、衛星が大気圏を出て地球を回り始める軌道に乗り、アメリカ初の宇宙計画の成功になるかどうか、後戻りできないところまで近づいていっていることを彼女は認識した。将来の宇宙探査はこの瞬間にかかっている。でも、そのことは考えないことにした。それよりも、目の前の数字が長い列を描く紙に集中するのだ。衛星が地球の大気圏を出るという重要な段階に達したことを計算で確かめたとき、彼女は声を上げなかった。何も言葉にはしなかったけれど、口元に笑みが浮かぶのはおさえられなかった。

「なぜ笑っているんだね？」。ファインマンの声には、刻々と過ぎゆく時間のせいで苛立ちがあった。衛星が地球を一回りして信号がカリフォルニアへ届くまで、衛星が飛び続けているかどうかはわからない。彼らはやり遂げたのだということを確かめられる、かすかなビープ音でもいいから鳴るのを待ち続けて、誰もが緊張しきっていた。

テレタイプの音が彼女の耳いっぱいに響いた。数値が届き始めた。突然、衛星の信号が大きくはっきりと鳴り、長い沈黙を破った。彼女は、方眼紙に新たな衛星の位置を書き付ける前に、自分の計算を確かめた。

「あの子がやったわ！」。彼女は高らかに告げて、椅子に座ったまま振り返って皆の反応を確かめた。彼女の後ろで、部屋中の仲間たち――ほとんどが男性だ――が歓声を上げた。彼女の前に未来が広がっていった。それは、宇宙そのものと同じくらい無限だった。

第Ⅰ部　1940年代

バービー・キャンライト

メイシー・ロバーツ

バーバラ・ルイス（結婚後はポールソン）

第1章　上へ、上へ、そして遠くへ

　彼女が最初に聴いた騒音は、低くうなるような音だった。次に、爆発音がした。そして、金属と金属が削れる音が雷のように大きくなった。バーバラ・キャンライトは、歪んだ自動車サイズの鉄屑が危なっかしく屋根の上で揺れているのを見ようと、振り返った。その視線は恐ろしい事故に釘付けになり、その場所で時間が止まったかのようだった。突然、恐怖でいっぱいになり、彼女は急いで立ち去った。靴の踵がカリフォルニア工科大学〔略称「カルテク」〕の赤レンガの小道にコツコツ当たった。ぼんやりした顔が彼女を取り囲み、実際に彼らが目撃したものが何なのかわからず、ぽかんと見とれた。しかし、皆がバービーと呼ぶバーバラは空から落っこちてきたものが何なのかわかっていた。

　安全なところに離れてから、彼女は金属の曲がったかたまりが歩道に雨のように降り注ぐのを眺めた。次から次へと、プラットフォーム、ロケットモーター、振り子が壊れていった。見物人からすればゴミ以外の何物でもない、手製の実験器具が地面に積み上がった。バービーには、その価値は見当もつかない。そして、建物の破片が地面の瓦礫の上に続いて、レンガが粉々になったとき、バービーの呼吸も早くなった。埃が落ち着いても、キャンパスは信じられないほど静かだった。現場に向かってバービーが歩み寄っていったとき、周囲の学生たちがひそひそと話し出した。あまりにも大きな騒音の後なので、一デシベル上げるのもためらわれて、ささやきになってしまうのだ。

バービーは午後になるとよく夫と一緒にランチを取っていた。彼女を拘束するタイプライターから離れて、キャンパスを横切って新鮮な空気と南カリフォルニアの日差しの中でコーヒーを飲むようにしていたのだ。一九三九年三月のこの日は、やけに曇っていた。〝決死隊〟として知られている男子学生のグループにとっては、実験を実施する日としては不吉な兆しだった。

風変わりな行動と見た目で、決死隊はいつも人目をひきつけていた。決死隊を始めたのは、フランク・マリーナ、ジャック・パーソンズ、エド・フォーマンの三人だ。彼らのやっていることが科学だとは思えなかったし、彼らが科学者だとも思えなかった。それはおそらく、フランクだけがこの大学の学生だったからだ。初対面の人にとっては、彼の年齢すらよくわからなかった。少年のような外見なのに、頭髪は薄くなっている。生え際が後退しているにもかかわらず、フランクは二六歳のエドと同じ歳で、二歳下のジャックとは誕生日が同じだった。彼らは、若者ならではの勢いでロケット工学に取り組んでいた。

エドとジャックは、パサデナのワシントン・ジュニアハイスクール以来の親友で、ジャックは三人組の中の化学担当だった。ジャックは、学校の成績は悪かったにもかかわらず、パサデナの高級住宅街で大学に進学するものと思われて育った。その運命は大不況によって変わってしまい、彼や家族のキャリアの見通しは暗くなった。一方で、エドは下層の家系であり、パサデナの労働者階級だった家族のもとで、機械部品に囲まれながら育った。グループのメカニックとして、彼は皆が歩き回って手に入れたものから機材を作っていた。ＳＦとロケットへの愛によって二人は固い絆を結んでいて、この情熱はフランクが教えたものだった。

バービーと夫のリチャードにとって、グループに神秘的なところはなにもなく、単に友達だった。彼らはカルテクのキャンパスの中で出会った。決死隊の三人のうち二人は学生ではなかったのだが、自由な時間はロケットをいじくり回すことに費やしていたのだ。キャンライト家のパティオで籐のテーブルを囲み、月だけが彼らを照らす夜中になると、その想像力は空に舞い上がっていった。カリフォルニアの月は信じられないほど大きく見えた。故郷のオハイオで暖かい夏の夜に蚊帳の薄明かりの中で座っていたときにも、バービーはこんなに大きな月は見たことがない。

パサデナの街が寝静まった頃、バービーとリチャード、決死隊のメンバーは裏庭で明るい星を眺めた。一九二九年の大恐慌以来、経済は一〇年間で五二パーセントの規模にまで縮小した。不景気の恩恵といえるのは、光害が減って、夜空に夢を描くビロードのようなキャンバスをもたらしてくれたことくらいだ。友達同士で飛行機について議論を戦わせ、バービーにもそれは伝わった。彼女は純心な一九歳で、宇宙旅行は自分にも手が届く目標に思えた。彼らは、燃料から垂直安定板の形状まであらゆることについて話し合った。

夢見がちな決死隊はトラブルメーカーでもあった。前の年、彼らが二酸化窒素のシリンダーを化学棟から持ち出そうとしたところ、急にバルブの調子が悪くなって液化した毒性のガスを噴出させたことがあった。そのせいで数週間にわたって、バービーが職場へ向かう途中に通る芝生には茶色いしみのような跡が点々と残り、庭師を苛立たせている光景が見られ、彼女を微笑ませた。しかし、残念ながら次の実験は笑い事ではすまなかった。

決死隊は、ロケットモーターの燃料として、どの程度の出力が得られるのか調べるために二酸化窒素とメチルアルコールを混ぜるという尋常ではない試みをしようとしていた。バービーは不安でいっぱいだった。高校時代は化学の成績がよかったので、二酸化窒素がどれほど危険なものか知っていたのだ。吸入すれば死に至ることもある。二酸化窒素と安いアルコールを混ぜ合わせて火を付けるなんて、それこそ死にたがっているようなものだ。バービーはあきれて頭を振った。決死隊という名前のとおりだ。

彼らは危険な混合物を作って、小さなロケットモーターに注入しようとした。それから、一五メートルほどのロープにロケットモーターを吊り下げた振り子を、グッゲンハイム航空研究所の最上階から一階まで巨大なブランコのように吊るそうとした。振り子の振れ方によって、どれほど高くロケットが飛んで行くのか試そうとしたのだ。しかし、そんなにうまくはいかなかった。一回目の実験では、エンジンがうまく点火せず、毒性のガスが建物に充満することになった。そのため、あらゆる磨き上げられた金属製の設備の表面はことごとくさびに覆われて曇ってしまった。研究所内には、最新の、そして世界最大の高価な風洞実験室があったのだが、その輝いていた金属製の部分も、オレンジと茶色の斑点で覆われてしまい、風洞ははしかにかかったようになった。おかげで彼らは〝決死隊〟と呼ばれるようになったのだが、これはあまり先行きがよいとはいえなかった。

彼らは、カリフォルニア工科大学内で自分たちの将来がさびた風洞のようにだめになってしまうことを恐れていた。エドとジャックは学生ではなかったにもかかわらず、ロケット工学者としての彼らの将来は大学から逃れようもなく結びついていたのだ。だから、キャンパスの外れに移動すれば実験を続けてもよいとわかったときには、歓喜した。建物の脇に取り付けられた金属製のプラットフォームの横に、三人はロケットモーターの振り子を注意深く吊るした。バービーが目撃した三月の午後の爆発のときは、プラットフォームはすべての機材を乗せたまま、バラバラの破片になる寸前だった。最悪の事態になるところだった。フランクは危うく死ぬところだったのだ。エドとジャックの二人が実験を続ける一方、どたんばになってフランクはタイプライターを指導教官の家に届けるために実験所を離れていたので、助かったのだ。キャンパスに戻ってから、フランクは自分の頭があったはずの場所に、壊れた圧力計の一部が突き刺さっているのを発見した。

この事故で学生たちの間で決死隊の名前は知られるようになったが、それは望ましい評判とはとても言えなかった。バービーとリチャードは情け容赦なく三人をからかった。同時に、リチャードはプラットフォームが落ちたときにバービーが巻き込まれなかったことに心の底から感謝していた。

リチャードとバービーは、新婚カップルならではの情熱的な愛情をお互いに抱いていて、まだお互いの絆が鈍ってしまうほどの時間は経っていなかった。彼らはお互いにやりあいながらも、涙も笑いも共にして絆を作っていた。二人は駆け落ち同様に結婚して、オハイオからカリフォルニアへ引っ越すことで結婚を祝ったのだ。リチャードは二一歳、バービーは二歳年下の一九歳で、まわりは男性ばかりのカルテクのキャンパスに入っていった。その黒い髪は肩のところでカールしていて、瞳はダークブラウン、小柄で女性らしい体つきで、健康的な中西部の女の子そのものだった。バービーは求めていたとおりのタイピストの職をみつけ、キーを叩いて過ごしながら、ロサンゼルスのオクシデンタル・カレッジのクラスにもすっかり馴染んだ。彼女は信じられないほど優秀で、高校時代は高等数学と化学の厳しいコースを履修したただ一人の女子生徒だった。学校では成績優秀であったものの、受けた教育が将来に役立つとは思っていなかった。数学を選んだのは、単に好きでその話をするのが楽しかったからだ。十代ならではの情熱にもかかわらず、彼女は女性として生まれたがゆえの壁に囲まれていた。学校教師、看護婦、秘書といった選択肢はあまりいいと思えなかった。それでも、どの経歴を選んだとしても一時的には魅力あるものだっただろう。結婚した今となっては、働くのはリチャードとの間に子供ができるまでだ。自分は女性なのだから、母親になるべきなのだ。

リチャードもまた、バービーと同じく仕事には不満を持っていた。カリフォルニア工科大学の大学院に通うため、彼は配送会社でトラックの運転手をしていた。バービーとは違い、彼にはチャンスの地平線が広がっている。エンジニアになりたいと希望し、しっかりやればなれるだろうと思っていた。バービーもリチャードも、決死隊と冗談を言い合いながら、二人の運命が彼らと結び付けられていくとは夢にも思っていなかった。一年もたたないうちに、フランクは二人に抗しがたい仕事の口を持ち込んでくることになる。

＊

一九三九年、アメリカ科学アカデミーは、今やＧＡＬＣＩＴ（カリフォルニア工科大学グッゲンハイム航空研究所）ロケット研究計画と正式に名を改めた決死隊に対し、補助金を付与することを決定した。これは本当にタイミングがよく、資金のあてがなければグループは解散寸前だったのだ。フランクが土壌保全協会での研究をしている間、ジャックとエドはハリファックス・パウダー・カンパニーでパートタイムの仕事をしていた。最初の資金一〇〇〇ドルでグループは救われ、また仲間に戻った。翌年、補助金は一〇倍になり、これで完全に運命が変わった。これは、政府資金による初の公式なロケット研究となった。資金提供を申し出てきた陸軍航空隊のもとで、さらに「航空隊ジェット推進研究計画」と名を改めた。目標は明確で、それはロケットプレーンを開発すること。こうして、学生たちの危険すぎるプロジェクトは、「ジェット推進研究所」に生まれ変わっていく第一歩を踏み出したのだ。

資金を得たことで、グループはようやく人手を増やせるようになった。とにかく技能の高い計算手が必要だとわかっていたので、フランクはキャンライト家に声をかけた。バービーは、とにかく不安定な仕事だろうと思っていたし、あの無謀な連中が長くやっていけるかどうかも疑問に感じていた。しかし、それでもバービーとリチャードは、信頼できるとはとても言えなかった男たちのために安定した職を辞めた。それほど申し出は魅力的だったのだ。

新しい仕事につけば、バービーはまた男性グループの中の紅一点になる。予想もしなかった仕事だが、バービーにとって数学は着慣れた服のようなもので、まさに適任だった。タイプライターを叩いているよりも、鉛筆を握って計算している方が落ち着くくらいだ。それだけでなく、職位もこれまでより格上であるし、夫の側で働ける上に、給料はタイピストのときの二倍ときている。なんといってもお金よりも何よりも、彼女が捨てざるを得なかった数学の技能を活かす機会が舞い込んできたのだ。

バービーが参加したのは、単なるロケット研究グループではなく、一世紀近くにわたって真に専門的な貢献を行うことになった機関だったのだ。アップルやIBMが生まれる前、そして「CPU」と「メモリー」が現在の意味になる前のこの時代、「コンピューター」という言葉は、そのまま「計算する人」を意味した。道具は紙と鉛筆と頭脳だけ。コンピューターたちは、これらの道具だけで複雑な数学の課題に取り組んでいた。

一八世紀の天文学者たちは、ハレー彗星の周期を予測するためにコンピューターを必要とした。第一次世界大戦中、「弾道計算手」と呼ばれた男女は、ライフルや機関銃、戦場でのモルタルの強度を計算していた。大恐慌の時代にアメリカ政府は公共事業促進局の一員として四五〇人のコンピューターを雇用しており、うち七六人は女性だった。彼らはそれほどよい給料をもらっていたわけではなかったが、その仕事は後にコロンビア大学から発行された二八巻にも及ぶ『数表プロジェクト』として結実した。彼らは知るよしもなかったが、対数、指数関数と三角法が詰め込まれたこの本は、宇宙に踏み出す一歩のために欠かせないものだったのだ。

宇宙探査の夢は、無謀な決死隊から始まった。彼らは、昼はエンジンを開発し、夜は宇宙の果てについて語り明かした。まだ政府の資金援助を受け取る前に、彼らは二人の男を誘い込んだ。一九三六年、カルテクの大学院生A・M・O・スミスとH・S・チェン（銭学森）が決死隊に加わったのだ。フランクが最初の非公式な資金一〇〇〇ドルを使って、カルテクの天体物理学科の助手をしていたウェルド・アーノルドをカメラマンとして引っ張り込んだのも、彼ららしい無茶なやり方だった。最初の一〇〇ドルの支払いは、ウェルドが自転車に乗って持ってきた請求書に対して、しわだらけの一ドル札と五ドル札で行われたものだ。誰がどこで金を得てくるのか誰も気にしてはいなかったし、いくらかありさえすれば皆満足だった。

決死隊の仲間たちは、映画で見たあり得ないようなデザインの宇宙船の話をしたり、フランクがお得意のロケット科学者がヒーローとして出てくるストーリーを語ってみせたりしては笑い転げた。空想の中で、チームは彼らの宇宙船、ロケットプレーンについてとめどなく語り合った。

とはいえ、ロケットプレーンを開発する前に、まず新しい研究所の場所を探す必要があった。決死隊はあまりにも物を壊してばかりいたために、カリフォルニア工科大学のキャンパスからとうとう追い出されたのだ。あまり人の住んでいない丘を探求したあげく、アローヨ・セコという埃だらけの峡谷にたどり着いた。パサデナの外れから数キロしか離れていないにもかかわらず、そこはまるで別世界のようだった。そこなら覗き見されることもないし、峡谷が外の目から実験を覆い隠してくれる。峡谷そのものは、下の町からは怪物かなにかのように思われていた。南カリフォルニアはいつでも陽の光が差しているように思えるが、時折、雲が集まると激しい雨が降ることがある。激しい雨がアローヨ・セコの谷間の入り口いっぱいまでたまると、下の市街地まで流れ込む鉄砲水を引き起こすのだ。パサデナの住民は、峡谷を呪ったあげくに自然の怒りをコントロールする方法を考えだした。一九三五年、公共事業促進局は、コンクリート製の複雑な排水路を作って水の流れをコントロールする工事を始めた。以前は自然のままだったロサンゼルス川は、細流になってコンクリートで固められた谷を滴り落ちるようになった。

かつての流れと川床は、アローヨ・セコで埃っぽいぎざぎざの線を残すだけになった（スペイン語で「アローヨ・セコ」は〝干上がった川床〟を意味する）。市街地からアローヨ・セコは遠いように思えても、決死隊が実験装置を置いているカルテクからは車で行けばそれほどかからない。ただ、困ったことといえば、貧相なブラシのような茂みが点在しているこの乾いた石ころだらけの土地は、とりわけ野火が起きやすいことだ。もっとも、火事を引き起こす懸念など決死隊の〝花火〟を止め得るものでもなかった。

決死隊は、外から孤立した峡谷を切り開き、実験にぴったりの基地を作り上げた。フランクの大学院の指導教官であるセオドア・フォン・カルマンが所長となり、フランクがチーフ・エンジニアを務め、キャンライト家が数人の新しいエンジニアと共に参加したが、世帯はまだ小さい。干上がった川床はロケットの燃焼試験を行う最高の試験場になることがわかったので、試験用のピットが掘られ、実験器具を据え付ける建物もいくつか作られた。準備が進んでも、バービーからすればそこはまだ荒れ地同様に思えた。靴の上に埃がつもり、髪にも振りかかった。砂はあらゆるところに入り込んできた――車の中にも、財布にも、口紅の中にも。何もかも汚れていたが、それでも彼らは満足だった。峡谷に隔てられて、うるさくて危険な実験は外からは見えない。それでも、孤立しているためかえって彼らが変わり者だという評判は高まった。丘に隠れて爆薬をいじくり回していると、マッドサイエンティストだと思われることがしょっちゅうだった。

この時代のロケットはまだ科学もどきだと思われていたし、協力してくれる人たちにしても、あまり真面目に考えてはくれなかった。フランクがカルテクのフリッツ・ツヴィッキー教授に支援を求めたときには、「心底バカげている。君は不可能なことをしようとしているんだ。ロケットが宇宙で機能するわけがない」とまで言われているのだ。実際、〝ロケット〟という言葉の評判があまりにも悪かったので、意図的に組織の名称から外し、研究機関の名前を「ジェット推進研究所（ＪＰＬ）」と名付けたくらいだ。グッゲンハイム航空研究所と協力関係にあるマサチューセッツ工科大学のヴァヌバー・ブッシュ教授からは「どこの世界にロケットなんかで遊んでいるようなまともな科学者やエンジニアがいるんだ」と嘲笑された。

ロケットを飛行機にくくり付けるというアイディアは、決死隊が笑いものにしていたＵＦＯと同じレベルのＳＦ話そのものだった。飛行機というのは、回転するプロペラとピストンエンジンで成り立つものだ。とはいえ、この設計では速度が音速（およそ時速一二〇〇キロメートル）に近づくにつれてプロペラの効率が落ちるため、根源的に速度の限界がある。高速になると衝撃波がプロペラの周囲に生じ、抵抗が生まれて飛行機の速度が落ちてしまうのだ。一部の科学者は、この限界を突破するため、ピストン・エンジンもプロペラも取り去って飛行機を上昇させるだけの推力を持ったジェット・

エンジンを採用するという大胆な方法を考案していた。ただ、エンジンがどれほど強力でも、空気中を飛ぶにはそれ自体が重すぎるから明らかに不可能だ、という嘲笑を伴った批判を浴びていた。

ジェット・エンジンによる推進のしくみは、膨らんだ風船と基本的には同じだ。風船の口がしっかりしまっていれば気体は風船の内側にとどまっているが、急に口が開けられると、気体は狭い開口部から急激に外へ噴出して風船を上昇させる。これは、詰め込まれている気体の分子が高圧の内部からより圧力の低い外部へ向かって飛び出していくからだ。開口部の大きさを調整してやれば、外へ飛び出す分子は物体を前進させるだけの推力を生み出す。

第二次世界大戦の直前、このアイディアは、ドイツのハンス・フォン・オハインやイギリスのフランク・ホイットルらの室内実験の段階にすぎなかった。飛行機にジェット・エンジンを利用することでさえ実験段階にあり、ロケットで動く飛行機など、経験を持った航空エンジニアからすれば世間知らずもいいところだった。ロケット・エンジンとジェット・エンジンは、根本的には同じ原理の上に成り立っているが、ロケット・エンジンは燃料を燃焼させるために空気中の酸素を使わず、自身が持っている酸化剤を使用するという点においてジェット・エンジンよりも複雑な上に、より重量も増してしまうのだ。

当時としては常識はずれのアイディアだったにもかかわらず、フランクと決死隊のメンバーは本格的にロケットプレーンの追求を始めた。フランクが母に宛てて書いた手紙には、ロケットプレーンに対する期待と、克服しなくてはならない技術的なハードルのことが詳細に書いてある。フランクの母はピアノ教師で、音楽への愛を彼に植え付けた人物ではあるが、科学の話にはほとんどついていくことはできず、ただただ息子の仕事の斬新さに驚いていた。

彼の母は、なぜフランクがロケットプレーンを開発したいと望んでいるのかも理解できていなかったが、それでも息子のことを誇りに思っていた。彼女は合衆国生まれだが、フランクの父はチェコスロバキアからの移民だ。二人はヒューストン交響楽団で演奏していたときに出会い、音楽への献身と同じくらい、家族になりたいという望みを持った。フランクが七歳のとき、一家はチェコスロバキアへ戻ってモラヴィアで五年間を過ごした。音楽のレッスンの合間にフランクは風船や飛行機をスケッチして過ごしたが、空を飛びたいという夢は作曲家のヴェルディによって中断された。鉛筆を握って科学と芸術の両方を描いていた子供時代は、彼の生涯の基礎となった。

フランクが一二歳のとき、一家は合衆国に戻り、トウモロコシと綿の畑に囲まれたテキサス中央東部のブレンハムに住むことになった。小さな町では、肌の色から名前まで、フランクが父から受け継いだあらゆる部分がいじめの理由になり、少年には辛い生活だった。フランクがテキサスA&M大学から機械工学の学位を授与されたとき、彼がテキサスを出たらもう決して戻ってこないと母親にはわかっていた。その勘は正しく、フランクはほどなくカルテクで博士号を取得するために出ていった。両親が望んだ音楽家としてのキャリアではなかったけれど、彼の中には両親の薫陶によって植え付けられた芸術的才能の種が眠っていて、花開くときを待っていた。

バービーはフランクとの間に通じるものを感じていた。二人とも生まれ育った家を離れていて、家に戻りたいとは思っていなかったけれども、母親が恋しくて仕方なかった。毎週のように実家にあてて長い手紙を書き、フランクの手紙はほとんど日記のようだった。彼は科学的な厳密さをもって、感じたこと、考えたこと、行ったことを書き連ねた。バービーの手紙はといえば、母親が喜ぶ女性らしい細々としたことでいっぱいだった。

ダンスや夕食会のことに加えて、バービーは興奮気味に母へ新しくできたばかりの研究機関に政府からの補助金が入ってきたことを知らせた。とはいえ、JPLが陸軍の支援を得たことを誰もが喜んでいたというわけではなかった。MITの航空宇宙学部長だったジェローム・ハンセーカーは「フォン・カルマンはバック・ロジャーズ〔パルプ・フィクションに登場するヒーロー宇宙飛行士〕みたいな仕事がしたいらしいね」と軽蔑した口調で語っている。ハンセーカーのグループは、飛行機の風防の氷結を防止する技術開発に取り組んでいて、JPLが取り組もうとしていた研究に比べれば派手さはないものの、航空エンジニアからすればこちらのほうがよほど尊重される研究だったのだ。

「バック・ロジャーズみたいな仕事」とハンセーカーが馬鹿にしたのは、長年夢に見てきたロケットプレーン開発の仕事だ。しかし、陸軍は地球の大気圏の限界を探査したいと思っていたわけではなかった。そうではなく、航空母艦の短い滑走路から航空機を離陸させるための推進技術を求めていたのだ。爆撃機単体では、そんな短い距離で離陸できるだけの推進力を持たない。そこで、この大胆なプロジェクトは「フランクたちのチームは、飛行機にロケットをくくり付けることができるか?」という一つの課題に集約されることになった。

バービーが初めて〝JATO〟という言葉を聞いたのはランチルームだった。フランクによれば、それは「ジェット補助離陸(jet-assisted takeoff)」の略だという。「ロケット」という言葉からどこまでも離れようとしているかのようで、それがバービーにはおかしかった。バービーの夫のリチャードは、もっと簡単に「ストラップオン・ロケット」と呼んでいた。なんと呼ぼうと、ロケットが干上がった川床から鎖でつながれた飛行機に取り付けられて火を噴くときが来たのだ。

一九四一年八月、バービーは早朝から支度を始めた。毎日、朝五時に起きて、彼女はきちんとワンピースかスカートを着て、ストッキングとパンプスを履いた。同じ職場で働いている男たちはシャツの上にジャケットを着ないしネクタイも締めず、履き慣れた長靴に足を突っ込むだけできちんとした服装をしようとしなかったし、どう見えようと気にもしていなかった。バービーはといえば、慎み深く毎朝きちんと化粧をして、髪も整えた。スカーフをかぶってしっかり結び、カールした髪を守らないと、飛行場の強い風ですぐに吹き乱されてしまう。風が吹こうが埃が立とうが、バービーは隅々までいつもきちんとしていた。

朝、家を出る前にバービーとリチャードはいつもバラ色のキッチンでコーヒーを飲んだ。仕事や夜の過ごし方のことを話していると、仕事に向かう気構えができてくる。飛行場ではいつも感情をかき立てられることばかりだ。仕事に行く途中は音楽を聴き、ときにはグレン・ミラーの「エブリデイズ・ア・ホリディ」やアンドリューズ・シスターズの「ブギウギ・ビューグル・ボーイ」を歌って気持ちを落ち着かせた。

リチャードとバービーがパサデナから東へ一時間ほどの、マーチ・フィールドの小さな飛行場に向かう頃、夜明けの光が丘の上まで差す。大気の状態は実験にうってつけだ。午後になると風が強くなってバービーのスカートを膝にまとわりつかせるようになり、ストラップオン・ロケットの実験の成功も怪しくなってくる。

初期の実験は失敗の連続だった。バービーの髪を顔にまとわりつかせるのと同じ風が、滑走路の飛行機をガタガタ揺さぶり続ける。チームは、小型飛行機からプロペラを取り外して地面に鎖でつなぎ止めた。ロケットは安全に飛行機を飛ばすにはほど遠かったので、鎖で飛行機を安定させれば事故を防げるとエンジニアたちは考えたのだ。

実験に使っていた飛行機は、アルミニウムの輝く翼を持つ小型の低翼単座機「エルクーペ」だった。重量はわずか三八〇キログラムで、戦後にはカタログ通販のメイシーズ百貨店で男性向けに販売されていたという逸話があった。実験チームは、飛行機の胴体の脇に二つずつロケットエンジンを取り付け、翼に固定するための深さ二五センチの穴を開けた。操縦席には、フォン・カルマンの教え子で今は陸軍のパイロットであるホーマー・ブーシェ中尉がついた。爆発性の粉末が詰め込まれたエンジンに点火するタイミングは、彼次第だ。

最初の実験では、エンジンは点火せず、その原因は誰にもわからなかった。二度めはもっとひどく、飛行機に取り付けられた四つのジェットユニットのうち一つが、あっという間に壊れた。排気口が滑走路に跳ね返って胴体に当たり、ついには燃焼室の一つをむしり取って外装に大穴を開けたのだ。燃焼室は飛行機から三〇メートルほども放り出された。そのときの研究ノートには、「衝撃が激しかったため、後部の山形鋼の取り付け部分が緩み、排気ノズル位置のすぐ上に覆いかぶさっていた両翼が引っ張られて四～五本のリベットが引き抜かれた」と記されている。研究チームは事故でかなり動揺したが、「世界で最も安全な飛行機」を謳うエルクーぺの広告を破り捨てるだけでなんとかこらえた。少なくとも、誰も怪我はしなかったのだ。

バービーはエンジニアが実験結果を記録するのと同じ茶色くて薄い実験ノートを使い、実験記録に加えてその数値から長いグラフを描いていた。バービーは、各ロケットエンジンが生み出す推力がどのように飛行結果と一致するのか記録していた。ロケット・エンジンのパフォーマンスを解明し、データの中に隠れた飛行機を飛ばす方法を明らかにしてくれる手がかりが隠れていないか探していたのだ。

飛行機が壊れてしまったことで、実験チームはテストパイロットのブーシェがもう降りると言いだすのではないかと心配していた。実験のために飛んでくれるほかのパイロットを見つけられるとは思えなかったからだ。幸いなことに、ブーシェはもう一度やってくれると言った。ジャック・パーソンズは「飛行機の修理が終わり次第、パイロットはもう一度飛行試験をやってくれるというので本当にありがたい」と記している。

次の週いっぱいかかってチームは飛行機を修理し、円筒形のボトル型のロケットを安全にしっかりと固定するための収納ケースを作った。さらに、ロケットの数を二本増やしたので、合わせて六本になった。パイロットが操縦席に再び座ったときには、誰もがかなり心配していた。飛行機の先端には「注意！　怪我のないように！」と呼びかけるポスターが貼られていた。危機一髪だったことを誰も忘れないようにするためだ。飛行機が鎖を引っ張りながら宙に浮いたとき、バービーは息を呑んでいた。地面からほんの数フィート離れただけだったかもしれないが、それは初めて彼らが夢見たロケットプレーンを実際に飛ばすための手がかりだったのだ。

四日後の一九四一年八月一二日、ついに鎖が外された。飛行場は静かで、バービーは口を開くこともできなかった。皆がまさにこの実験のために、一心に働いてきたのだ。素晴らしいことに、実験は求めていた結果通りとなった。ロケットのおかげで、飛行機の離陸距離を半分にまで縮めることに成功したのだ。ブーシェは笑顔で操縦席から降りてきた。まさに陸軍が求めたとおりのことを、ＪＰＬは成し遂げられると実証してみせたのだ。八月のまぶしい日差しの中、実験チームはロケットを取り付けた飛行機の前に並んで写真を撮った。小さな飛行機がＪＰＬの将来を決めたのだ。

　飛行場に立って、バービーはひんやりとした感触の飛行機に触ってみた。一日で最も暑くなる時間でも、外装は熱を跳ね返していた。さまざまな部品を継ぎ接ぎして組み立てられたロケットプレーンと同じように、これまでのバービーの人生がこの数ヵ月に結実していった。科学のクラスで勉強したこと、オハイオから危なっかしく引っ越してきたこと、やりがいのなかったカリフォルニア工科大学でのタイピストとしての仕事さえ、今のこの達成感を形作っているのだ。

　バービーと同じく、ロケットプレーンは「何ができるか」を実証してみせた始まりにすぎない。飛行機に六基のロケットを取り付ければ離陸することがわかったのだから、今度は限界に挑んでみる番だ。彼らはもう「命知らずの決死隊」とは呼ばれていなかったし、チームの規模も少し大きくなっていたけれど、それでも危険を冒すことはやめなかった。次は、二倍の一二基のＪＡＴＯユニットを取り付けて、ロケットの力だけで離陸できるのか試してみなくてはならない。小型飛行機がプロペラの力を使わずに飛行することに成功したら、アメリカ初のロケットの力で飛行する飛行機の誕生となる。実はこれは最高のタイミングだった。四ヵ月後には、ロケットプレーンが緊急に必要とされることになる。

＊

一九四一年一二月七日、キャンライト家は静かな日曜の午後を楽しんでいた。バービーがキッチンでラジオを聴きながら料理していると、突然アナウンサーは番組を中断し、日本が真珠湾を攻撃したという緊急ニュースを告げた。バービーはキッチンの床に崩れ落ち、涙が頬を伝った。戦争が迫ってくる。ハワイは突然、カリフォルニアのすぐ隣にあるように感じられた。バービーとリチャードは、午後の残りの時間をラジオに集中して過ごした。暗くなってから、バービーはファーストレディの力強い呼びかけを聞いた。エレノア・ルーズヴェルトが「私たちは、何と向き合わなければならないのかも、そしてその準備ができているということもわかっています」と語りかけたとき、チームの研究がにわかにこれまでよりもずっと重要性を帯びてきたことを悟ったのだった。翌日、ラボに着くと真珠湾の話でもちきりだったが、彼らの頭にはロケットプレーンのことがあった。

とはいえ、かわいいエルクーペが短い滑走路で離陸できたと言っても、それはまだまだ小さな成果だ。陸軍が求めているのは、約六三〇〇キログラムの爆撃機を離陸させることだ。それから一ヵ月、バービーは一二冊のノートをきちんと書き込まれた数字の列で埋め尽くした。各列は実験で得られた数値を示し、複雑な方程式と関連づけられていった。バービーがやらなければならない重要な仕事は、「推力重量比」という異なる条件の下でエンジンのパフォーマンスを比較できる式を作成することだ。数え切れないほど計算を繰り返したので、靴を履くのと同じくらい簡単に数値を式に当てはめられるようになった。それは、比類なき成功の賜物だった。

たった一年で、ＪＰＬのロケットはダグラスＡ‐２０Ａ爆撃機を離陸させることができるようになった。重爆撃機に取り付けたＪＡＴＯユニットが四四回、火を噴いたが、ロケットの改良は軽微なもので済んだ。プロジェクトは成功したのだ。バービー・キャンライトが二度めに爆撃機の傍らに立ったとき、その顔は誇りで輝いていた。開発は研究段階を出て、生産に入るところまで来たのだ。フランクとフォン・カルマンは共同で新企業「エアロジェット」社を設立し、アローヨ・セコでの研究を続けながらロケットの生産を始めた。

研究が成功して報酬を得たことで、貧弱な組織にも後ろ盾が得られ、カリフォルニアの峡谷に落ち着けることとなった。とにかくＪＰＬにはもっと人手が必要だ。フランクからもう二人のコンピューター、フリーマン・キンケイドとメルバ・ニードを雇うつもりだと聞かされたバービーの喜びもひとしおだった。それまで研究所にいた女性は、自分とフランクの秘書の二人だけで、秘書とはあまり一緒にすごす時間もなく、バービーは女性同士のつながりが欲しかったのだ。

一方で、当のメルバ自身はかなり引っ込み思案だった。ジャックとヘレン・パーソンズ夫妻の家のパーティに招かれ、よく知らない人の中に混じったときには気後れしてしまった。彼女がほとんど話していないことに気がついたのだろう、年配の紳士がメルバに近づいて「私がフォン・カルマンです」と朗らかに手を差し出した。その手を取った相手が研究所の所長だとわかってメルバはおののいたが、親しげなパーティの雰囲気に緊張はすぐほぐれてきた。エンジニアやコンピューターたちと過ごすうち、気楽な仲間たちだと感じるようになったのだ。

コンピューターが一人、その職を離れようとしていた。バービーの夫、リチャードはかねてから望んでいたとおりエンジニアに昇進したのだ。バービーとリチャードの経験はそれほど大きく違わなかったが、彼女に昇進はなかったし昇進するとも思っていなかった。女性であるということは、そういう限界があるものだ。仕事を愛していたとはいえ、リチャードが昇進して給与も上がったことで、彼女は子供を持つことを考え始めた。

キャンライト夫妻が子供をもうけることを考える一方で、リチャードはラボで新しいことを始めた。水中でのロケットの性能を検証するため、彼らはロケット試験ピットの近くに水路を掘り、水を張って準備を始めた。エンジンが水路に沈められ、水がひたひたとエンジンや燃料の上に押し寄せた。深さはたったの二三センチ程度だったが、バービーからすればどうしようもないほど水浸しに思えた。JPLは、空中魚雷（空雷）または投下用魚雷といわれるものを開発しようとしていたのだ。原理的にそれは魚雷と同じものだったのだが、当時は魚雷を開発することが許可されていたのは海軍だけだったため、表立って魚雷と呼ぶことはできなかった。リチャードのチームは、エンジンが唸りを上げるだけですぐ壊れるだろうと予想していたのだが、意外にもそれは水中でちゃんと動いた。リチャードたちは、ただちに水路から、水深約一・八メートルで実験ができる近くの湖へエンジンを持っていった。そして実験班は、分析用のデータをもって意気揚々と引き上げてきた。

リチャードが昇進して間もなく、ＪＰＬはヴァージニア・プレッティマンとメイシー・ロバーツという二人の女性を新たに雇い、コンピューター室のチームは五人に増えた。四人は女性、一人は男性だ。新人はあまり有望でなさそうに見えた。ヴァージニアとメイシー（ジニーとボビーと呼ばれるようになった）は、コンピューターの職について何も知らなかった。求人広告には、彼らがつくはずの仕事の内容についてはほとんど説明されていなかったのだ。新人たちは皆神経質になっていたが、それでもすぐに仲良くなった。コンピューターたちは皆、熱心に計算し、試験ピットの実験を観察し、エンジニアたちとやりとりして一日を費やした。パサデナの街ですぐ近くに住んでいたときから、よく一緒に夕食をとって夜を過ごした。

ＪＰＬの職員は多くが車で通勤して駐車場を利用していたが、フリーマンとメルバは路面電車で通っていた。荒れ果てた峡谷に続く道沿いのヴェンチュラ・ストリートで路面電車を降り、干上がった川床の上にかかるガタガタの橋を通ってオフィスに向かう。あたりには古い納屋と小さな二つの研究室、液体推薬を扱う作業場、金属加工用の二台の油圧装置、一一号棟くらいしか見えない。一一号棟は試験ピットのすぐ隣のエンジニアリング棟で、五号棟から七号棟、一〇号棟は試験ピットを覆っている程度のものだが、ロケットの実験が行われるところだった。

一一号棟は小さいが最も新しく、会議室や暗室、ペンキの香りも新しいエンジニアとコンピューターたちのオフィスが入っていた。コンピューター室の壁にはめ込まれた窓からはカリフォルニアの日差しがいっぱいに入ってきて、それぞれのコンピューターたちの木製の机を金色に照らした。

コンピューター室が静かになることはなかった。五人のコンピューターたちは、大型の電気式計算機、計算尺、お互いの会話の声の音をいつも立てていた。とはいえ、試験ピットの騒音はそれ以上で、びっくりするほど大きな音がすることもしょっちゅうだ。屋外実験班は、紐を引っ張るとフォード製トラックの警笛が鳴る仕掛けを使って警告音を鳴らすようにしたので、騒音はもっとひどくなった。「ガァァァ！」と警笛が鳴らされると、職員は爆発音がしたときと同じくらい飛び上がり、どちらの騒音も嫌われていた。

少し静かにしたいとき、メルバはホールへ降りていってフランクの秘書のドロシー・ルイスと話すのが好きだった。奥へ入っていって、フランクとデータについて議論することもあった。二九歳になったフランクは、ＪＰＬの所長としての役割を引き継いだばかりだった。

一九四四年、フォン・カルマンは創設されたばかりの空軍の科学顧問委員会に参加するために研究所の所長を辞任した。ＪＰＬを去るとフォン・カルマンが決めたことから、役員人事を巡って一悶着あった。カルテクの航空学の教授であったクラーク・ミリカンはできたばかりの研究所を取り仕切ることを望んでいたのだが、経験豊富なミリカンに代わってフォン・カルマンは元教え子に研究所を任せることにしたのだ。フランクは経験豊かとは言えないが、それを補って余りある熱意にあふれていた。

昔から知っているバービーの目からすれば、フランクがただの学生から教授になり、あっという間に成長していく様は不思議なものだったかもしれない。多くの時間、フランクはしかつめらしい顔をして過ごさねばならなかったが、夜中になって自分自身を取り戻したくなると、研究所のまわりでいたずらをすることがあった。それは、気楽な決死隊の一員から正規の研究所のリーダーになっていく厳しい道程だった。ある日、フランクがエンジニアの一人を厳しく叱責するところをＪＰＬのコンピューターたちは信じられない思いで見た。

現在はエドワーズ空軍基地となっているカリフォルニアのミューロックで、ＪＡＴＯの試験の待ち時間の間、エンジニアのウォルター・パウエルはおもちゃの飛行機で遊んでいた。フランクがそっけなく「おもちゃをしまえ、ウォルト。遊んでる場合じゃないぞ」と注意すると、ウォルターは激怒した。研究所が立ち上がったばかりの頃、仕事と遊びは区別しがたいものだったが、当時とは様相が一変していた。ウォルターの頭からはフランクの叱責が離れなかった。フランクがウォルターを尊重しないなら、フランクに聞く耳を持たせるまでだ。ウォルターは手斧をつかんでフランクのオフィスに向かい、頭の上に振りかざした。叫び声を上げて、閉じたドアに一回、二回、三回と手斧を叩きつけた。

ボロボロの木切れになったオフィスのドアを透かして、怒りで赤く染まったウォルターの顔が見えると、フランクにもようやく事態が飲み込めて、彼は悲鳴を上げて助けを求めた。数人の男が駆けつけ、ウォルターを説得しようと試みたが、彼は怒り心頭に発していた。すると、はさみを持っていたエンジニアの一人が、突然ウォルターにつかつかと歩み寄ってネクタイを切り落とした。廊下は水を打ったように静まり返り、そして次第に笑いの波が全員に訪れた。ほどなくフランクまで笑いだした。ウォルターは笑いはしなかったが、手斧を取り落とした。とてつもなく気まずかった。それから一ヵ月、研究所はその話でもちきりで、バービーとメルバは一緒に最後の劇的な場面を演じてみせ、バービーがふざけてメルバをはさみで追い回した。ウォルターが職場でネクタイを締められるようになったのは、ずっと後になってからだった。

手斧事件のようなことがまた起きないために、フランクは新規に人を雇うときには人任せにしないようにした。注意深く、研究所の発展のために尽くしてくれるスタッフを選んでいった。荒れ果てた峡谷に研究所を設立して以来、小さなグループなら一緒にうまくやっていけることを立証したいと思っていた。長い時間を一緒に過ごすことを考えれば、お互いに単なる同僚であるよりも家族のようであったほうがいい。

＊

コンピューター室の五人の仲間は一つの機械のように協力し合って働いていて、ノートが机から机へ回されると、生の数字は意味を持ったデータへと変わっていく。一台のフリーデン計算機は、チームにとって素晴らしい財産だった。フリーデン計算機は、現在使われているような、手のひらの上で何百もの機能を使える現代的で洗練された電子器機とは似ても似つかない。それどころか、その計算機は食パンがひとかたまり入るブレッドケースほども大きく、重かった。だが、使い方がわかるほんの数人の一人であるバービーからすると、フリーデンが届いたとき、計算機にコマンドを打ち込むのが嬉しくてたまらなかった。機能は四則演算だけだったかもしれないが、計算尺よりもはるかに速い、最新のテクノロジーだったのだ。計算機はさえない灰色で、見た目はタイプライターのようだが、文字の代わりに0から9までの数字が何列も並んだキーボードがついている。広告では「キーをさっと動かす」と、フリーデンは「自動的に計算結果をダイヤルからキーボードに転送」でき、数字が各列に入力されると「完全自動で」計算が始まると謳っていた。

フリーデン計算機は、タイプライターのように方程式とその計算結果を記した紙片を吐き出すようになっていた。現在使われている複雑なハードウェアを見慣れていると、こんな単純な仕掛けの機械が役に立つとは考えにくい。もちろん、単純計算でできることは日々の業務からすれば氷山の一角にすぎず、バービーとコンピューターたちは多くの手計算をこなさなければならなかった。一日八時間も鉛筆を握っているため、手にはたこができて荒れていた。

爆撃機を飛ばすためのロケットを何機作ったのか、バービーにはもう数え切れないほどだった。プロジェクトが完了すると、チームは宇宙の一端に到達する挑戦をまた始めた。単純なヘリウム気球では到達できない高度までロケットを飛ばす方法を見つけなければならない。目的にかなったロケットモーターを開発するため、エンジニアとコンピューターたちは、モーターの物理的性質とその変化率の関係を解明する四つの方程式を解かなければならなかった。一丸となって仕事を進めるうち、計算結果から焦点を推進剤に絞らなければならないことが明らかになってきた。

フリーデン計算機の当時の広告

メルバとメイシー、ヴァージニア、フリーマン、そしてバービーは、ロケット推進剤のポテンシャルについて解き明かす任務を負った。メイシーはほかのコンピューターたちよりも二〇歳も年上だったためか正確な用語にこだわっていて、仲間のコンピューターたちが推進剤のことをうっかり「燃料」と呼ぼうものなら許してはくれなかった。彼女は、国税庁の監査官として長く働いた後、人生も後半になってから工学畑に入ってきたので、ロケット工学の教えをしっかり守っていた。メイシー流の厳しくも理にかなったやり方は、〝推進剤〟は燃料のみで構成されるものではない、と用語のルール違反を正していた。推進剤には電子を受け入れることができる酸素などの元素を持った酸化剤が含まれていて、略して「レドックス反応」とも呼ばれる強力な酸化還元反応を引き起こす。こうした電子の移動による反応が、ロケットエンジンの中でも人体の細胞でもエネルギーを生み出す源になるのだ。

燃料は、酸素などの酸化剤なしには燃焼しない。負の電荷を持つ小さな粒子である電子を酸素が強力に引き付けることで燃料が燃える。このことは、ロケットが宇宙を航行する場合に重要になる。酸素のない真空中を航行するには、自前の酸化剤を持っていくことになるのだ。

ある日ヴァージニアとバービーが外でランチを食べていたとき、ヴァージニアはバービーの眉上で前髪を切り揃えた新しい髪型を「ショートバングの髪型で、とっても可愛い。ベティ・デイヴィスみたいね」と褒めた。バービーは礼を言って、手櫛で流行の前髪を梳いて、注意深くうなじまでのカールを叩いて整えた。その日、バービーはウエストがきゅっと締まった明るい白のシャツドレスと、白のパンプスを履いて、いつにも増して可愛らしく装っていた。研究所で働く全員の写真を撮影するので、最高の状態で写りたかったのだ。白を着るのは、埃だらけの峡谷に対するバービーなりのささやかな抵抗だ。

二人の話題は、髪型のことからコンピューター室で議論になっている推進剤のことにまた戻っていった。

昨晩、リチャードが話したことを思い出しながらバービーは続けた。「ジャックが新しいアイディアを思いついたんだって。きっと信じられないと思うけど……推進剤にアスファルトを使うって言うの」。「ジャックでないと思いつかないよね」とヴァージニアは頭を振った。推進剤として道路を舗装する重たいアスファルトを使うというのはめちゃくちゃなように思えるが、何がロケットを飛ばすために最適なのか誰にもわからないのだから、すべてやってみるしかない。JPLのエンジニアたちは、固体も、液体も、気体もあらゆる選択肢を広く試してみた。数棟の実験室とタール紙の小屋が立ち並ぶ研究所の埃っぽい試験場で、エンジニアたちは試験ピットに据えられたロケットモーターに燃料と酸化剤を詰め込み、点火してみた。

ロケットモーターに取り付けられた計器は、モーターから排出されたガスの速度と、燃焼試験の過程で推進剤の質量がどのように変化したのかを測定する。作業員は試験中の計器の変化の写真をすべて撮って、一一号棟の暗室にフィルムを持ち込んだ。バービーとメルバ、メイシーとヴァージニアとフリーマンは、暗室の薄明かりのもとでゲージの写真を覗き込み、注意深くデータを青い方眼紙に記録した。そして、ノートを持ってコンピューター室に戻ると、仕事を始めた。

ロケットモーターから排出されたガスの速度を測ることで、それぞれ実験で生み出された推進力を分析することができる。生のデータから、ロケットを前に進ませる力である「推力」、「燃焼率」、速さと方向を併せ持つ「速度」を手計算するということだ。茶色いノートに数値をすべて記録してから、コンピューターたちはフリーデン計算機に値を入力し、計算尺を使って分析結果を三回検算した。計算尺は、見た目は定規のようだが、カーソルをある数字に置いて中央の部分を適切な位置にスライドさせるだけで、掛け算、割り算から平方根や三角法の計算までできる。メルバはどちらかというと、単純で直感的に使える計算尺のほうを好んだ。計算尺と同じようにメルバがフリーデン計算機に馴染むまで、数年はかかった。

エンジニアとコンピューターたちの関心は、特に比推力の計算に集まっていた。比推力とは、燃料消費による推力の増加分である。推進剤がロケットの後方に放出されていくにつれて、どれだけの運動量が積算されていくのか、比推力で見積もることができる。推進剤の放出速度が速いほど、ロケットは速く航行できる。比推力が高いということは、それだけ遠くへ行くのに燃料が少なくてすむということだ。これを計算することで、開発の課題となっている各種の推進剤の効率を一番簡単に見積もることができるのだ。比推力を導出するには、四つの式が必要になる。まず推力と速度が必要で、この数値をそれぞれの推進剤の流量から得た単位質量あたりの推力の式に挿入する。

この比推力の計算は、すべてが手計算でしていた頃から行われていたが、そう簡単には終わるものではかった。ロケット・エンジンの燃焼はほんの数秒だが、コンピューターたちがこれを分析するには一週間以上かかる。ノートはあっという間にいっぱいになり、実験一回ごとに六冊から八冊ほどになった。バービーはノートが机に積み上がって紙の山になっていくのが好きだった。ノートがいっぱいになると、達成感を感じる。そして、実験がすべて終わって最終的なレポートができたら、机の上からノートを全部片付ける。

ある秋の穏やかな朝、バービーとメイシーはロケット燃料の基材としてアスファルトを使った実験の分析に熱心に取り組み始めた。一ヵ月近く、コンピューター室の話題はこの話でもちきりだ。話題の一部は燃料そのものにも及んだ。これまで誰もアスファルトを試していなかったので、エンジニアたちは掛け値なしに興味津々だったのだ。研究所が決死隊と呼ばれていた頃から、バービーはジャックとその妻のヘレンと仲が良かった。ジャックは才能にあふれていたが、とにかく変わり者でもあった。ジャックはフランクに出会ったことでその才能が輝きだし、技術的課題に対していつも創意工夫に富んだ解決法を見つけてきた。

その風変わりなところは、機械工学の設計だけにとどまらない。ジャックはＳＦの物語がまるで現実であるかのように語り、奇妙なカルト宗教的な団体に加わった後にヘレンと別れたので、ジャックとヘレンは職場でいつもうわさの種になっていた。ジャックがＪＰＬの中で最も変な職員であったとしても、ロケット燃料に関するその天才ぶりには誰もが感謝せざるを得ない。

バービーとメイシーは、ジャックが考案した過塩素酸カリウム酸化剤と液状アスファルトからなるまったく新規な混合物である新しい推進剤に大興奮だった。コンピューターの二人は、ロケットが機能するのに最適な燃料と酸化剤の混合比率を解き明かす役割を負っていた。計算の結果、シェブロンの「テキサコ・一八番・アスファルト」が七〇パーセント、ユニオンオイル〔現ユノカル〕の潤滑油を三〇パーセントで合わせるのが最適の混合だとわかった。作業員は、アスファルトとオイルの混合物を摂氏一三五度まで加熱して液化し、砕いた過塩素酸カリウム塩を加えた。混ぜ合わされた推進剤は円筒形の固体にして冷却され、ロケットを噴かすパワーをもった固まりになる。それは、「ジャックのケーキ」と呼ばれていた。

試験ピットに据えられたエンジンの燃焼室に、エンジニアと作業員たちはジャックの黒いケーキをしっかり詰め込んだ。エンジンは、丸めた汚い新聞紙のように見えた。エンジンの一端には粘土製のノズルが付いていていて、推進剤と点火器をつないでいる。エンジンのもう片側には推進剤が詰められていて、試験ピット内で燃焼すると煙の筋が後を引き、排気ガスを追うことができた。試験ピット内に固定されたエンジンには強い圧力がかかっており、点火すると地震のような揺れが起きた。続いて数秒後に燃焼ガスが斜面に当たり、推進剤の副産物である塩化カリウムの白い煙が雲のように試験ピットから立ち上った。

コンピューターたちは、エンジンに取り付けられた計器が示した数値を集め、分析を始めた。目標はとても高く、一〇～三〇秒間で約四五〇キログラムの推力を得られる推進剤を見つけ出さなければならない。ほかの粉末推進剤では、この目標にはまったく届いていなかった。黒色火薬推進剤を使った試験は、ほとんど爆発に終わっていた。エンジンの密閉が不完全か、推進剤に亀裂が入っていてすべてが燃えてしまうのだ。ＪＰＬでは果たして目標を達成できるのかさえ怪しくなってきたところだった。だが、ジャックのケーキは違う。

コンピューターたちは、ジャックの桁外れの推進剤は比推力一八六、秒速一・八キロメートルの噴出速度を持つ、とはじき出した。九〇キログラムもの推進力を生むということだ。それはまさに、当時陸軍が必要としていた燃料そのものだった。すなわち、安価で、一般的にもよく使われている材料から製造できる燃料、ということである。ほどなくバービーは、その研究結果が海軍が欲している独自のロケットに最適であるとわかった。

研究は秘密にされ、報告書は機密扱いとなった。まだ戦時下のことで、ロケットの研究開発は科学探査のためではなく陸軍が応用するために集約されてしまったのだ。ＪＰＬのメンバーからすれば、戦争で研究が中断されてしまったように感じられた。決死隊時代からの一人であるエド・フォーマンは「高高度観測や宇宙飛行に使えるロケットを開発するなんていう僕らの夢は、何年も先になりそうだね」との言葉を残している。そうは言っても、戦争への貢献なしにはＪＰＬが存続することもできない。設立当初の自己資金などとっくに尽きてしまい、軍の資金提供があったからこそ生き残ってこられたのだ。

バービーからすれば、戦争への貢献は誇らしいものに思えた。フランクも同様で、実家に宛てた手紙には「僕らが開発に協力した装置も、最近ではいくらか太平洋で人の命を救う役に立っているんだ」と書き残している。残念ながら真珠湾に近いカリフォルニアの地では、住人の心の中には戦争への恐れが高まっていた。新聞は日本がカリフォルニアを直接攻撃してくる可能性について書き立てていた上に、日系アメリカ人は隔離されて収容所に送られていた。軍を頼る気持ちは強くなっていて、そうした雰囲気の中でコンピューター室の一員で唯一の男性だったフリーマン・キンケイドは、戦時中の海軍支援組織である商船隊に参加するためJPLを去っていった。フリーマンがいなくなり、代わりを務められる男性の候補がほとんどいなかったことから、コンピューター室は女性だけのグループになっていった。

仕事の内容が軍のためであろうと、また自分たちのためであろうと、JPLにとってはロケットを追い求めることこそが揺るぎない目標だった。外の世界の出来事はまだ冗談の種であって、爆撃機を離陸させるストラップオン・ロケット以上のものを作る気満々だった。JPLはミサイルの設計を始めようとしていたが、依然として課題は推進剤だ。軍用としては期待以上の固体推進剤を開発できたとはいえ、液体推進剤はそれ以上の推進力を出せるかもしれない未知の領域だ。JPLは固体推進剤部門と液体推進剤部門の二つに組織を分けた。コンピューター室は領域をまたいで、両部門のエンジニアたちのために働く。研究所の毎週のミーティングでは、全員が集まって知識と研究成果を共有するようにした。

新型兵器の追求のため、研究所はもっと大勢のコンピューターを必要とした。研究所の規模が大きくなったことに合わせて、フランクはメイシーをコンピューター部門の監督として抜擢した。フランクはめったなことでは昇進の辞令は出さないのだが、メイシーはマネージャーとしての責任を引き受けただけでなく、新しいコンピューターを採用する際の面談にも責任を持ってくれて、フランクは安心して任せることができた。メイシーはこの仕事に適任だった。母鶏のように面倒見がよくて、チームのメンバーを増やすだけにとどまらず、家族のように結束できるように心を砕いてくれたのだ。JPLのコンピューター部門が女性だけの部隊になったのは、メイシーのおかげと言ってもよい。

メイシーがJPLで昇進していくのと同じくして、バービーは研究所での将来が不確かなものに感じられていた。彼女は妊娠しており、大きくなっていくお腹を周囲の目から隠すのはどんどん難しくなっていた。間もなく、辞めざるを得なくなる。当時は育児休暇などという制度はなく、バービーは生まれてくる子供を心待ちにしながらも、創設以来その一員だった計算室に別れを告げなくてはならないのが悲しかった。

＊

一九四三年の晴れた新年の日、コンピューターたちはパサデナの新年行事ローズ・パレードの群衆の中に立っていた。前年の一九四二年、この行事は歴史上ただ一度だけ、西海岸が見舞われるかもしれなかった攻撃から逃れるためにノースカロライナへ開催地を移していた。この年、パレードは再び本来の地であるパサデナへ戻ってきた。パステルカラーのふんわりしたクリノリン・ドレスを着た少女たちがパレードのフロート車に乗って、手を振りながら目の前を通り過ぎたとき、メイシーはプリンセスの一人がパサデナ短期大学で数学の教え子であることに気がついた。その子はもともとパレードに参加するつもりではなかったのだが、ローズ・パレードに参加することは一七歳以上の体育の授業では必須だったのだ。特に興味がなかったとしても、全員が階段を上がってステージを端から端まで歩き、審査員は彼女の姿、美しさ、優雅さを審査する。メイシーはフロート車に乗っている少女を見て、彼女の数学の才能がどんなことをしてくれるかと興味がわいた。

メイシーの指導のもと、少女たちは期待に応えようと懸命だった。その中で、微積分と化学のクラスで才能を花開かせたほんの数人のうちの一人は、やがてＪＰＬの真にユニークな女性グループに加わることになる。やがて彼女たちが始めた仕事は、まったく前例のないものだった。

第2章　西海岸を目指して

ヘレン・イー・リン・チョウは、頭上で唸りを上げる爆撃機が爆弾を落としていく音を聞いていた。音と振動は、ヘレンの骨まで響いた。ヘレンの兄は彼女をしっかりと抱き寄せていて、兄の心臓の鼓動まで感じ取れた。兄妹はお互いにしがみついていた。涙がヘレンの頬を伝い、兄の首筋にもこぼれた。音を立てることも怖かった上に、沈黙を強いられて恐怖はさらに強まった。暗い隠れ家の隅で、子供たちが聞いていたのはその世界を襲った戦争の音だった。香港は陥落したのだ。

およそ九六〇〇キロメートル離れた真珠湾で爆弾が投下されていた。一九四一年一二月の運命の日、日本はアメリカ合衆国とイギリス領香港を同時に攻撃していた。真珠湾の軍事基地が突然の強襲に対して備えができていなかったことが判明したその日、香港もまた装備が不十分だった。日本軍はイギリス、カナダ、インド、中国を合わせた植民地防衛軍に対し、四対一と数で凌駕していたのだ。

戦争がすべてを変えてしまった日から一年前、ヘレンたちは家族写真を撮った。母がじっとしているようにと言い聞かせたので、ヘレンと兄のエドウィンの二人はしぶしぶ手をつないだ。戦禍の中国とは遠く離れたフィリピンのマニラの日差しの中で、ヘレンは兄の汗まみれの手のひらが嫌になって振りほどくまで、ほんの数秒だけ手をつないだ。その後は頑として言うことを聞かず、エドウィンと妹たちはぐるぐる走り回って両親をからかった。なだめてもすかしても嫌がり、しばらくはお互いに触れることさえ嫌がっていた。だが今、家の暗い納戸の片隅に隠れていると、どれほど身を寄せ合っても足りないように思える。凍りつくような恐怖に加えて、ヘレンは母がどこにいるのかわからないことに気がついた。

アメリカ合衆国が破壊的な攻撃によって第二次世界大戦の戦禍に巻き込まれる前の一九三七年から、日本と中国は戦争状態にあった。世界が戦争の混乱にある中で、ヘレンの母は家族を支える柱だった。一九四〇年代までに、日本軍は中国の国境を犯して中国国内に踏み込んでいた。ヘレンたち家族は、次第に増していく虐殺の脅威から逃れるため、中国国内でも、また国境を越えても逃げ続けた。毛沢東率いる紅軍の空軍将校だったヘレンの父は、家族を戦禍から遠ざけるため軍の情報を元に何度も転居を計画したのだが、そうした情報があっても、攻撃から家族を安全にしておくことは困難だった。香港へ家族を転居させたとき、父はようやくこれで安全だと思ったはずだ。大英帝国の保護の下にある安全な香港ならば、帝国が降伏して日本に引き渡されるようなことはあるまい、と。

この希望は「東洋の真珠」に爆弾が降り注いだときに打ち砕かれた。そのときヘレンの母は隣家にいたのだがそこから出られず、子供たちを守らなくてはと気も狂わんばかりだった。攻撃の音が止むと、母は家に駆け込んで子供たちの名前を叫んだ。母は、エドウィンとヘレンがクローゼットの中でお互いに抱き合っているのを見つけた。もう二人の娘たちは近くの隠れ場所から逃げ出し、母に抱きついた。ヘレンは震える声でささやいた。「ママがいなくなっちゃったかと思った……」。

その年の一二月二五日、イギリスは香港を日本に引き渡し、街のいたるところで殺人と強姦が行われた。ブラック・クリスマスと呼ばれるこの日の直前に、ヘレンの家族は香港を逃れた。ヘレンの父は家族を中国本土に移し、田舎で安全な場所を探そうとした。

大方の母親であれば、そうした苦難の時代にあっては、その先の未来を思い描くことはできなかっただろう。だが、ヘレンの母は違った。彼女は教育を何よりも重んじた。一家は戦争で家も安全も何もかも失ったように思えたが、母は子供たちの教育の機会は決して犠牲にすまいと考えていた。どこへ引っ越そうと、母は必ず子供たちが私立学校に通えるように取り計らった。息子にも娘たちにも宿題をするようやかましく言って聞かせ、ヘレンが大学に通う計画を立て始めた。ヘレンは小さい頃から数学に秀でており、教育を何よりも大切にして育った。

ヘレンは一六歳になった一九四四年、自分の国がめちゃめちゃになっていくところを目撃しようとしていた。ある夜遅く、父が「日本軍の侵略の状況はますます悪化している」と母に話した。日本軍は大規模攻撃を開始している。もはや、安全に避難できる場所はないだろう。父の話では、密かに中国を支援して資金を提供しているアメリカ人たちがおり、蒋介石の軍に数千万ドルもの資金を送っているという。同時に、フランクリン・ルーズヴェルト大統領の承認を得た一〇〇機もの戦闘機を持つ義勇軍がいるという。「フライング・タイガース」の名で知られるようになるこの義勇軍は、日中戦争に参加して中国に協力した初の部隊だ。フライング・タイガースはアメリカと中国の両方の記章を付けて太平洋での戦闘に参加し、その戦闘機の先端には光る歯を見せた勇猛なサメの顔が描かれていた。

その夜、ヘレンは眠れずに床で父の言葉をずっと考えていた。これまで、生き延びる手立てについて自分で考えたことはなく、学校を離れなくてもよいのではないかと淡い期待を抱いていた。彼女は教師を敬愛していたし、大学進学について思いを巡らし、家族と中国を離れたらどうなるのかを考えていた。母と一緒に座って、気ままにこうした空想にふけるのがヘレンは大好きだった。そのほんのわずかの間、戦争のことは頭から追いやることができた。

空想の中で、ヘレンはアメリカのことを思った。教師が見せてくれた写真では、大学のキャンパスにはレンガづくりの建物が並び、教室は幸せいっぱいの生徒で埋まっていて、侵略や死の恐怖とはほど遠い。夢見た素晴らしい教室で何を学び、どんな将来を迎えるのかはまだわからないが、ここではないどこかへ行きたい、というヘレンの想いは強まっていった。

戦争は連合国の勝利で終わり、ヘレンの夢は膨らんでいった。エドウィンは大学進学のためにアメリカへ渡ったが、ヘレンはそうはいかず、中国にとどまって嶺南大学に入ることになった。二年間へレンは熱心に学んでいたが、彼女もティーンエイジャーの一人であり、必ずしも学業のみにすべてを傾けていたというわけでもない。

大学でヘレンは、アーサー・リンに出会う。彼は第二次世界大戦の前に四年の課程を修了していたのだが、戦争のために卒業できなかったのだ。入学以来の記録はすべて灰になってしまい、アーサーは何もかもはじめからやり直さなければならなかった。アーサーは誰にでも好かれる人柄で、ヘレンと初めて会ったときは大学の学生会長だった。学位取得が遅れていたとしても、アーサーは何もかもうまくいっているように見えたのだが、学業のために何年もの時間を費やしてしまったことで迷いが生じていた。人生で何をすべきかわからなくなっていたのだ。ヘレンはこれまでほとんど知らなかったこの若者に魅了されていたが、アーサーは相手が授業であれ自分の賛美者であれ、確かな約束をするということはしなかった。

ヘレンはアーサーに熱を上げ、それからしばらく大騒ぎの十代を過ごしたので、もう中国に彼女を置いておくことはできなくなった。一九四六年、同年代のアメリカ人のクラスメイトには想像もできないような困難に直面してきたにもかかわらず、ヘレンの成績は完璧でノートル・ダム大学〔アメリカ・インディアナ州〕で学費と諸経費を含む奨学金を得た。

ヘレンはインディアナ州で、多くのほかの娘と同じように前途への恐れと興奮が入り混じる中、一八歳の生活を始めた。まだときにはアーサーのことを考えてはいたものの、故郷の家ははるか遠くに感じられる。今まで彼女の自信の源だった英語の力も、大勢の英語が母国語の人たちを前にすると頼りなく思えた。アメリカで勉強する機会をヘレンは心底待ち望んできたのだが、それでも夜になると母を思って泣いた。

アメリカで教育を受けても「人生において何をしたいのか」というヘレンの問いにまだ答えは出なかった。彼女は美術を専攻し、デパートのウインドウディスプレイ制作の仕事に就きたいと考えていた。ウインドウの中に存在するのは、美しくて清らかで、望んでも決して手に入らない人生の一場面であり、ヘレンはディスプレイを眺めるのが大好きだった。たとえ、展示された商品をすべて買えたとしても、ディスプレイが見せてくれた人生が手に入るわけではない。

ブルーミングデールズ百貨店のウインドウディスプレイと同じくらい、数学は非実用的な学問に思えたのだが、それでもヘレンは数学を副専攻に選んだ。女性が数学の学位を持っていたとしても、それが何かこれといったキャリアにつながるとはとても思えなかった。それでも、ヘレンはノートル・ダム大学で貪るように数学の課程を学んだ。クラスに女子はたった一人だったが怖くはない。むしろ自分が透明人間になったかのようだった。

*

ほかの人には理解しがたいこの「透明人間になったかのよう」とはどんな感じなのか、バーバラ・ルイスにはわかる。バーバラはバービー・キャンライトと同じくオハイオ州の出身でJPL初期の女性コンピューターとして活躍した一人だ。高校時代のバーバラは普段はにぎやかで友達の多い生徒だったが、数学の授業のときだけは静かに一人で勉強していた。ヘレン同様、数学の教室に女子はバーバラ一人。授業の前に男子は机のまわりで各々小さなグループを作って、課題や気になる女子についてて喋っていた。バーバラだけは、ほかのクラスでのいつもの姿と違って授業中も質問の手はめったに上げず、一人で課題を解いていた。それでも、彼女はくじけずに勉強を続けた。教師のことは好きだったし、三角法から微積分、幾何学まで、コロンバスの学校で取れる数学の授業はすべて取った。

クラスでは男子に囲まれていたけれども、バーバラの人生で親しい男性はほとんどいない。バーバラの父は彼女がまだ一四歳のときに亡くなっていた。父は週に六日間働き詰めで、週に四五ドルを稼いでいた。農産会社の帳簿係として雇われていた父は、数字の暗記に強かった。地元の市場に野菜や果物を配達するときには、バーバラはトラックの席に座り、父がとんでもないスピードでノートをめくりながら食料品店ごとの金額を計算するのを目を見張って眺めていた。

バーバラの父が心臓発作のために亡くなって、後には傷心の妻と三人の娘、息子が無収入で残された。バーバラの母は自分が民間企業では職を得にくいと考えていた。ペンシルバニア州の小さな鉱山町の出身で、八学年までしか修了していなかったのだ。だが、教育の不足を決断力と知恵で補い、アメリカ合衆国内国歳入庁で秘書の仕事を得て、二階建て六部屋の家を買うまでの金を貯めた。母はもともと厳格な人物だったが、ひとり親になってからはますます厳しくなった。子供たちは学校が終わったらすぐに家へ帰り、宿題を始めなくてはならない。母は自分に教育が欠けていることを痛感していたので、子供たちにしっかり勉強せよと大いに励ました。とりわけ三人の娘は大学に進学させようとしており、バーバラの姉は家族の中で最初にオハイオ州立大学に入学して家を出たのだった。

バーバラが高校を卒業するまでに、姉たちは大学を卒業してカリフォルニアへ移った。バーバラも行きたくてたまらなかった。カリフォルニアは、映画スターがたくさんいて、気候は暖かく、入学を夢見た上流の大学がいくつもある夢の地だ。バーバラは、波打つ太平洋に洗われ、ヤシの木が並ぶカリフォルニアでカリフォルニア大学ロサンゼルス校や南カリフォルニア大学への入学を思い描いてみた。クラスの同級生にも同じ夢を持ってカリフォルニアへ行きたがっている生徒が何人もいて、毎週土曜日にウェストモント劇場で映画を見ては、才能を見出されてカリフォルニアで情熱的なローレン・バコールのような映画スターになるという空想物語を編んでいた。一方で、バーバラの夢はやや異なっており、きらびやかで魅惑的なものではなかった。

バーバラは濃い茶色の髪と明るいブラウンの瞳を持つ可愛らしい女性で、一九歳にしては奥手だった。女友達といるときはしっかりしているし気楽にしていられるのだが、男性がいると気後れしてしまう。男性と一緒だと、バーバラは寡黙になり、いつもの活発さは鳴りを潜めてしまった。カリフォルニアの生活を思い描くときは、男性はいたとしてもぼんやり霞んだ背景にまぎれていた。

上の娘がカリフォルニアに来るように言っている上に、末の娘がこれ以上ないほど行きたがっているのを悟ったバーバラの母は、オハイオの家を畳んでカリフォルニアへ引っ越した。バーバラと弟と母はロサンゼルスの北東のオルタデナの街に小さな家を借りた。

カリフォルニアの生活は、バーバラが想像していたものとはまったく違っていた。母は毎晩、渋滞で疲れ切って帰ってきたし、自分の車を持たない若い娘にとって、夢見た学校はオルタデナにいても、故郷のオハイオにいたときと同じように遠かった。そこで、バーバラはまず地元の短期大学に入学して数学の授業に没頭した。

姉たちは隣町のパサデナに住んでいた。二人とも秘書をしていたが、それはバーバラが密かに嫌っていた職業だ。秘書は人生の目標には合わない。ただ、問題は選択肢がほかにいくつもないということだ。教師と将来の職業について面談したときに示された選択肢はほんのわずか。秘書、教師、看護婦のどれかだ。将来、科学に関わるなんてありそうもなかった。

バーバラが将来の見通しについて嘆くと、長姉のベティは妹を思いやってあるアイディアを示してくれた。ベティはジェット推進研究所というところで働いている。仕事を通じて、研究所には「コンピューター」と呼ばれる職があり、数学の計算をする職業だということを知ったのだ。コンピューター室を覗いてみると、中では女性の一人がなんだか変わった機械をカタカタと打っていた。ベティは妹にこう切り出した。「若い女性がいてね。仕事は楽しいみたいだし、机の上に置いてある機械も面白そうに見えるんだよね」。

バーバラは好奇心をそそられた。「何なんだろう?」「さあ、わかんない。見たこともない機械だからね。でも、あそこで働いていた人、すごく数学ができそうな感じがするんだよね」。

それこそ、バーバラが求めていた情報だった。翌日、バーバラはベティと共に姉のオフィスを訪れた。舗装道路のパサデナの街を出て、地面がむき出しの道を通って行くと、JPLは深い峡谷の奥にあって、まるで文明から隔絶されているように見えた。

これが、バーバラの初めての就職面接だった。階段から続く長い廊下を歩くと、かかとの下で音がするたびに緊張は高まった。だが、信じられないことに最低賃金が時給四〇セントの時代に、時給九〇セントもくれるという。そして面接室に入ったとき、バーバラの不安は払拭された。将来の上司になるであろう面接官はきっと男性だろうと思っていたのだが、実際にそこにいたのは思いがけないことに、白髪で優しい微笑みを浮かべたメイシー・ロバーツだったのだ。バーバラが握ったメイシーの手は暖かかった。ふいに気持ちがすっかり楽になった。

＊

スーザン・グリーンは一九四一年一二月七日の真珠湾攻撃の日、西海岸に住む五歳の子だった。暗黒の日以降、スーザンや同級生たちは、日本軍による学校への攻撃に備えて、机の下に隠れる訓練を受けるようになった。戦争がアメリカ本土へ押し寄せてくることは避けられないように思えた。

スー〔スーザン〕はロサンゼルス生まれ、見た目からしてカリフォルニア娘そのものだった。豊かな金髪と明るい青い目を持ち、人目をひく姿だった。スーがまだ九歳のとき、父は二回めの心臓発作で倒れ、ほどなく家族は大黒柱を失った。父は有能で皆に愛され、常に家族を大切にした人だった。ハーバード・ビジネス・スクールを卒業して、企業保険の仕事をしている父のことをスーは自慢に思っていたが、その父の死でグリーン家の家族は寄る辺を失ってしまった。主婦だったスーの母は、夫を失って人生をどうすべきかわからずにいたのだ。幼いスーからすれば、だらだらと時間ばかりすぎていく中で、母はどうしてさっさと仕事を見つけられないのかわからないし不満で仕方ない。「わたしだったら、あんなふうにはならないのに」と九歳の子は怒りと悲しみの中で思った。

おとなしいスーにはなかなか友達ができなかった。本を読むのにはかなり時間がかかったけれども、読むことは好きだった。作文は大の苦手で、長さを問わずノートに言葉を書き付けるのは大っ嫌い。なんとか作文を避けようとして、数字に没頭した。言葉を書くと、無意識に逆さにしてしまう癖があってきまりの悪い思いをするのだが、数字ならばそれがない。スーははっきりしていて単純な数字が大好きだった。

数学と科学で良い成績を上げたにもかかわらず、スーの思い描いていた仕事はその分野にはなかった。魅力的な若い女性に育ったスーは、パートタイムのモデルの仕事を始めた。小さなデパートで微笑みを顔に張り付かせ、ドレスやスカート、水着を見せるためにファッションショーの舞台を上がったり下りたりしてみせる仕事だ。

かといって、モデルの仕事を切望していたというわけでもない。スーはロサンゼルス郊外のサン・ガブリエルバレーにひしめく小さな女子大学、スクリップス大学に入学した。専攻したのはアートで、これは文章をほとんど書かなくてよいという大きな魅力のため。スーは建築家になりたいという希望も持っていた。だが、専攻科目はスーにまったく合っていないようだった。彼女には芸術的才能がなかったのだ。スーに合っていたのは、むしろ数学だった。実際のところ、スクリップス大学の数学の授業はスーには初歩的すぎて、近隣の男子大学、クレアモント大学で数学の授業を取ったほどだ。最初の学期では微積分の授業はもう定員だったため、スーは次の学期を申し込むことにした。これがどれほど難しかっただろうか?

実際のところ、これは相当に難しい。スーは、最初の学期で受けられなかった積分方程式と、授業で教えられている微分方程式の両方を一度に学ばなければならなかったからだ。理解するためには、多大な努力が必要だった。彼女は、代数学のかっちりした解法に慣れていた。今や、数学の諸問題の解法となる方程式を導き出すことを学ばなければならない。まるで質問の答えに別の質問を出すようなもので、微分方程式は方程式を小さなかけらに分解し、積分方程式はそのかけらを一つに戻してまとめ上げるものだ。この二つが段階的に教えられるのは、いっぺんに学ぼうとすると覚えるのが大変だからなのだ。スーは特に勉強が好きな学生というわけではなかったし学業優秀とも言えなかったので、かなりの奮闘を強いられることになった。

そんな次第だったので、最初は評価Cを付けられたことは仕方ない。とはいえ、スーはさらに多くの授業を履修するのをやめなかった。教授は彼女の熱心さに感銘を受け、すぐに男子学生ばかりのクラスの中でスーが可愛いだけの子ではないことを認めた。彼女が数学の才能を持っていることは明らかだったので、教授は自分のところの大学院生の論文を評価したり、研究プロジェクトの統計を取る作業にスーを雇うことにしたのだ。スーがアートの専攻では評価が悪くて単位を落としてしまい、向いていないと打ち明けたとき、教授は彼女を心配し、励ましてくれた。これまで取った単位を持ってUCLAに転校し、数学とエンジニアリングの専攻に変えてはどうかと勧めてくれたのだが、肝心のスーはもう学ぶ意欲を失っていた。三年で彼女は大学を中退した。

南カリフォルニアでは、航空機産業が好況を呈していた。一九三三年には一〇〇〇人余りだった雇用数は、爆発的に増えて一九四三年には三〇万人に達した。第二次世界大戦の終結時には、アメリカの航空機産業は世界で最も大規模な製造業の一つとなっており、仕事はいくらでもあった。特に目標もないまま、スーはカリフォルニア州ポモナの航空機関連企業コンベア社のタイピストの口に申し込んだ。申込書を提出したとき、仕事に対する意欲はほとんどなかったのだが、ともかく彼女は安定した収入を必要としていた。

翌日、スーがコンベア社を再訪すると、人事担当者は彼女を脇へ連れて行って「数字は好きか？」と聞いてきた。この会社ではコンピューターを必要としていて、新人を訓練してその仕事に充てようとしていたのだ。「はい。数字は大好きです」スーは朗らかに答えた。心の中で「文字より、ずーっとね」と小さく付け加えた。

スーはこれまでまったく知らなかったコンピューターとしての職に就くことになった。毎朝、正門で構内に入るサインをして、タイムカードを押す。もう一人の女性と共に、一日を方程式に囲まれて過ごす仕事だということがわかった。二人は、会社が行ったロケットの試験から得られた生のデータをエンジニアが求めている形の方程式で解いていく。そこから、解法の過程をすべて手で書き表す。スーは青いインクで大判のノートに計算式をみっちり書き込んだ。単純計算にはほど遠く、スーはこれまで受けてきた幾何学と微積分学の知識を総動員しなければならなかった。

テキストと数でできた長い行は、複雑なコマンドを形作っていった。コンピューターたちは各々のコマンドが次を導いていくように書き表さなくてはならず、しかも複雑になりすぎないようにできるだけシンプルにするよう求められた。何も知らずにただそれを眺めたら、何の意味もなく数字と文字が絡み合っているようにしか見えなかっただろう。だが、整然と並んだコマンドには独特の優雅さがあり、一つ一つが次につながり、次の解法を引き寄せていた。ある数字を取り囲む円は、一つの方程式から解法を導き出して次のコマンドに挿入される。これは、方程式を整理するやり方なのだ。経験と知識の浅いコンピューターだと、コマンドをきちんとしておくことの美しさにも有用性にも気が付かずにノートを不要な数式でごちゃごちゃにしてしまう。数字は、何かを形作っているのだ。そして、建築家を目指したスーは、何かが組み上げられていく感覚が好きだった。スーはすっかり作業に没頭して、時計を見るのも忘れた。

このときスーは、自分では何も知らないままプログラミングの作業をしていたのだ。彼女が構築したコマンドの行は、初期のコンピューター・プログラムの前身に当たるものだった。必要なときがくれば、コマンドの行はすぐにコードに変換される。スーは後にデジタル・コンピューターを使っても、紙と鉛筆の時代と同じ職人魂を発揮して、整然としたプログラムを作っていることに気づくことになる。

スーは、きれいな線のように方程式を書き付けていた一方で、恋愛生活はといえばかなり乱れがちだった。なにしろ、選びきれないほどの男性がいる。まだスクリップス大学の学生だったとき、スーはブリッジのクラブでピート・フィンレイというカルテクの男子学生に会った。出会ってすぐはそれほど彼のことを気にしていたわけではない。ピートは二歳年上で、化学の勉強をしていた。彼は前の年に重い谷熱〔コクシジオイデス症〕にかかっており、真菌の感染が引き起こす耐えがたいほどの筋肉と関節の痛みを経験していた。病気がピートを生真面目でよそよそしい態度にさせていた。スーは当初、彼があまりにも内気なので避けていたのだが、彼のことをよく知るにつれてその思慮深い、優しい人柄に惹かれていった。しかし、彼が結婚を申し込んできたとき、スーは首を横に振った。誰かもっとほかにいい人がいるのではないかと思ったのだ。

残念ながら、大学の外では男性は不足気味だった。コンベア社にも男性はかなりいたのだが、同僚の中でスーがデートしたいとか、まして結婚したいと思った相手は誰もいなかった。ピートのプロポーズを断ってから二ヵ月後、北カリフォルニアで友達の結婚式のときに二人は再会した。最悪のデートばかり経験した後では、ピートの姿はまるで光がさしているようにだった。突然、スーは自分が間違っていたことを悟った。一緒に座って話し始めた途端、スーは切り出した。「オーケー。私、あなたと結婚する」。ピートは驚いて彼女を見つめた。最初のプロポーズを断られて以来、もう一度申し込むことはしていなかったからだ。だが、彼女の瞳を見つめて、ピートはスーが真剣だということを悟った。二人は笑い出し、ピートは彼女の手を取ってダンスフロアに連れ出した。こうして二人はまた付き合い始めた。

そして二人は、カリフォルニアに明るい陽が差す一九五七年のある日、アルカディアのグッドシェパード教会で結婚した。結婚式の後で、スーは母にすぐに子供はほしくないのだと話した。母はとびきりの微笑みで頷くだけで特に何もいわなかった。二〇歳の女の子らしい強い独立心は、いずれ母になりたいという望みに変わるということを知っていたので、まだプレッシャーを与えるようなことはしたくなかったのだ。

計画がどうあれ、ものごとがそうなるとは限らない。スーは結婚から間もなく妊娠した。母は泣いている娘を抱きしめて喜んでくれた。スーのお腹が大きくなるにつれて、パサデナから一一〇号線の下を通ってコンベア社へ通勤するルートも負担が膨れ上がっていくようだった。交通渋滞がひどく、スーは車の中に座り詰めでバイパスを通るのが嫌でたまらなかった。もっと家に近い職場に通いたかったのだが、妊娠した女性を雇ってくれる企業などないこともわかっている。実際のところ、彼女のお腹で赤ん坊が育っていることに雇い主が気がついたら、今の仕事を続けることも難しいだろう。どうすべきかと思われているのかはわかっていたが、それでもスーは好きな仕事ができる今の職場を離れるのは嫌だった。そんなとき、スーはカルテクの掲示板に、キャンパスからほど近いＪＰＬでの求人募集が貼ってあるところに出くわした。夢のような仕事だと彼女は思った。なんて通勤に便利なの？　それに私ならこの仕事ができる！

だが、夢想はすぐに消えた。スーが妊娠していることは隠せなくなってきていて、コンベア社を退職しなければならない日が迫っている。家には子供部屋を用意して、母であり主婦である人生を描き始めるのだ。小さな命がお腹を蹴る力は少しずつ強くなってきて、彼女はこれからのことで頭がいっぱいになった。喜びも増してきて、ピートは夜になると妻のお腹を賛嘆の目で眺めた。二人は、生まれてくる子供が男の子なのか女の子なのか考えるようになっていた。

予定日の一週間前にスーは陣痛の始まりを感じた。ついにその時が来たのだ。スーはピートを起こし、病院で会えるよう母に電話してから急いで車に乗り込んだ。スーが出産で精一杯の間、ピートは他の父親たちと一緒にひたすら待合室で待たなくてはならない。そして開いた扉の向こうから、子供を産もうとしている女性の声がかすかに聞こえてきた。

分娩は辛く長いものになり、次の日までかかった。陣痛はぼろぼろになるまでスーの体力を搾り取っていった。ついに最後のときがきて、医師はしっかりいきむようスーを励ました。そして、ついにスーの子供が生まれ出ると「どっち？　ねえ、どっちなの？」と息子を授かったのか、それとも娘なのか知りたくて彼女は叫んだ。「男の子ですよ！」と医師が教えてくれた。長い時間の奮闘で震えがきて、スーは言葉を出せなかったけれども、彼女はついに男の子の母になったのだ。だが、彼女の幸せをよそに分娩室はおかしな静けさに包まれている。新生児の泣き声がしないのだ。我が子を見て、スーはその肌が青ざめていることに気がついた。そして医師たちは赤ん坊をどこかへ連れて行こうとしている。「お子さんは助けが必要なんです。息ができていないんです」と看護婦が問題を告げた。「すぐにわかりますからね」。

スーとピートは、二人にとっての小さな天使にスティーヴンと名前を付け、何もかも良くなると考えるようにした。出産後のホルモンの変化で身体は重く、不安は高まりやすくなっている。スーにできることは、息子が持ちこたえてくれるように祈り、待つことだけだった。

二日後、知らせに来た医師の顔を見ただけで、スーは結果が思わしくないことを知った。「たいへん残念ですが、手は尽くしました」と医師は告げた。スーの喉から嗚咽が漏れ、むせび泣いて伏し、病院のベッドから床にくずおれまいとして、ピートにしがみついた。何も感じられず、ベッドに戻る介助をしようと駆けつけた看護婦の言葉も聞こえなかった。痛みなど頓着せずに髪を引きむしった。夫と母はスーに言葉をかけようとしたが、言うべき言葉も見つからない。罪の意識がスーを打ちのめした。「子供はまだいらない」などと考えなしに口にしたから、これはその罰なのだろうか？　子供を取り戻すために自分を犠牲にすればよかったのか。

退院の前、スーはようやくその腕に息をしていない小さな我が子を抱いた。毛布にくるまれたスティーブンは、信じられないほど小さく見えた。「目を開けて」スーは声に出さずに叫んだ。「ねえ、目を開けてよ」。小さなハート型の顔に指で触れてみると、まだその身体は暖かく、その唇はふっくらと可愛らしいピンク色だった。スーはほんの二、三分だけ息子を抱きしめ、そしてもう生きてはいないことを知った。疑問の余地はなかった。彼女の息子は、永遠に失われたのだ。

スーは悲嘆に暮れて過ごした。彼女にとっては世界が粉々になってしまったのに、食料品店に行けば、周囲の人々はそれぞれの日常生活を続け世界は回り続けていることに当惑し、信じられない思いだった。レジの列で前に並んでいるあの女性は、どうして破滅の兆候を感じないのだろう。

スーは信心深くはなかったが、失った子への祈りの言葉を求めて教会へ行くことにした。息子は洗礼を受ける前に亡くなったけれど、そのために辺獄へ行くことになるとは信じていなかったし、牧師の話を聞けば自分自身の乱れる心にも慰めを得られるだろうと思ったからだ。不安な気持ちを抱えて教会の扉の前に立ち、取っ手を引いた。だが、扉は開かなかった。鍵がかかっていたのだ。喪失の刺すような痛みを感じながら、スーは背を向けた。この苦悩が消える日は来るのだろうか。

*

ヘレンはノートルダム大学を卒業し、インディアナ州を離れてパサデナで兄のエドウィンと、それに間もなく引っ越してくる両親と一緒に暮らす日のことばかり考えていた。彼女が初めて谷あいの町を一望したのは一九五三年のことで、町は小さくて埃っぽくてヤシの木が生えた雑然としたところだった。最初の印象は悪かったのだが、この町がこれから六〇年にわたってヘレンの暮らすところになる。

ヘレンは、自分の作品で百貨店のウィンドウを飾る仕事につけると思っていた。だが、西海岸の職業事情は彼女の期待通りではなかった。仕事は雇用主の家族や親類、友人の伝手で決まってしまい、ヘレンは自分が候補から外されるのを眺めるばかりだ。すっかり気落ちして、ヘレンは自分が何の仕事をしたいのかさえわからなくなってしまった。彼女は大学を優れた成績で卒業したはずなのに、ヘレンを雇いたい会社はどこにもない。自信を無くしたヘレンは、家族にすがる思いだった。

エドウィンはその頃、パサデナへ来てＪＰＬで構造設計のエンジニアとして働いていた。ある晩、兄は大喜びで求人募集を持って帰ってきた。それはコンピューターの仕事で、妹の数学の才能にうってつけだ。その熱狂はヘレンにも移った。彼女が大学で取ったクラスは、すべて無駄というわけではなかったのだ。興奮と不安が押し寄せてきたが、自分が不適格だという考えは払い除けることにした。自分の技能、英語のアクセントのことも気になる。私がこの仕事に向いていますように、とヘレンは祈った。これまで、数学は非実用的で当てにならず、専門の職業につけるとはとても思えなかったからだ。

「エルクーペ」改造ロケットプレーンの試験に参加したメンバー。左から3番目はバーバラ・キャンライト（Courtesy NASA/JPL-Caltech）

1941年、「エルクーペ」改造ロケットプレーンの試験飛行に成功（Courtesy NASA/JPL-Caltech）

1950年、空撮による当時のジェット推進研究所（Courtesy NASA/JPL-Caltech）

1953年当時のコンピューターたち。前列左から、アン・ダイ、ゲイル・アーネット、シャーリー・クロウ、メアリー・ローレンス、サリー・プラット、ジャネス・ローソン、パッツィ・ナイホルト、メイシー・ロバーツ、パティー・バンディ、グリー・ライト、ジャネット・チャンドラー、マリー・クローリー、レイチェル・サラソン、エレイン・チャペル。後列左から、イザベル・デワード、パット・ベヴァリッジ、ジーン・オニール、オルガ・サンピアス、レオンティーヌ・ウィルソン、タイス・スザバドス、コリーン・ヴェック、バーバラ・ルイス、パッツィ・リデル、フィリス・バウォルダ、シェリー・ゾンライトナー、ジニー・スワンソン、ジーン・ヒントン、ナンシー・シルマー（Courtesy NASA/JPL-Caltech）

1940年、バービーとリチャード・キャンライト夫妻（Courtesy Patricia Canright Smith）

1947年、JPLの昼食売店（Courtesy NASA/JPL-Caltech）

1955年、ミス誘導ミサイルコンテストの勝者に冠を授けるビル・ピッカリング（Courtesy NASA/JPL-Caltech）

研究所には打ち解けた雰囲気があった。所員は何かと集まって談笑し、春秋と12月の休暇中には研究室全体のダンスパーティが開催されていた（Courtesy NASA/JPL-Caltech）

1955年、コンピューター室の勤務風景。前列から2番目、左側の席についているのはヘレン・リン。奥で電話を手にしているのはバーバラ・ルイス。写真右側で窓際に立っているのはメイシー・ロバーツ（Courtesy NASA/JPL-Caltech）

左から1952年のミス誘導ミサイルコンテストで2位となったバーバラ・ルイス（結婚後はポールソン）、続いてドリス・マオンとジュディス・バックハーブ（Courtesy NASA/JPL-Caltech）

JPLで定期的に開催されるダンスパーティではジャズ・オーケストラが参加すると好評だった（Courtesy NASA/JPL-Caltech）

1958年1月、エクスプローラー1号の打ち上げ成功後に開催された記者会見の席で人工衛星の模型を掲げるビル・ピッカリング、ジェームズ・ヴァン・アレン、ウェルナー・フォン・ブラウン（Courtesy NASA/JPL-Caltech）

1958年、JPLのエクスプローラー1号開発チームとコンピューターのフィリス・バウォルダ（Courtesy NASA/JPL-Caltech）

1958年、JPLのエクスプローラー1号祝賀会（Courtesy NASA/JPL-Caltech）

1964年、宇宙女王コンテストの勝者に冠を授けるビル・ピッカリング。JPLの研究内容が変化するに伴って、ミスコンテストの名称も変更された（Courtesy NASA/JPL-Caltech）

1959年、扱いにくいIBM704を使って月ミッションの追跡を行う。プログラミング時にはパンチカードの取り扱いに注意しなければならなかった（Courtesy NASA/JPL-Caltech）

2枚の写真は1959年、パイオニア4号の打ち上げに向けてデータ補正を行うようす。白いブラウスの女性はコンピューターのフィリス・バウォルダ。（Courtesy NASA/JPL-Caltech）

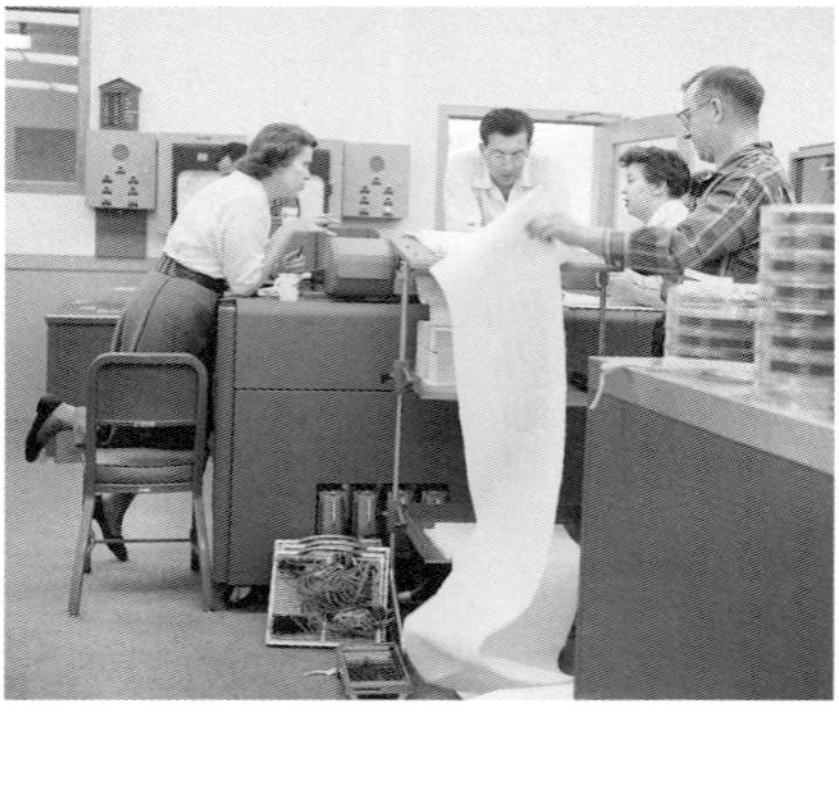

1957年のスー・フィンレイ
(Courtesy Susan Finley)

1957年、カリフォルニア工科大学新入生の手引きより。右側に座る女性はスー・フィンレイ(Courtesy Susan Finley)

1958年、ヘレンとアーサー・リン夫妻(Courtesy Helen Ling)

1959年、ビル・ピッカリングよりJPL勤続10年章を贈られるバーバラ・(ルイス)・ポールソン（Courtesy NASA/JPL-Caltech）

1959年、バーバラとハリー・ポールソン夫妻（Courtesy Barbara Paulson）

1973年のシルヴィア・ミラー（Courtesy NASA/JPL-Caltech）

第Ⅱ部　1950年代

バーバラ・ルイス（結婚後はポールソン）

ジャネス・ローソン

ヘレン・イー・チョウ（結婚後はリン）

スーザン・フィンレイ

第3章　ロケットの夜明け

1955年、バーバラとJPLの仲間のサインが表面に描かれた「コーポラル・ミサイル」（Courtesy NASA/JPL-Caltech）

バーバラ・ルイスがこのときを迎えるまでに、何年もかかった。バーバラは、完璧に白く塗られた巨大なミサイルの表面に彼女の丸っこい文字でサインを書き加える前に、白いキャンバスにそっと触ってみた。一九五五年の四月、高さ約一二メートルの構造物の周囲には人だかりができて、これまで一〇年の間、皆が精魂傾けてきたミサイルにさよならを言おうとしていた。バラバラに分解されたミサイルは、護送トラックに積まれて、ニューメキシコ州の南、メキシコとの国境からちょうど九七キロメートル北に向かって広がるホワイトサンズ性能試験場へとやってきた。ＪＰＬの面々はミサイルに別れを告げて、これで厄介なロケットとの戦いはようやく終わったのだと思った。だが、それは間違っていた。

一九四〇年代の終盤、「コーポラル（伍長）計画」と名付けられた、ＪＰＬによるまったく新しい誘導ミサイルシステムの開発計画が始まった。陸軍は、約五〇〇キログラムの弾頭を搭載でき、約一六〇キロメートル以上の距離を敵の戦闘機では追いつけない速さで飛ぶ長距離ジェット推進ミサイルという新型兵器を必要としていた。この計画は、バーバラがＪＰＬに入って最初に参加したもので、早期に成功できそうに思われていた。最初の試験機は一九四五年にホワイトサンズで大気圏を高度七二キロメートルまで飛行できた。ロケットは宇宙のとば口まで達し、これは大地に衝突する前に達成した記録では最高となった。このモデルには誘導システムは搭載されていなかったため、〝高度制御なし（Without Altitude Control）〟の頭文字ＷＡＣを取って、「ＷＡＣコーポラル」と呼ばれることとなった。また、いかにも兵器らしい名前を付けられたほかのミサイルより小さかったことから、〝陸軍女性部隊（Women's Army Corps）〟の頭文字ＷＡＣだともいわれていた。開発チームは、これを「リトルシスター」と呼んでいた。ＷＡＣコーポラルは、より大型で、ほぼ二倍の高さとなる、さらに技術的に複雑な発展型コーポラル・ミサイルの開発に取り掛かるための踏み石だった。

リトルシスターの試験が成功しても、これを目的の弾頭を搭載できるミサイルに発展させること

1945年、ホワイトサンズ性能試験場でWACコーポラル・ミサイルの重量を計測するフランク・マリーナ（中央）。(Courtesy NASA/JPL-Caltech)

は、開発チームが考えていたほど容易なことではなかった。ＪＰＬでは、このときはまだロケットでの液体燃料の評価ができるところまで達していなかった。液体推進剤ならば、可能な限り最大の熱量を最小の分子で賄えるという可能性がある。一瞬で点火でき、高速に燃焼する。とはいえ、これまでＪＰＬで働いてきた人間からすれば、性能が期待できる分だけ、こうした推進剤は本質的に危険なものであるということもよくわかっていた。

液体推進剤の試験は爆発の危険性が高い。バーバラが就職するほんの数年前、ＪＰＬの開発チームは燃焼試験の試験ピットを丘の斜面の前に設けていた。そのせいで、乾いた灌木の茂みやほかの設備までずいぶん燃やしたものだ。不可解な現象による問題も起きていた。液体推進剤には、エンジンの振動を引き起こす性質がある。脈動はゆっくりと始まり、次第に高まってエンジンが持ちこたえられなくなると粉々に爆発した。なんとも困ったことに、脈動は散発的に起きるため、爆発を予測することは困難だった。

バーバラは危険についてよくわかっていなかった。ふっくらした頬と柔らかい肌をした彼女は一九歳よりもずっと若く見えたが、女子学生のようなその外見の奥には、ＪＰＬのロケット文化に入っていこうとする強い決意が潜んでいた。しかし、それは容易なことではなく、実験用の液体水素、酸素と窒素の混合物に急激に振動を与えると起きる爆発にも直面させられた。研究所の周囲の人たちの騒々しい話し声は刺激的かつ威圧的で、そのやかましさにも慣れなければならなかった。何よりも、サイレン代わりの古いフォードのトラックの警笛が鳴るたびバーバラは飛び上がった。

とはいえ、爆発が起きるたびバーバラの元には新しいデータが届けられた。彼女は、ロケット・エンジンから赤い閃光と炎が吹き出す源となる、アニリンと赤く刺激臭のする硝酸液の危険な混合物が生み出す推進力を計算していった。バーバラと仲間のコンピューターたちは、日々の仕事の単調さゆえに気づいていなかったが、実際のところ世界を揺るがすものを扱っていた。彼女たちが研究に従事していた液体推進剤が、後に人類を初めて月に到達させることになるのだ。バーバラたちは、酸化剤と燃料の二つの液が混ざり合うだけで爆発的な燃焼を始めるハイパーゴリック〔自己着火性〕推進剤を開発しようとしていた。それぞれの物質は、隔てられているときには安定した性質を保っている。だが、ひとたび燃焼室の中で混ざり合えば、燃え始める。二〇年後にアポロ計画のロケットのタンクを満たしたのも、同じハイパーゴリック推進剤だったのだ。

バーバラはミサイルの飛行経路について計算していた。一つの弾道を計算するだけで、まる一日はかかる。彼女がやり遂げると、ノートには素晴らしい成果が残されていた。コーポラル・ミサイルの飛行経路を描いた手描きの図は、大気中を飛ぶときと同じ弾道を示していた。バーバラとコンピューターたちのノートは、ミサイルの最適な設計案を追求する作業の中で、軌道計算の結果がびっしりと書き込まれていった。

一九四八年、コーポラル・ロケットの開発のかたわらでＪＰＬは、リトルシスターことＷＡＣコーポラルの改造を始めた。リトルシスターを二段式ロケットにしようという計画が始まり、バーバラは、関連する計算の中から、とりわけ興味を惹かれる部分を見つけた。アメリカ製のこの細身のロケットは、パリとロンドンを屈服させたことで悪名高いナチスの弾道ミサイル「Ｖ‐２」の上段に据えるのにうってつけなのだ。第二次世界大戦の終結後、この敵方のロケットは、開発したナチスの科学者たちと共に捕らえられ、アメリカに持ち込まれていた。約三二〇キロメートル離れた都市を標的にできるその性能は、寒気がするほどだった。Ｖ‐２の能力に、高高度へ到達できるＷＡＣコーポラルを結合するという発想は実に独創的だ。エンジニアたちは、この二つのミサイルを組み合わせることで、宇宙空間に到達できる希望を持った。Ｖ－２は力強く噴射した後に分離し、続いてＷＡＣコーポラルが噴射を開始する。Ｖ－２は地球へ落下していくが、ＷＡＣコーポラルはこれまでよりもはるかに高くまで上昇できるだろう。ＪＰＬのエンジニアたちはこの組み合わせを「バンパーＷＡＣ」と呼ぶことにした。

バンパーＷＡＣが到達できる高度を予測するため、バーバラは各ロケットが生み出す推力を計算し、ロケットの重量と全長から打ち上げ時の速度を計算した。計算にあたって、重力と空気抵抗も考慮しなければならない。微積分学を学んだことは、時間の関数である変数を追っていくためにとても役立った。仕事でバーバラの手は荒れて、一日に何時間も鉛筆を握っているために右の人差し指の内側は赤と白のたこだらけになった。鉛筆をしっかり握っているせいで手は汗ばみ、方眼紙にしわを残した。

バーバラは検算に計算尺とフリーデン計算機を使っていた。ＪＰＬに来るまでどちらも使ったことがなかったので、まだ不慣れだったがフリーデン計算機のことは気に入った。だが、バーバラに必要な機能をこの機械はすべて持ってはいなかった。たとえば、対数は計算できない。対数とは、ある数字を得るために数字を何回掛け合わせる必要があるのか教えてくれるものだ。２×２×２＝８という計算式があったとき、８という値を得るためには２を３回掛ける必要がある。数学的に表記すれば、$\log_2 8 = 3$となる。

そのたびにバーバラは、コンピューター室に備え付けられている茶色の表紙の擦り切れた本を参照しなければならなかった。特別に分厚くて持ちにくい上に運びにくい本だが、この『数表プロジェクト』にはバーバラとコンピューター室の同僚にとって欠かせない情報が詰まっている。バンパーWACの軌道計算のため、バーバラは対数表を使って高度に応じた大気の密度を割り出した。高度が上がるにつれて、大気は薄くなるため、研究所でも評価の高い『数表プロジェクト』を使えば正確な値を得ることができる。

バーバラは手際よく二つの山を描いた。V-2ロケットが点火して、次に地球に向かって下降を始め、続いてリトルシスターを最も高く上昇させるには、どんな軌道が最適なのか予測しなくてはならない。二段式ロケットならば、これまで宇宙へ打ち上げられたどんな人工物体よりも高みに到達し、歴史を作る可能性がある、とバーバラは弾き出した。バーバラを始めとするコンピューターたちもエンジニアたちも、ロケットが最高でどの高度まで到達できるのか、また、射点からどこまで離れたところまで行けるのか、完璧な計算はできていなかった。予想では、落下物は一〇三キロメートル先まで到達するのではないかと考えられていた。エンジニアの指示で、コンピューターたちは大気圏への再突入によりロケットは破壊されるであろうことも計算した。それは、大気の障壁が高速の飛翔体にとってどれほどの衝撃を与え得るのか、という先駆的な分析だった。どちらかと言えばこれは、兵器開発よりも宇宙ミッションの計画のほうをにらんだ発想だ。再突入時の熱による影響を考慮するというエンジニアたちの先見性は、何年も後になって功を奏することになる。

リトルシスターの課題を解きつつも、コーポラル・ミサイルは一九四七年五月二二日に最初の飛翔試験を行うことになった。これは、アメリカ国内で開発され、製造された唯一の大推力エンジンを使った、アメリカ初の試験だと考えられていた。最初から成功すると考えるのは無謀というものだ。JPLは、これまで度重なる失敗の上にようやく成功する、ということに慣れていた。それだけに、コーポラルミサイルの巨体が約一〇〇キロメートル先の目標に到達する前に、高度約三万九〇〇〇メートルにまで到達したことに誰もが驚愕した。JPLのエンジニアの一人、マーティン・サマーフィールドは無線を通じて数値が入ってきたとき、唖然として立ち尽くしたほどだ。この知らせがコンピューター室長のメイシー・ロバーツにもたらされると、彼女も信じられないと首を振った。うまく行き過ぎているようにさえ思えた。

激務のときは終わった。これからJPLはもっとコーポラル・ミサイルの試験機を作り、その能力が最高になるよう試験を繰り返さなくてはならない。そして、量産を担当する民間企業に引き渡すのだ。バーバラがミサイル試験場に運ばれてきたコーポラルの一基に署名したとき、自分の仕事の成果が地球のはるか上空を飛んでいる、ということに思い至って目がくらくらするほどだった。ホワイトサンズの上空を飛ぶバーバラの名前が目に見えるようだ。

バーバラにとっては車でたった一日の距離だが、ホワイトサンズは西部の荒野そのものだ。ミサイル試験場ができてからほんの二、三年だが、すでにこの場所では非の打ち所のない成功と痛ましい失敗とが繰り広げられていた。チョークのように柔らかくきめ細かい石膏の砂でできた砂丘は、まぶしいほど白く荒涼とした砂漠の風景を生み出していた。陸軍はトゥラロサ盆地の底に、周囲をすっかり囲まれ、秘密の軍事実験にはうってつけの外界から隔絶された場所を見つけていた。一九四〇年代の初め、ＪＰＬのエンジニアたちは、研究所のあるカリフォルニアの峡谷ではミサイル実験に手狭なときにはモハーヴェ砂漠まで遠征していた。エンジニアたちは、かろうじて細かい砂が入り込まない程

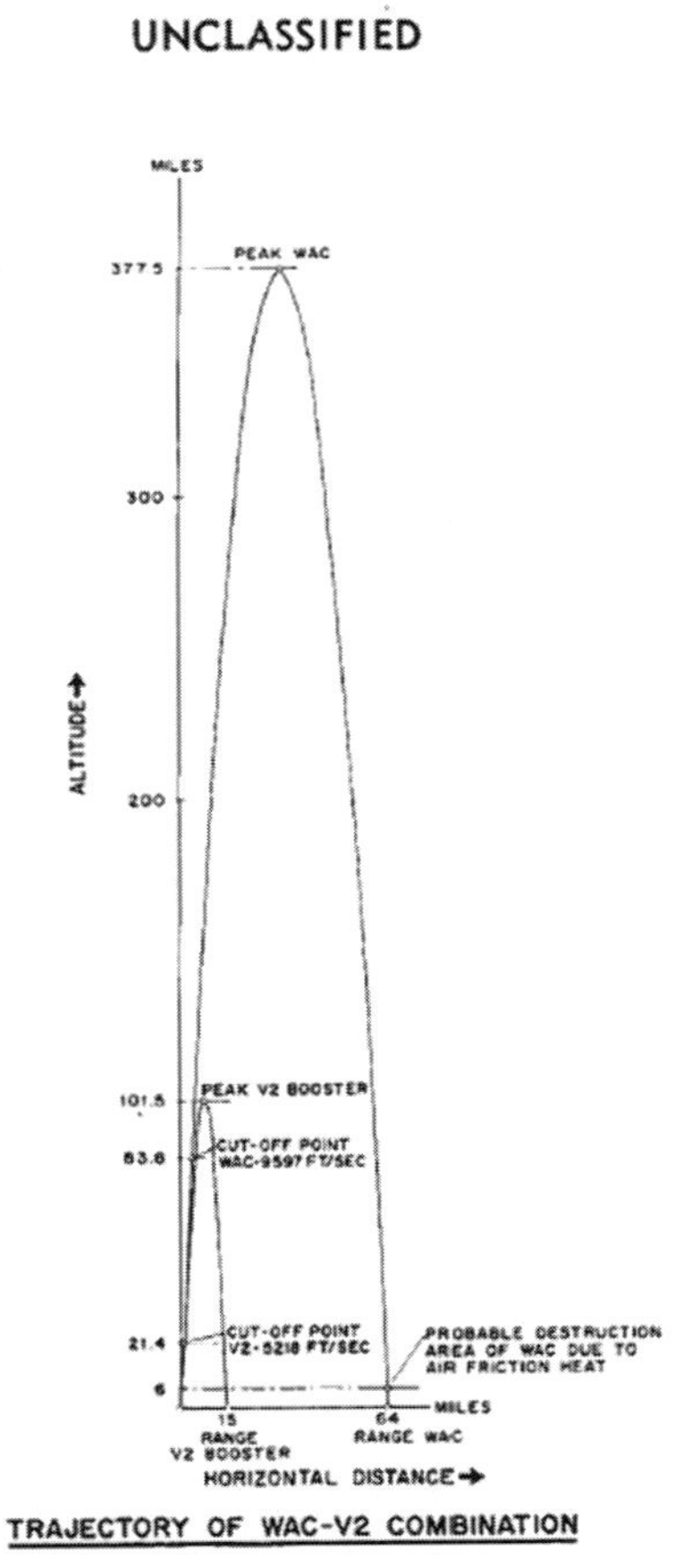

1948年、JPLのコンピューターが描いたバンパーWACロケットの弾道図。（Courtesy NASA/JPL-Caltech）

度のテントの中にひしめき合っていた。

だが、真珠湾攻撃の後、人目に付かず機密を守れるミサイル試験場の必要性は差し迫っていた。トゥラロサ盆地で陸軍は一二五万エーカー〔約五〇〇〇平方キロメートル〕もの隔離された土地を手に入れ、多くの施設を建造していた。大型のコンクリート製パッドが射点として整備され、厚さ三メートルものコンクリート壁とピラミッドのように隆起した鉄製の屋根によって保護された、コントロールセンターとなる小要塞が隣に建てられた。人里離れたこの施設で幾多の軍事研究が行われ、砂漠ではすぐに成果が上がった。わずか一年後の一九四五年、この場所で人類最初の核実験「トリニティ実験」だけでなく、史上最も高高度まで飛翔したロケットの実験が行われた。戦争が終わった今、ミサイル実験場はさらに設備も良くなった。エンジニアたちはホワイトサンズをテントや急ごしらえのバラック群から、広い家やプールまで備えた場所へと改造していった。

ＪＰＬのエンジニアはホワイトサンズ行きを好んでいた。ミサイル実験場は、家族や友人知人に知られることなく無制限に実験をしては羽目をはずす自由を与えてくれる。好きなだけふらふらしては仕事に打ち込み、ポーカーをして、深夜まで酒を飲むことができた。エンジニアたちは何かと国境を越えてはメキシコ側のファレスまで遠征し、女遊びもやらかした。一方、コンピューターたちはホワイトサンズへはめったに行かなかった。バーバラは、行ってみたいとなかなか言い出せなかった。彼女の計算の成果とも言える打ち上げを見たいという抗しがたい欲求と、パサデナで見かけた男たちの大騒ぎへの忌避感が拮抗していたのだ。ホワイトサンズは、一九歳の真面目な女性が行くところではなかった。

乱痴気騒ぎはホワイトサンズに限ったことではなかった。JPLの職場環境は軍の研究所のなかでも珍しいほどざっくばらんで、これは誰もいない空っぽの峡谷をまるごと手に入れ、突飛な実験やいたずらみたいな科学の研究を始めた研究所ができたばかりの頃からしてそうだったのだ。カリフォルニアという土地が産んだ自由闊達な雰囲気と相まって、JPLのこの空気は研究所全体に染みわたっており、軍と提携したところで変わるものではなかった。

JPLのざっくばらんな雰囲気は、研究所員の服装にも現れていた。勤め始めたばかりのバーバラは、立派な職業人たる男性がネクタイを締めず、半袖シャツなんか着ているのを見てずいぶん驚いたものだ。エンジニアたちはこの流儀でリラックスしているし快適なのかもしれないが、バーバラにとっては、職場にきちんとした格好で来ないなんてとんでもないことだ。毎朝、バーバラはドレスかスカートをきちんと身に付け、どんなに暑かろうとストッキングを履いて靴はハイヒールだった。バーバラはおしゃれは大好きだったが、仕事ぶりは真面目で、JPLで彼氏を捕まえようなどとは思ってもいなかった。決してバーバラが男性に人気がなかったというわけではない。職場の女性たちは、ハンサムな若いエンジニアが向こうからやってくるたび、バーバラを焚きつけようとして「彼とデートしてあげたら」などと言うのだが、彼女は決まって首を横に振り、「遠慮しておく」とだけ答えた。エンジニアたちがどんなにハンサムだったとしても、周囲に男性がいると居心地が悪くて、バーバラはいつも女子学生のような慎み深さを堅持していた。

ＪＰＬの中にも、あまりたちの良くない男はいた。とりわけエンジニアのうちの一人は、表面では女性にとってまったく人畜無害なように見えたのだが、彼が「コンピューターをよこして欲しい」と要求してきたときにもメイシー・ロバーツは慎重な態度を崩さなかった。メイシーは、コンピューターたちに「彼のオフィスには行かないように。必要なら彼がこちらへ来ますからね」と念を押した。バーバラにはこれが不思議だった。なぜ、相手のオフィスに行ってはいけないのだろう？　同僚の女性に聞いてみたのだが、彼女は笑って「後で教えてあげる」とだけ答えた。その日の仕事が終わって、彼女はバーバラを連れて、問題の男性エンジニアのオフィスを覗き見に行った。彼がもう帰ってしまったことを確かめてから、二人は小さな部屋の中をそっと見てみた。バーバラが驚いたことに、エンジニアのオフィスは隅から隅まで、さまざまな肢体をさらす女性のヌードピンナップで覆い尽くされていたのだ。これまでこんな女性ヌード写真など見たことがなかったバーバラは発作的に笑いが止まらなくなり、二人で見つかる前に慌てて逃げ出したほどだ。この経験からバーバラが学んだのは、やはり男性には気を付けたほうが良いということ、そして、メイシーの注意はしっかり聞いておいたほうが良いということだった。

とはいえ、おおむね女性たちは男性エンジニアとうまくやっていた。長いこと一緒に働かなければならないのだから、これは大切なことだ。全員がチームとして、ロケットの速度について、たとえばその形状やサイズについて、またコーポラル・ミサイルの尾翼が内部のエンジンにどのような影響を与えるか、といったことについて長い議論を重ねなくてはならないのだから。

バーバラの考えでは、「エンジニア」と男性は同義だったし、JPLに女性のエンジニアは一人もいなかった。とはいえ、バーバラは自分の仕事を「女性向けの仕事」だとは考えていなかった。コンピューターの仕事は、男性であっても切望するような、尊敬される重要な地位にある。男性からの求職はすべて却下されていた。メイシーは申込者の名前が男性であるとわかっただけで応募をはじいてしまうのだ。メイシーは、男性が加わるとコンピューター室の秩序が瓦解してしまうと考えていた。男性は、彼女の指示には従わないだろう。メイシーの考えでは、男性は常に自分がボスであり、女性はその部下であるように振る舞うものなので、そうするしかなかったのだ。

メイシーが男性をコンピューターに採用しなかった理由はそれだけではない。彼女は、女性コンピューターたちが一致団結して、お互いに相手を単なる同僚ではなく友達だと思うように心を砕いていた。コンピューター室の会話はいつでも輝くように活気があり、実りの多い協力関係から仕事の成果が生まれた。バーバラはこの環境にとても満足していて、他のどの職場よりも一緒に働きたいと思える女性たちがいるここでの仕事を愛していた。

メイシーは、コンピューター室の女性たちにとって謎めいた存在でもあった。若い二〇代の女性コンピューターたちにとって、五〇歳のメイシーはとてつもなく年を取っているように思える。メイシーがなぜ人生の後半になってJPLに加わることになったのか、なぜこの分野に入ってきたのか、若い子たちには見当も付かなかった。メイシーの夫は財務省外局の内国歳入庁（IRS）で会計士として相当の地位にあったので、実のところメイシーは働く必要さえなかった。それに、コンピューターの一人のヴァージニア・プレッティマンとメイシーとの緊張を孕んだ関係について、ほかの女性たちは当惑させられることもあった。実は、ヴァージニアは短い間だったがメイシーの息子と結婚していたことがあった。ヴァージニアは彼を熱愛していたとは言い難く、二人の結婚は一年足らずで終わった。メイシーとヴァージニアとの間では、特にヴァージニアが研究所のエンジニアとデートするようになったときなど、緊張が高まることがあった。こうしたいきさつがあったにもかかわらず、メイシーは常に礼儀正しく振る舞い、感情を表に見せるようなことはしなかった。バーバラは、時折、メイシーを視界の隅に捕らえては、どんな感情が彼女の内面で渦巻いているのだろう、と思うこともあった。

メイシーはいつも朝早くから出勤していた。遅れてやってきた女の子がいると、メイシーはちらりとそちらを見る。遅刻者は慌ててハンドバッグを机に落として、さらに弁解や謝罪をもぐもぐと述べる。手の一振りでメイシーはもう説明しなくていいですよ、と弁明を終わらせるのだが、その厳格な態度はコンピューターたちに規律を守らせる力があった。何もいわなくても、沈黙だけで十分効果的だったのだ。

メイシーはコンピューター室の女性たちにとって厳しい監督だったが、そのメイシーにも弱点はあった。机の間を縫ってコンピューターたちの肩越しに彼女たちが取り組んでいる課題に目を落とすとき、メイシーは自分がもうそこで扱っている方程式にはついていくことができないと悟っていた。要求される数学の水準はあまりにも高く、メイシーのスキルを越えている。バーバラは、課題の解決に助けが必要なときには、自分の上司ではなく同僚の女性たちに声をかけるようにしていた。コンピューターたちは、一致団結して方程式を順序立てて調べ、小さな数字と記号の行を探し出す。それぞれがやらかした大ポカを笑い合い、数学上の間違いについてお互いをからかい、そして特に困難な課題を解決したときには、心から満足してお互いの絆を強めた。仕事というよりも、秘密結社の一員のようであったかもしれない。

路面電車に乗って研究所へ向かうメルバ・ニードの姿は、よくいる働く女性の朝の通勤に見えたかもしれない。だが、彼女が一日かけて何をしているのか想像できる人間はいないだろう。ある日、ランチタイムの気楽な会話の中で、一人のコンピューターが自分たちのことを「気楽な女子大学クラブみたい」と評した。まるで、大学を卒業せずにずっとその中で仲良しのまま過ごしてきたかのようだと。ただ、メイシーはそれを良しとはしなかった。「皆さんは立派な職業婦人ですよ」と釘を差すことは忘れなかった。

＊

南カリフォルニアには決して雪は降らない。雨だってめったに降らない。だが、一九四九年の一月のある寒い朝、バーバラの視線は窓の外に釘付けになった。故郷のオハイオでは、雪は嫌というほど見たけれど、乾ききったカリフォルニアの風景が一面白く覆われることがあるなんて、思ってもいなかった。何年も前に冬用のコートは処分してしまったので、こんな寒い日にどうやって暖かくすればいいのだろう？　とにかく、できるだけ着込んでバーバラは慎重に研究所まで車を運転していった。小高い丘に立つ研究所は、冬の嵐のために足が埋もれるほどの雪が積もって最悪の状態になっていた。駐車場から研究所へ渡るいつもの慣れた歩道橋でさえ、慎重に歩かなければならなかった。誰もが一歩ごとに滑るので、橋は危ない場所になっていた。濡れた足は骨まで冷えて、ようやくバーバラは一一号棟のコンピューター室にたどり着いた。

バーバラは、第二の家だというくらいの時間をこの一一号棟で過ごしていたが、そこはあまり快適な場所とは言えなかった。木造で床をコンクリートで固めただけの建物は、夏はうだるように暑く、冬は寒かった。なにしろ暖房がないので、雪が降ったこの火曜日の朝をコンピューターたちは皆、みじめな思いで過ごすことになった。とはいえ立地は便利で、丘の斜面を横切る通りの向こうには実験施設を収めた離れ屋がいくつも建っている。バーバラにせよほかのコンピューターたちにせよ、通りを横切れば簡単に実験棟からデータを取ってくることができる。データは大きな三〇×四六センチの筆記板に実験の数値が書き込まれたもので、これを書き写してくるのだ。後は、机に戻って実験データの解析を開始するだけだ。

こんな冬の日には、仕事だろうと誰も外に出たくはなかった。研究所の建物の外は静かで、雪が積もっていた。いつもならバーバラを飛び上がらせる警報代わりのフォードのトラックの警笛も、今日は鳴らなかった。一方、コンピューター室の中は騒がしかった。これまで、パサデナがこんな天気になるのを見た者は誰もいなかったからだ。メイシーは全員に静かにするように注意したほどだ。彼女の声は柔らかいが、その厳しい物腰で女性コンピューターたちはたちまち静かになった。それでも、メイシーだって今日が特別な日だということはわかっていたのだ。今日ばかりは、コンピューターたちだって騒々しい小学生みたいなものだ。誰もが初めて見る雪に興奮していた。誰も席になんかつきたくない。大きな窓のまわりに集まって、手をこすり合わせて温めながら、皆でカリフォルニアに雪が降る珍しい光景に魅了されていた。

この冬は研究所にとって厳しい日々が続いていた。コーポラル計画は、比較的早期に成功すると思われていたにもかかわらず、初期の試験だけがまぐれ当たりだった。その後は、エンジニアたちが精魂込めて作り上げたミサイルが砂漠に墜落し、炎に包まれる光景が続いた。何が起きるかわからないため、エンジニアたちは息を止めてミサイルをトラックに積み込むようになった。希望がしぼむにつれて、彼らはコーポラル・ミサイルをボクシングで後頭部を殴る反則技にちなんで「ラビットキラー」と呼ぶようになった。ミサイルが、誰かを殺せるほど高くまで飛ぶことなどありそうにないと思われた。

一方、バンパーWAC計画もホワイトサンズで苦闘を続けていた。中でも最新の試験結果は、期待はずれに終わった。燃焼室にアルコールを送るパイプが割れてしまい、ロケットの尾部全体がもぎ取られて、しまいにはロケット全体の崩壊につながってしまったのだ。相次ぐ打ち上げ失敗のため、研究所はクリスマス休暇の間も陰鬱な空気が漂っていた。研究所のスタッフたちは、この冬はいつもの彼らしい熱意を忘れてしまったかのようで、クリスマスパーティの間も愚痴をこぼし続けていた。

いずれにせよ、陸軍には新しいロケット試験場が必要だった。エンジニアたちは放埒な夜を過ごし、仲間と友情を育んできたホワイトサンズが好きだったが、無理が生じつつあった。コースをそれたV-2ロケットがテキサス州のエルパソの上空を通過し、メキシコ側のファレスに落下して幅約一五メートル、深さ九メートルものクレーターを穿ったことがあったのだ。幸いなことにけが人は出なかったが、危険であることは明らかだ。ホワイトサンズは人口の多い地域に近すぎる。ロケットは、砂漠ではなく海上で試験しなければならない。

陸軍省はロケット試験場候補として数ヵ所を検討していた。JPLのチームは、ロケット開発の先駆者として調査の先頭に立っており、偶然にもＪＰＬから車で海岸沿いに下ってわずか三時間のサンディエゴが候補となった。ＪＰＬからすれば裏庭も同然だ。陸軍省がカリフォルニアに候補地を選定したときは誰もが大喜びだった——メキシコの大統領を除けば、だ。ファレスでの落下事件の傷跡はまだ生々しく、メキシコ政府は、太平洋に向かうミサイルがバハ海岸の上空をブンブン飛び越えていくことなど容認してくれなかった。そこで、陸軍省は第二候補を最終的に選んだ。フロリダ州のココアビーチだ。

静かなフロリダの町は、周囲から隔絶されていて、さらに気候は晴れの日が多く穏やかだ。唯一の欠点は、開けた海へ向かって飛行する途中でバハマの上空を通過することだったが、幸いにもイギリス政府は異議をとなえなかった。後に、この場所が「スペース・コースト」と呼ばれる宇宙開発の重要地帯になっていくにあたって、重要な利点が一つあった。ココアビーチの町は赤道に近く、地球の自転を利用してロケットを加速しやすくなるのだ。この効果は赤道上で最も高まるため、より高緯度の射点からロケットを打ち上げるよりも、ロケットは推力を節約して飛ぶことができる。

フロリダ州ブレヴァード郡の地域は、一車線しかない低地にかけられた橋が、点在する果樹園をつないで広がる迷路のような土地だ。名産はグレープフルーツとインディアンリバー・オレンジ。じめじめと湿った土地には黒雲のような蚊の大群が押し寄せ、一九四〇年代半ばにＤＤＴが登場するまで人が住むこともできなかった。ＤＤＴという害虫対策の新たな武器を手に入れると、ようやく漁師と農民が移住してきた。住民の間で、新たなミサイル試験場を建造するという案に対する評価は二つに割れた。新たな仕事と活況をもたらすと考えた者もいれば、よそ者と危険なミサイルが入り込んでくると考えた者もいる。政府に家や土地を売って相当の金を手に入れられると夢見た者もいれば、家を強制退去させられ、住んでいた場所が射点建設のために潰されてしまうことを恐れた者もいた。

一方、カリフォルニアでは、度重なるロケット打ち上げの失敗と、これからの打ち上げは大陸の反対側で行われるという知らせに、ＪＰＬは暗い雰囲気に包まれていた。バーバラは強い失望を感じた。彼女の仕事は失敗してしまったのだ。失望感で家に帰ってからも彼女は冗談も言えず、うつむきがちになっていた。母は、いつも優しく「今日の仕事はどうだったの」と聞いてくるのだが、バーバラからすると、自分と同僚たちが直面している課題についていったいどう伝えればよいのかわからない。そもそも仕事の内容は機密であるし、そうでなかったとしても技術的な詳細はとても込み入っていて、研究所の門の外の世界とは隔絶されていた。それだけに、ＪＰＬの仲間の女性たちと同じ経験を共有していることが彼女たちの絆をよりいっそう深くしていた。

バーバラは時折、自分への母の期待が重くて息が詰まりそうだと思うことがあった。まだ独身で、急いで身を固めようとは思っていなかったのだが、家族はバーバラがまだ視界に入ってもいない夫を早く見つけてほしいと望んでいる。一日が終わってバーバラが帰ってくると、玄関の前で足が重くなる。家に入れば、バーバラがまだ脱いだ帽子を掛けてもいないうちから「こんなに遅くまで働いて、結婚なんてできるの？」と小言を言うだろう。姉たちも何かとバーバラに相手を世話しようとしていた。教会に行ったときでさえ、誰かを紹介しようというまさに善意からの、しかし厄介な申し出から逃れることができなかった。そんなに誰も彼も、適齢期の息子を抱えているのだろうか？ ＪＰＬの中だけは、そんな重圧から逃れることができた。誰もバーバラに研究所でデートをしろなどといわないし、実際そんなことをしたらむしろ顰蹙を買っただろう。研究所には自由があり、結婚の申し込みを受けた回数よりも、彼女の計算のほうを評価してくれる。とはいえ、バーバラにもベッドの上で孤独な将来に対する不安に襲われる夜はあった。もっと心配したほうがいいのかな？ 私も結婚して、家族を持てるんだろうか？

とはいえ、この一月の雪の日ばかりはバーバラも心配するのをやめた。コンピューターたちはとうとうがまんできず、外へ飛び出して雪の上に寝そべって人型を付けたり、雪だるまを作ったり雪合戦に夢中になったりした。息抜きこそみんなが求めていたもので、今日だけは軌道を描くのも、次の打ち上げ予定日が近いために日没の早い冬の日なのに遅くまで仕事をするのも、お休みだ。

それから数日、泥だらけの水たまりを残して研究所に積もった雪が溶けていくと、問題に解決の糸口が見えてきた。コンピューターの一人、コラリー・ピアソンがバンパーＷＡＣの問題についてエンジニアたちと議論したところ、試験と予測との食い違いを見つけたのだ。コラリーらコンピューターたちが何日もかかって計算したロケットの軌道は、推進剤のタンクが満タンの状態を前提にしていた。だが、実際には打ち上げの際にタンクはいっぱいになってはいなかった。タンクがいっぱいの場合、エンジンの燃焼時間は実際に試験したときよりも一三秒余計に必要になるのだ。エンジニアたちは当初、単なる燃焼時間の問題だとしてこの食い違いを片付けてしまおうとしたのだが、そうは言っても確かに計算結果には影響が出ている。何でも試してみるほかはないと、次回の試験ではタンクをいっぱいにしてみることになった。ほかにも変更点があった。バンパーWACのノズルは、ロケットが上昇中に気圧を一定にするために浅い皿のようなカバーで覆われた。

ホワイトサンズで予定されている打ち上げ機会はあと数回しかなかったので、JPLのスタッフにはかなりのプレッシャーがかかっていた。一九四九年二月二四日の山岳部標準時午前一時一五分、エンジニアと技術員たちは準備を開始した。技術員は起爆装置に回路を接続し、Oリングをチェックし、天候を確認して無線を準備した。午前七時一五分、エンジニアたちによるロケットの準備は整ったが、まだ天候が整っていない。雲が集まってきて、打ち上げ班は朝になるまで待機させられた後、さらにもう七時間も晴れるまで待たなければならなかった。理想よりもやや風があったのだが、ともかく試験を開始しようと決まった。午後三時一四分、指揮官がカウントダウンを開始した。「三、二、一、点火！　ミサイル発射！」。ロケットは着実に上昇を開始した。三〇秒後にV-2ロケットを分離。リトルシスターが飛び出して、三つの漆黒の垂直安定板が露わになった。燃焼時間を追加したおかげでロケットはさらに加速し、時速約八三〇〇キロメートルに達した。ロケットは大気圏を抜けて宇宙へ飛んでいき、高度約三九〇キロメートルに達した。それは、これまでの人工物が成し遂げた記録よりも高く、そして速かった。このニュースはすぐにＪＰＬに伝えられ、ただちに拍手喝采が起こった。誰もがコラリーを抱きしめようとしたので、注目されるあまり彼女の頬はロケットのノーズコーンのように真っ赤になった。バーバラはそっと思った。春が来たみたい。

＊

ロケットのさらなる成功によって、研究所は今度はロケットの最終的な用途という現実に直面しなくてはならなくなった。ＪＰＬはロケットが限界を突き抜け、宇宙へ到達することに集中していたが、彼らが設計したロケットは、実際は弾頭をいっぱいに搭載するためのものである。目標は探査ではなく軍備なのだ。居心地の良い、アカデミックな雰囲気の研究所の中でならば、この基本的な事実には誰もが簡単に目をつぶることができた。だが、バンパーＷＡＣが成功したことで、バーバラも初めてその意味がわかってきた。現実が彼女を不安にさせた。

研究所の外では、バーバラは慎重に研究内容を誰にも話さないように注意していた。研究所では、所員の機密情報の取り扱い権限を区別するために、色分けシステムを採用していた。ＪＰＬのバッジに赤い横線が付いていれば、その従業員は機密情報を扱ってよい。バーバラも含めて一部の従業員は、バッジに青い横線がついており、機密扱いの上に秘密の情報を扱えることを意味した。バーバラはコンピューターたちが行った秘密の計算を夜には鍵のかかるキャビネットに保管するよう気を付けていた。

こうした規制のある中で、バーバラはプロフェッショナルとして仕事のことと家庭生活との間にきっちりと線を引いていた。仕事のことを母や姉妹たちと話し合うことはしなかったし、教会や研究所の外での友人との会話では、職業について話題にのぼることもほぼなかった。その仕事がどれほど重要であったとしても、社会生活上は問題にならない。唯一、仲間のコンピューターたちといるときだけ、バーバラは気兼ねせずに話すことができた。

当時、共産主義の影響はアメリカ合衆国全土に影を落としており、共産主義者がアメリカ政府機関に入り込んでいる、という不安も広まっていた。一九四九年にソ連がカザフスタンの実験場で原子爆弾の最初の実験を行って以来、合衆国はもはや唯一の核兵器保有国ではなくなった。アメリカは、ソ連が迅速に核兵器を開発したことに衝撃を受けた。この時代のアメリカ人の一人として、バーバラも、アメリカの科学者が共産党員に秘密裏に協力して情報をソ連にリークした、というニュースを知って身も凍る思いをした。

病的な猜疑心が国中に蔓延しつつあった。「アメリカの研究所に隠れたスパイ」という物語がメディアの見出しに踊り、ＦＢＩが職員の過去を詮索する中でＪＰＬはソ連の脅威について会議を開いた。その時まで、バーバラはニュースにそれほど関心を払っていなかった。ラジオの音楽番組は好きだったがニュース番組は聞いていなかったし、映画は好きでもニュース映画はほとんど見ていなかったからだ。新聞もほとんど読んでいなかった。二〇歳の若い女性は、政治について語ったり世界情勢に詳しくなったりするものではないと思われていたからだ。だが、今やこの世界の緊張状態はバーバラにも直接の影響を及ぼしていた。

「赤狩り」はすでにただの見出しではなく、バーバラの職場にも迫り、そこで働く仲間を脅かしていた。JPLでは誰もがお互いに知り合いだ。だから、全員が研究所の設立メンバーである銭学森のことをよく知っていた。銭学森はV-2ロケットの専門家で、その知識は第二次世界大戦中に修得したものだ。彼は中国出身で、MITで学ぶためにアメリカに来た。JPLの所長、フランク・マリーナと同じように銭学森はカリフォルニア工科大学で学位を取得し、ほぼ同時期に〝決死隊〟に参加している。彼は物静かな男だったが、無謀な決死隊にあった何かが彼を惹きつけたのだ。JPLの設立時からいた人物であり、研究所が合衆国陸軍のために活動する以前から、重要な成果を上げてきた人物だ。

それだけではなく、銭学森は軍で名誉大佐の称号を受けたこともある。第二次世界大戦後、アメリカがロシアに先んじてナチの主要な科学者を捕らえようとした「ペーパークリップ作戦」に協力したのだ。アメリカ合衆国は、当時は連合国の技術を凌駕していたナチのロケット技術を何が何でも手にしようとしていた。熟練のロケット工学者として尊敬を集めていた銭学森がナチの科学者と面談する役割に選ばれたのは、ごく自然なりゆきだった。ロケット工学の権威として有名だったウェルナー・フォン・ブラウンとルドルフ・ヘルマンの二人が捕らえられたとき、銭学森は二人に最初に面談したうちの一人だった。銭学森とフランク・マリーナは長らく、V - 2ロケットに関する技術を追い求めていた。ついにその秘密を学ぶことができる機会が来るとは夢のようだ。ナチの科学者とその技術がアメリカにもたらされる日が待ちきれず、銭はかのロケットがJPLに何をもたらすかについて夢想する日々を過ごした。

なんとも皮肉なことに、V - 2ロケットから得た技術が、バーバラやJPLのメンバーが作り上げたバンパーWAC二段ロケットとして結実し、アメリカにとって実りをもたらそうとしていたまさにその頃、銭学森の世界が壊れようとしていた。

マッカーシー旋風の只中で、FBIは銭がカルテク大学院の一部に潜む隠れた共産主義者の会合に参加したとして告発したのだ。FBIは、皆の友人であるこの内気な青年の中に、強引に共産主義者を見出そうとした。特に、彼が最近はカルテクに戻って頻繁にJPLを訪れていたことから、銭の出身国が中国だということに対する政府の恐れは高まっていた。一九五〇年になると、ついに政府は銭学森が機密事項を取り扱う許可を取り消した。銭は、自身が発展に尽くしてきた研究所から締め出されてしまったのだ。

ＪＰＬの多くの所員にとって、銭を告発するなど不合理極まりないことだった。だが、同様の告発は合衆国中の研究機関で起きていて、まるでスパイがいたるところに潜んでいるかのようだった。ＪＰＬのほとんどの者が銭は無実だと信じており、この件はうわさ話の種にしてしまうにはあまりにも悲しすぎた。銭学森は紛れもない才能を持った皆の信頼が厚い人物であり、告訴などあり得ないと思われた。五年もの間、銭学森とその家族は、中国に移送されるまで自宅軟禁を強いられた。彼が裏切り者のレッテルを貼られて放逐された一方で、銭が助けたナチの戦犯はアメリカに来る以前にも増して多くの自由と資金を与えられることになった。銭の自宅軟禁が始まった一九五〇年、フォン・ブラウンと仲間のドイツ人科学者たちは、ロケット工学の発展における業績が認められ、アラバマ州ハンツヴィルのレッドストーン兵器廠へとやってきた。

故国に戻った銭学森は中国の宇宙計画の発展に寄与し、後に「中国ロケット工学の父」との称号を贈られることとなる。もしも彼が合衆国にとどまっていたならば、アメリカの宇宙計画にとってどれほどの発展をもたらしたのか、との想像を禁じ得ない。アメリカ合衆国政府が銭学森をスパイと断じてきた告発は立証できなかったことを認めたのは、ようやく一九九九年になってのことだった。

ジェット推進研究所の設立者であり、所長でもあるフランクもまた「赤狩り」の犠牲者だった。銭学森とは異なり、フランクは実際に一九三〇年代後半には共産主義者の会合に公然と参加しており、共産党と縁を切ったのは一九三九年のことだ。フランクは共産主義者というわけではなかったが、政治観は明確になっていなかった。自由主義的な傾向のあった彼は、現在の政治情勢が気に入らなかった。科学界に潜む共産主義者に対するパラノイアに嫌気が差し、また、兵器開発に道徳的確信がもてなかったこともあり、ついにフランクはロケット工学をやめ、JPLを去る決心を固めた。研究所の中心であり、その魂でもあったフランクがJPLを離れる姿を見送るのは、コンピューターたちにとっても辛いことだった。とはいえ、彼の繊細な心にとって、これ以上、JPLに残ることは難しいということもよくわかっていた。ロケット工学を退いてからのフランクは、芸術的素養を発揮するようになり、科学と芸術の両方に対する情熱を組み合わせたキネティック・ペインティングに打ち込むようになった。

銭学森が中国に帰国させられ、そしてフランクがパリでキネティック・アートのギャラリーを開いた一九五五年のある日の午後、バーバラと友人たちは、JPLが製造した一〇〇番目のコーポラル・ミサイルの白く塗られた表面に署名を描き入れることとなった。それは重要な瞬間だった。JPLが長く苦痛に満ちた失敗の連続の上に、ようやく目的にかなった兵器を作り上げることができた一〇年を祝うものだった。署名が描かれたミサイルがバラバラに分解されて、輸送隊のトラックに積み込まれるのを見ると、やっと気持ちが落ち着いた。コーポラル・ミサイルは、巨大なエアコンプレッサー、空気源、プラットフォームやランチャーなど膨大な量の周辺機器を必要とした。重たくて扱いにくい機器を持ち上げると、クレーンも揺れた。ミサイルを支持するやぐらはもともとリンゴ果樹園で使われていたもので、そのときの名残りで今でも明るい赤に塗られている。二台のタンク車には、長年の研究から配合が決まったきわめて爆発性の高い液体燃料が満たされ、機材の列に続いた。ミサイル本体は巨大な輸送コンテナに積み込まれ、トラック輸送隊の列はすべて合わせると約二五キロメートルも続いた。戦地に向かう大部隊のようだった。

陽はすでに傾いていて、芝生の向こうでちらちらする長い影を投げかけていた。研究所の門を出て砂漠を目指すトラックの列に向かって、手を振る女性もいた。子供がついに旅立っていく姿を見るようで、バーバラの胸にも寂しさがこみ上げてきた。エンジニアとコンピューターたちは、空が夕暮れの色に染まるまでシャンパンの祝杯を上げた。お祝いの席は明るく、だが、騒がしくはなかった。きっと成功すると確信していたのだが、過去の失敗からいきなり大騒ぎはしないほうがよいということを学んでいたのだ。

一週間後、一二人の技師とエンジニアたちは寄せ書きされたロケットをホワイトサンズの発射台に慎重に据えて、カウントダウンを開始した。「ミサイル発射！」の指令とボタンのひと押しと共に、ロケットは打ち上げられ、はじめはゆっくりと上昇を開始した。そして突然、爆発する前に砂漠の藪に向かって急降下した。煙の巨大な黒雲がいっぱいに広がり、炎に飲み込まれた。消火の後で見つかったのは、原型を留めない破片ばかりだった。すでにコーポラル・ミサイルの試験機は一〇〇機目を数えているにもかかわらず、失敗の原因が何だったのかエンジニアたちには見当も付かなかった。

1955年、バーバラとコンピューターたちが表面に名前の寄せ書きをしたコーポラル・ミサイルは、ホワイトサンズの砂漠のあちこちに壊れた破片となって広がっていた。（Courtesy NASA/PL-Caltech）

彼らの寄せ書きはニューメキシコの砂漠の表面を引っ掻いただけに終わってしまった。

ＪＰＬは、研究者たちが兵器とは無縁の未来を思い描くようになったとしても、まだ兵器と格闘しなくてはならない運命だったようだ。この苦難の旅は、研究所の創設者が去った後にも続けなくてはならない。フランクが驚いたことには、ゆっくりとではあってもＪＰＬ時代に思い描いた宇宙探査の夢が実現しつつあった。だが、彼はそのようすを研究所から遠く離れて見ていなければならなかった。彼はもう、宇宙の果てを極めるための技術を組み立てていくというスリルを味わうことはない。だが、バーバラ・ルイスにはまだ将来がある。ただ、まず最初に彼女は「美の女王」に輝くことになる。

第4章　ミス誘導ミサイル

バーバラ・ルイスは、慎重に彼女の豊かな、濃い色の髪のカールをふんわりさせた。ついにこの日がやってきた。この夜、バーバラは微笑み、ダンスして、ＪＰＬの〝ミス誘導ミサイル〟の栄冠に輝くことになるだろう。バーバラは、そっとカールに指を通してゆるやかにさせてから、一番顔に近い髪のふさを後ろへ引っ張って黒いビロードのリボンで留めた。美人コンテストの他の候補者よりも自分のほうが可愛いと思っていたわけではないけれど、コンテストの結果については特に心配していなかった。〝ミス誘導ミサイル〟コンテストなんて、かろうじて「美人コンテスト」と言える程度のものだ。気を使って容姿を整えているとか、ドレスがふんわり膨らんでいるかといったことより、皆に好かれている女性のほうが選ばれる。毎年の春、各部門から一人ずつが選考対象となり、研究所全体の投票で勝者が選ばれる。バーバラは研究所の仲間たちを操るちょっとした策略を使った。彼女は特に台所仕事が得意というわけでもないのだが、天板三枚分ものチョコレートチップクッキーを焼いて、小さなバスケットを美味しいおやつでいっぱいにしたのだ。クッキーで武装して、バーバラは研究所中を歩き回り、公然と甘い賄賂を渡しては笑って呼びかけた。「バーバラに投票してね!」。

〝クッキー作戦〟もあったが、投票が始まる前になるとバーバラの同僚たちはオープンカーにバーバラを乗せ、研究所のまわりを回った。風が彼女の髪を吹き抜け、バーバラは微笑んで手を降った。少々ばかげていると感じて、微笑みはややぎこちなくなった。バーバラは研究所で最も美人ではなかったかもしれないが、社交的で一緒に働きやすい人柄だ。コンピューターたちはみんなバーバラの味方だった。JPLの所長が夏のダンス会で彼女に王冠を授けているところを想像してはみたものの、コンテストがただのお祭り騒ぎだった頃から、バーバラは自分が勝者になることについては深く考えていなかった。コンピューター室の代表はバーバラだが、化学室からはロイス・ラビー、研究設計室からはマーガレット・アンダーソンが出場している。全員が若く、美しくて、それぞれ難易度の高い仕事に秀でていた。今日の考え方からすればまったく奇妙なことに思われるかもしれないが、美人コンテストが開催できたということ自体、JPLが当時としては革新的な雇用方針を採っていたことの現れだったのだ。勝者の王冠をかぶった魅力的な女性に花束が手渡されるとき、図らずもコンテストはJPLでは高い教育を受けた女性が働いているという事実にハイライトをあてていた。つまるところ、一九五〇年代に同じようなコンテストを開催できる研究機関などほかになかった。それは単に、女性が雇用されていなかったからだ。

バーバラはおとなしめのシャツドレスを着た。ドレスの裾はふくらはぎまであり、黒地に白の水玉が散らしてある。今日の投票のために特別に買ったものだ。慎み深く襟元までボタンを留め、女性らしいスタイルを強調するようにウエストにベルトを巻いて、ほっそりと見えるようにした。ストッキングを引っ張り上げ、新しい靴に足を入れる前にうっとりとした眼差しで眺めた。流行りの黒いサテン地でつま先が少し開いたピープトゥのパンプスだ。少し暗めの赤い口紅を付け、すっかり準備ができた。母と姉に見せようと階下へ降りる前に、バーバラは鏡の前で、幸せな気持ちでくるりと回ってみた。

＊

コンピューター室には、新しく若い女性が入ってきてすっかり満員だった。ＪＰＬは新しく軍との契約を結び、メイシー・ロバーツは自分と同じくらい適性があると言える若い女性を探していた。一九五〇年から一九五三年の間にＪＰＬの予算はおよそ五〇〇万ドルから一一〇〇万ドルと二倍以上に増えていた。仕事の量も二倍になっていたのだが、経営部門は人員の拡充には消極的だった。研究所はこれまでずっと親しげな雰囲気の中でやってきたので、せっかくでき上がったＪＰＬらしさを壊したくなかったのだ。メイシーは特にこの点に気を付けて、チームによく馴染んで働けそうな女性だけを採用するようにしていた。

そんな中で応募してきたジャネス・ローソンは完璧な資格を持っていた。ロサンゼルスの裕福な家庭に生まれ育ったジャネスは、名門カリフォルニア大学ロサンゼルス校（ＵＣＬＡ）で化学工学の学位を取得していた。ジャネスの両親は、自分たちの頃ならば夢のような富をジャネスと妹の姉妹に与えていた。それでもジャネスは化学と数学を愛し、学校では高い成績を修めていた。クラスでただ一人の女子であることも少なくなかったが、ジャネスは固い決心で科学を学び続けた。決して本の虫ではなく、容姿にも優れ陽気な人柄で、いつでもクラスでは最も人気の女子だった。

ＵＣＬＡでジャネスは、女子学生友愛クラブの「デルタ・シグマ・シータ」ソロリティに参加して優秀な成績を認められ、奨学金を受けていた。ときには図書館を出て友人たちとビーチでリラックスしたり、毎年のホワイトクリスマスイベントの計画を練ったり、クラブで彼女は勉強に長い時間を費やすのとはまったく異なる面を見せていた。ソロリティの姉妹たちといるときは陽気におふざけ、教室では真面目な優等生、それがジャネスだった。最終学年は、幸せだった学生生活の中でも最高の年となった。「デルタ・シグマ・シータ」クラブの会長に選ばれ、抜群の成績で卒業しようとしていた。大学生活が終わりに近づいた頃、ジャネスは卒業後の職業を選ぼうと考えはじめた。だが、大学時代のようにもう一度科学と友情を両立させられる見込みなどあるのだろうか。

ある日、ジャネスはＵＣＬＡの求人掲示板の前で求人広告を確かめていた。彼女は工学を専攻したのだが、エンジニアを求めるダグラス・エアクラフト社の広告は一瞥しただけだった。選り抜きのエリート男性だけが入れる集団からは締め出されているということがもうわかっていたからだ。その中で、板金工と速記者の求人広告に挟まれたカルテクからの広告が目に止まった。太字の活字体で「急募――コンピューター」と一番上に大きく書かれており、続いてもっと小さな文字で職務の内容が書いてあった。読んでみると、コンピューター職は最先端の経験や上級の学位は必要としないまでも、数学と計算機に関する適性と関心が必要だという。応募できるたくさんの仕事の中でも、これは目を引いた。第一級の学術機関が数学のプロフェッショナル職の口を提供していることは確かだ。また、上級の学位が必須ではないということは、女性にも門戸が開かれていることを意味する。エンジニアになりたいと考えている女性にとって、コンピューターの職につくことはその分野に秘密の裏口から入っていくようなものだと言える。

そして、一九五二年三月の春の朝、ジャネスは自信を持ってメイシーの手を取っていた。「ジャネス・ローソンです」と彼女は暖かく微笑んであいさつした。

「計算室監督のミセス・ロバーツです」。メイシーはいつもどおりのそっけない流儀で自己紹介した。細かいことは抜きにして、直接的な質問が飛ぶ。「UCLAを卒業したということで間違いないですね?」

「その通りです。化学工学で学士号を得ました。学位に伴って、上級数学のコースを一通り修得しています」

「これまでにフリーデン計算機を使ったことはありますか？」

「見たことはありますが、授業の中で使ったことはありません」。答えてからジャネスはややためらったのちに「ですが、すぐに学べます」と付け加えた。

「他の女性と一緒にうまくやっていけますか？」

「ええ、そうですね……」ジャネスは如才なく答えた。「ＵＣＬＡのクラスでは、女子は私一人であることも多かったのですが、他の女性と一緒に働くことならうまくできます。ソロリティでは会長を務めましたし、クラブのイベントを皆で企画したことも何度もあります。冬の舞踏会はいつも高い評判を取りました。もちろん、私の母がお手本なのです。母はとても社交的な人ですから」

メイシーは感心した。ジャネスというこの若い女性は信頼できそうだし、成熟して有能な雰囲気を醸し出している。彼女が計算室のかけがえのない新たなメンバーになるとメイシーは即座に確信した。だが、一つだけ即決できない事情があった。ジャネスはアフリカ系アメリカ人だったのだ。

カリフォルニアは考え方はリベラルで作法も気楽な地ではあるが、疑う余地なく人種差別は存在した。学校にも、住宅地にも、職場にも、人種で線が引かれていた。戦後の移住ブームの最中、多くのアフリカ系アメリカ人が南カリフォルニア、とりわけロサンゼルスに移住してきていた。ロサンゼルスの人口は一九四〇年代の七万五〇〇〇人程度から一九五〇年代には二五万人に増え、全米から南カリフォルニアの日差しを、ビーチを、そして将来の映画スターを思い描いて押し寄せていた。そこは夢の地だった。人口流入に対応するため、開発業者はオレンジの果樹園をなぎ倒して、緑とオレンジの果樹の列がずらりと並んだ住宅に入れ替えた。とはいえこうした新しい地域に多様性はほとんどなく、アフリカ系アメリカ人は、拡大する一方の都市の中でもほんのいくつかの地域に固まって住んでいた。ローソン家が住んでいたのも、そうしたサンタモニカの成長しつつあるコミュニティの一角だった。

ジャネス・ローソンを雇用するという決定は、ＪＰＬでも軽くなされたわけではなかった。彼女は、研究所初の専門職アフリカ系アメリカ人だ。彼女の家はこうした経験を連綿と受け継いでおり、ジャネスの父、ヒラード・ローソンはサンタモニカ初のアフリカ系アメリカ人の市議会議員となっている。ＪＰＬの部門長の中から、「他の職員はジャネスの存在をどう受け止めるのか？」という疑問の声が上がった。メイシーは、コンピューター室の女性たちがジャネスを自分たちの一員だと受け入れると確信している、と即答した。エンジニアについても同じように説得できるという自信があった。こうして、ジャネスはコンピューターとして雇われた。

人種差別撤廃にむけて組織が第一歩を踏み出した頃、冷戦による圧力も高まりつつあった。コーポラル・ミサイルの設計は少なくとも基礎的な部分までできあがっており、プロジェクト全体の中でのＪＰＬの作業部分は減りつつあった。次は、ミサイルの信頼性を向上させる段階に移らなければならない。そこで、ＪＰＬと協議の上で実機を製造、試験する民間業者にプロジェクトを引き継ぐことになった。契約を勝ち取ったのは、ファイアストーン・タイヤ・アンド・ラバー社だ。ファイアストーン社はミサイル製造の経験があったわけではないが、ロサンゼルスに製造拠点を持ち、研究所と近いという地の利があった。だが、ＪＰＬと契約企業のファイアストーン社との関係は、当初から緊張をはらんでいた。ＪＰＬからファイアストーンに渡される設計書は苛立たしいほど不完全なことも少なくなく、また一方でＪＰＬにとってはファイアストーンの品質と技量にはばらつきがありすぎるのが悩みの種だった。こうした混乱は、ミサイル開発には良くない。ミサイルたちは、システムは完璧に動作することもあれば、その次は藪に突っ込むという具合だ。エンジニアたちは、システムの不具合をコンピューター室に持ち込んできては、問題解決のために共に働くこととなった。

問題の一つは、誘導システムが第二次世界大戦当時から残された既存の技術の寄せ集めでしかないということだ。ＪＰＬのエンジニアは、ミサイル自体が自らのコースを修正できる慣性航法システムこそが理想だと考えていたが、その技術を開発している時間がない。軍との契約は差し迫っており、時間をかけて調整していくことはできなかった。そこで、ドイツ軍が大戦中に実験していた方法である電波誘導航法システムを使うことにした。ドップラー・レーダーを用いてミサイルの位置と速度を追跡し、無線送信によってコースを維持させる方法だ。

急ごしらえの誘導装置は故障ばかりしていた。コンピューターたちは、ファイアストーンの製造ラインにそよ風が吹いただけでコーポラル・ミサイルが転がり落ちる、と冗談を言い合ったものだが、ミサイルはもはやＪＰＬの手がけた子という段階を離れていた。製品の品質があまりにも安定しないために不満と失望が高まっていた。ＪＰＬの研究所内で開発のすべてを手がけたいという思いは強まる一方だったが、兵器開発においてそれは現実的ではない。ＪＰＬは少ない数のロケットを作ることはできても、戦争のために必要となる大量生産を実現する手段を持っていなかった。

ＪＰＬが契約民間企業との関係構築で奮闘する中で、新たなプロジェクト「サージェント」ミサイル開発も始まっていた。サージェントは、より精密な誘導装置を備え、正確さも適応範囲も向上していた。また、ミサイルの内部に適合するよりコンパクトな固体燃料を使用するので、ロケットを運搬するために二五キロメールにも及ぶ輸送隊は必要ない。実現すれば世界で最も先進的なミサイルシステムになるはずだ。プロジェクトはまだＪＰＬの中で芽を出したばかりで、軍の承認は得ていなかった。とはいえ、アメリカ軍の部隊が朝鮮に駐留したことで、強力かつ軽量の兵器が必要とされる局面が訪れることは間違いなさそうだ。第二次世界大戦中の巨大技術は忘れ去るべきときなのだ。

一九三〇年代、ドイツ軍との戦争が差し迫っている状況で、イギリスの科学者たちは物資も資金も限られた中で対空兵器を開発しなければならなかった。そこで彼らは、手に入る唯一の材料で敵の航空機を攻撃できる兵器として、わずか直径五センチの細い鋼管を利用したロケットを考案した。問題は、薄っぺらな外側のモーターケースがロケットエンジンの爆発的な燃焼で溶け去ってしまうということだ。モーターコアとやわなケースとを隔てる仕組みが必要だった。

ウーリッジ兵器廠の化学反応部門の化学者であったハロルド・ジェイムズ・プールは、この問題に対するエレガントな解決法を編み出した。プールは、ロケットの内部に美しい五芒星の構造を閉じ込めた。外見上はこれまでのミサイルと変わらないように見えるが、固体燃料の中央に星形の穴が縦に空けられていた。推進剤とモーターケースの隙間は絶縁体で仕切られていて、星形の穴はモーターの高熱からケースを守る役割を果たしていた。それだけでなく、星形の穴の中で燃焼が起きることで、燃料が燃える率を一定に保つという利点もあった。ロケットは従来よりも力強く飛翔し、速く加速することができた。だが、問題が起きた。彼らが使っていた唯一手に入る、かつ原始的な燃料は絶縁体の外に漏れ出してロケットを内側から劣化させてしまう。これに対する解決策は見つからず、プールたちのチームは〝燃える星〟の使用を取りやめるしかなかった。

もはや実用的ではないとわかっていても、プールは自身の発明を捨て去ることはできなかった。星形孔の設計がロケットにとって理想的である、ということには確信があり、三角、八角、十角、十二角とさまざまな形状の星形孔を試してみた。星形孔はロケットの燃焼を一定の速度にすることができ、推力を安定させて、並外れた出力を生み出すと考えていた。だが、すべて机上の理論の段階だった。戦時中のことで、イギリス政府は設計にせよ実験にせよ、これ以上続ける予算を与えることはできなかったのだ。第二次世界大戦の終結後、プールのアイディアはアメリカ合衆国へと送られた。一九四五年の後半にＪＰＬへと送られてきた文書には、星形孔とそれに関する計算式のいくつかを記した付属文書が一緒になっていたのだ。これに興味をそそられて、ＪＰＬでは一九四〇年代の終り頃から星形孔の設計を試してみることになった。

　コンピューターとエンジニアたちは、共に技術的問題の解決にあたることになった。戦時中のような物資の制限はないため、チームはすぐに解決策を見出した。問題は漏れやすい燃料にある。ならば、モーターケースに直接充填することができて、漏れなどの問題を起こさない他の推進剤を使用すればよい。少なくとも、机上の設計では完璧だと思われた。

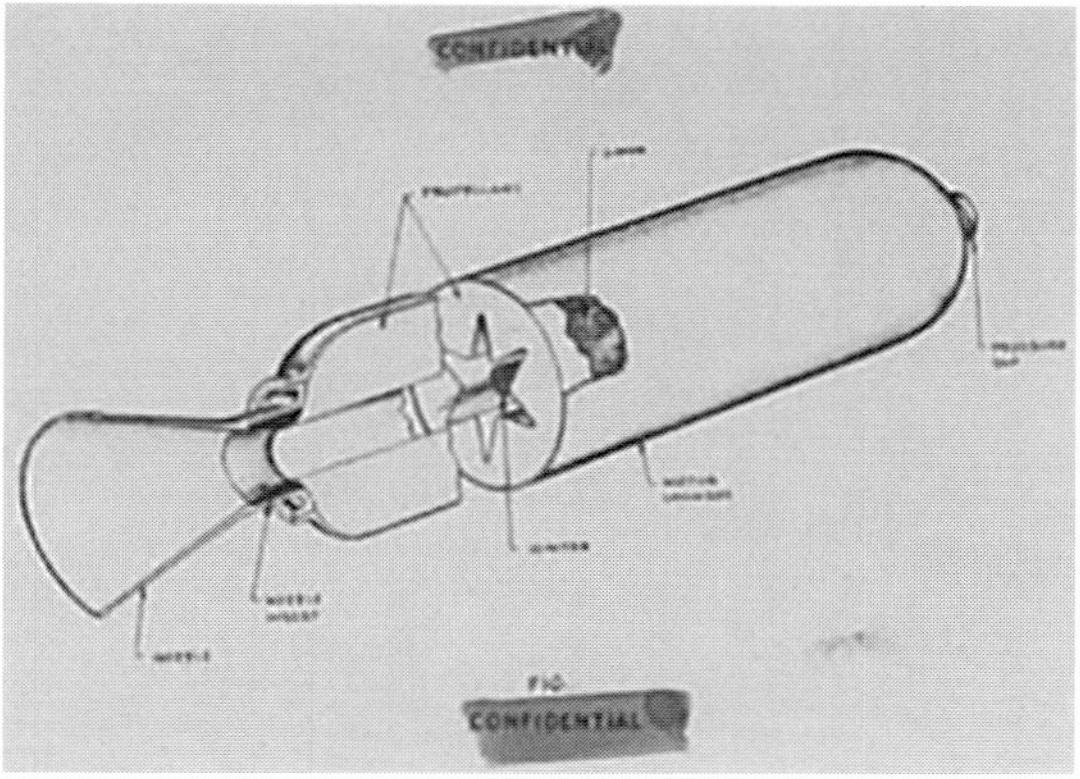

推進剤内部の星形孔を示したロケットモーター図（Courtesy NASA/JPL-Caltech）

　だが、ひとたび計算式が紙の上から実地に移されると、失敗が始まった。サージェント・ロケット・エンジンの最初の爆発のときには、地響きがコンピューター室まで届いて女性たちを驚かせた。その日の午後、エンジニアたちがエンジンの実機の跡から残ったものをかき集めようとしたのだが、コンピューターたちに見えたのは、ねじれた鋼のつるだけだった。計算式の何かが間違っている。そして失敗は続いた。一九五〇年、一二回連続発射試験の際には、星形孔が裂けてしまい、ロケットモーターは途中で爆発して目標に近づくことができなかった。爆発のたびに事故という運命へとつながる可能性があったとしても、ＪＰＬのチームは危険を承知で試験を続けた。

それでも、エンジニアとコンピューターたちは問題解決へと迫りつつあった。問題の一部は、星形孔そのものにあった。星の先端があまりにも鋭角になっていると、全体構造に圧力がかかったときに亀裂が入る原因になる。コンピューターたちは、星形の先端に丸みを付け、モーターケースをもう少し厚くすればロケットが爆発する前にロケットをもっと遠くへ飛ばすことができる、と導き出した。だが、度重なる失敗によって研究所の所長、ルイス・ダンは安全性が心配になった。皆が大いにがっかりしたことに、ダン所長はプロジェクトの継続を禁止してしまった。

〝燃える星〟がこれからどうなるか、一九五一年にマリー・クローリーがＪＰＬに来るまで定かではなかった。マリーは、エアロジェット社のデータ整理部門でしばらく働いた後に研究所へとやってきた。エアロジェット社は、〝決死隊〟のフランク・マリーナ、ジャック・パーソンズ、エド・フォーマンにマーティン・サマーフィールドが加わり、彼らの指導教官だったセオドア・フォン・カルマンと共に一九四二年に設立した会社で、ロケットとミサイルを製造していた。エアロジェット社とＪＰＬの関係のもと、マリーが研究所で面接の機会を得ることはたやすかった。彼女は、エンジニアと共に働くのは楽しいがデータ整理は退屈な仕事だと感じており、もっと興味の持てる仕事をしたかったのだ。データ整理の仕事では、計算結果が何を作ろうとしているのかという全体像を見ることもなく、ただ数字を方程式に入れていくだけだ。日々の業務は、終わりのない平方根、対数、多項式の列で過ぎていく。マリーは、もっと何かしたかった。

毎日の単調な仕事の中で、マリーが数学に惹かれるきっかけとなった数字の美しさは鈍りつつあった。数字によって自然を完璧に記述できる様は輝きを放っている。一二〇二年にイタリアの数学者がウサギの繁殖を記述するために初めて導入した「フィボナッチ数」は、今でも世界のいたるところで見出すことができる。数字の列は、1, 1, 2, 3, 5, 8, 13, 21, 34, 55, 89, 144, ……と続き、最初の数字の後に続く数字は、前の二つの合計となって連続していく。この数列の持つ力は、たとえば花びらの数となって現れている。ヒマワリは正確に五五枚、八九枚、一四四枚の花びらを持っているのだ。また、植物の葉が茎を取り巻くパターン、松かさやパイナップルのトゲトゲした鱗片、貝殻の形状などにも反映されている。さらに、ヒトデの五本の腕やヒトの指の骨、細胞分裂のパターンにも現れている。

マリーはロサンゼルスのハート・カレッジで化学と数学の二分野を専攻して卒業したばかりで、大学でフィボナッチ数列への理解を深めた。彼女は家族の中で初めて大学を卒業したので、父親は娘を誇りに思いつつも、「自分を安売りするなよ」などと釘を差したものだ。大恐慌時代に生まれた世代として、マリーは何よりも安定したよい仕事を求めていた。だが、JPLで化学部門の職を得られなかったときには心底失望した。化学部門はすでに三人の女性職員を抱えており、男性である管理職はもうそれ以上の女性職員は必要ないと考えていたのだ。メイシーとは異なり、この男性は女性職員は腰掛けでしか働かないと見なしていた。結婚や出産を考えるようになると辞めてしまう、というわけだ。彼の母も妻も専業主婦として家庭で子育てをしていたため、職場の女性もプライベートで知っている女性と皆同じだと考えてしまっていたのだろう。実際には職場の女性たちは長年、腰を据えて働いていたのだが。

マリーは化学部門で働くことはできなかったが、コンピューター職にも資格があったので応募してみることにした。メイシーとの面接はいささか気詰まりだった。メイシーは小柄な女性で、マリーからすると職場の上司というより姑のように見えた。メイシーの最初の質問はまったくの予想外だった。「職場で有色人種が同僚になると考えたことはありますか?」。メイシー以外にこんな質問をしてきた人はいなかった。「いいえ、ありません」。

研究所で働くようになって、マリーはやっとメイシーがなぜそんな質問をしたのか理解した。マリーはジャネス・ローソンと大きな木製の机を共用することになったのだ。この頃、コンピューター室は窮屈で隙間風の入る一一号棟から、明るくて新しい二階建ての一二二号棟に移っていた。エンジニア室と隣接していて、グループ間で議論をするのにも好都合だった。コンピューター室には明るい日差しを取り込む大きな窓が開いており、エアコンのない部屋だったからいささか日差しが強すぎることもあった。暑い日にはコンピューターたちの眉の間を汗が伝い、手のひらが汗ばんで計算結果を書き留めるとノートが湿ってしまった。フリーデン計算機の数も増えて各机に一台ずつ用意されていたが、平方根の計算ができる計算機は一台しかなく、交代で使わなくてはならなかった。

机を共にしたことで、マリーとジャネスは親友になった。平日は同じプロジェクトで共に働き、週末になるとお互いの家を行き来した。ジャネスは、科学者と一緒に働くことが好きなのだ、とマリーにだけ打ち明けた。「科学者の人は偏見をあんまり持っていないし、普通の人だったら絶対に興味も持たないようなことに自分から突っ込んでいくもんね」。マリーは笑い、これ以上ないほど深く頷いた。

マリーは、ジャネスの持つ数学の才能に敬服していた。また、メイシーも同じようにジャネスの才能をこの上なく評価していた。それは、ジャネスがＪＰＬからＩＢＭ訓練センターに送られた二人のコンピューターのうちの一人だったからだ。訓練は、研究所初の、生身の人間ではなく機械であるコンピューターの到来に備えて行われた。「ＩＢＭ７０１」は、ＩＢＭ社初の科学技術向け商用計算機で、国防計算機とも呼ばれていた。「コンピューター」という言葉は一七世紀からずっと「計算する人」の意味で使われてきたが、一九世紀の終わり頃には早くも機械の意味でも使われている。依然として人間に対して使われることが多かったものの、一九四〇年代には「コンピューター」が電子計算機を意味する言葉として使われることも一般的になりつつあった。

ＩＢＭ７０１は、真空管とメモリーとが複雑かつ繊細に絡み合った代物だった。親指ほどの大きさのゲルマニウム素子が何万個も詰め込まれたブラウン管式の最新の記憶装置〔ウィリアムス管〕が、電気信号を光の点へと変える。記憶装置は、二進数の「ビット」と呼ばれる数値を入力装置から出力装置まで送っている。この電子計算機は、便箋ほどの幅の磁気テープをリールに巻き付けた先進的な電子記憶装置も備えていた。磁気テープに音声情報を記録するという技術は、第二次世界大戦の頃に生まれたものだ。ナチス政権の凶悪な結末に嫌悪をかき立てられつつも、アメリカ軍は音声記録技術には感心せざるを得なかった。磁気テープならば、朝にベッドの中で録音した音楽を再生したとしても、聴衆としてオーケストラの演奏を生で聴いているような気分を味わえる。七八回転レコードにつきものの、針がレコード盤をひっかく歯擦音など無縁だった。改良の余地などない技術のように思われた。

ＩＢＭは、早くから磁気テープを音声記録ではなくコンピューターの記憶装置に利用していた。ドイツの電機メーカーは「マグネットフォン」という磁気テープを使ったテープレコーダーを製造していたが、ＩＢＭ７０１も同じように酸化鉄の粉を塗ったテープを使っていた。電子計算機は磁気を使って情報をテープに書き込む。磁石の力で酸化鉄の粒子を磁化していき、磁化された各粒子はデータの一部を保持する。テープリール一巻あたり二〇〇万桁の情報を書き込むことができ、四本のリールで一セットとなっていた。

ＩＢＭ７０１を収納するには、コンピューター室と同じくらいの広さの部屋が必要だった。電子計算機は一つの箱に収まっているわけではなく、一一個のコンポーネントに分かれ、重さは総計で九・三トンもあった。この巨大なＩＢＭ７０１こそが、ＩＢＭの計算機事業のエンジンだった。当初、ＩＢＭはそれほど多くの顧客がつくと見込んでいたわけではなく、契約見込みはわずか五台だった。だが蓋を開けてみれば、ＩＢＭの株主総会で当時の社長のトーマス・ワトソン・ジュニアが「一八台の契約を獲得することができました」と報告するほどで、ＪＰＬはその注文主の一人だったのだ。

月額レンタル料が一万一九〇〇ドルもしたのだが、ＩＢＭ７０１には取り扱い説明書などなかった。電子計算機を使用するには、いくつあるのかもわからないほど大量のコードを覚えなくてはならず、平方根を求めるといったごく基本的な動作にもとてつもない量のプログラミングを必要とした。もっとひどいのは、この巨人はオーバーヒートしやすかったということだ。ＩＢＭは電子計算機が一秒間に一万六〇〇〇回もの加算や減算ができると謳っていたのだが、システムは年中故障していた。真空管が一つだめになると、全体に波及し、エンジニアもコンピューターも計算結果の正確さと信頼性を疑わざるを得なかった。ＩＢＭで訓練を受けたおかげで、ジャネスはＪＰＬ初のコンピューター・プログラマーの一人となった。

マリーは大学時代の恋人と結婚したばかりで、新婚生活を送るはずだった。しかし、夫のポールが朝鮮戦争で徴兵されてしまったため、二人での暮らしはまだ始まってもいなかった。基礎訓練期間を終えて配備される期間、マリーとポールはほとんど会えなかった。まだ若いのに、家に帰ってこない相手を愛するのは悲しいことだ。一人で家にいても寂しいばかりだし、人生など始まっていないような気がした。仕事をしていれば、孤独な気持ちを忘れることができる。冷戦下の朝鮮で夫が兵士として戦っている一方で、妻の側は故郷で武器の設計に携わっていたことになる。

夫のように銃を持って戦っていたわけではないとしても、マリーの人生にも危険はあった。エアロジェット社にいたある木曜日の午後、静寂を破って足元の地面を揺るがした爆発音を聞いたことがあった。これまで聞いたことのない大きな音だった。大規模なエンジンの試験で爆発音がすることにはいくらか慣れていたが、このときの音はそれを超えていた。同じ部屋で働くコンピューターとエンジニアたちは、開いた窓から叫び声がするのを聞いた。

数分後、汗まみれになったエンジニアの一人が部屋に入ってきて、「固体推進剤で事故があったんだ」と説明した。彼は部屋中の人々を見回して、新しい固体推進剤を混合している最中に爆発が起きたのだと話した。原因は誰にもわからなかった。マリーは思わず「誰か怪我をしたの？」と聞いてみたが、言い終わる前にエンジニアの表情から答えは知れた。彼が頷くと部屋は静まり返り、遠くから緊急車両が近づいてくる音が聞こえてきた。

マリーの席からわずか一八〇メートルほどの試験ピットで、一一人の男性が生死不明で倒れていた。最近ではマリーも周囲で頻発する小さな爆発事故や損傷には慣れてしまってさえいたが、死亡事故ともなればまったく違う。彼らは友達だったのだ。マリーと、共に働くエンジニアたちはこれまでの計算結果を再考しなくてはならなかった。「何かが間違っていたために、職場の仲間たちの死につながったのだろうか?」という思いが彼らを苦しめた。冷戦の状況下で、軍との契約は研究開発を駆り立てる圧力となっていた。切迫した状況は日々、重荷となり、計算結果を記したノートは、鉛筆がページを離れるや否や試験ピットに持ち込まれて試験が開始される。検算の余裕はなく、安全のために適切な予防策を講じることもできず、点検もろくに行われなかった。

JPLに移ったからといって、安全基準の面でエアロジェット社より優れたところなど特になかった。仕事のやり方は、エアロジェット社時代の突貫工事と大して変わらなかったからだ。ただ、仕事をチェックする機会などほとんどないとはいっても、JPLのコンピューター室ならばもっと大勢の仲間がいて、お互いの仕事を肩越しに覗くことも多い。マリーにとっては、これまでより仕事の内容もずっとわくわくするものになった。自分の計算が何を生み出しているのか理解することができ、開発の中で鍵となる役割を任されて、マリーはようやくやり甲斐を感じられるようになった。ただ、労働時間の面ではひどいものだった。コンピューターたちは週に五日、一日一二時間働かなくてはならないことも少なくなかったからだ。コンピューターたちは疲れ切っている中で、自分たちの計算結果に対してもっと注意深くなるよう強いられた。

あまりにも仕事に追われているので、研究所の外での社会とのつながりはどんどんけずられていった。マリーは夕食の招待も、ランチの誘いも断ってばかりいたため、旧友とは疎遠になりつつあった。一方で、ひとたびＪＰＬの門をくぐると、仲間との絆はどんどん強くなっていく。一日の長い時間を共に過ごす中で、女性たちは何かと夜の集まりを企画しては、生き方について、そしてＪＰＬという組織について語り合った。マリーが自宅でスパゲッティを振る舞うと、今度は友達になったヴァージニア・スワンソン（ジニー）が皆をスウェーデン式のビュッフェ形式のパーティ、「スモーガスボード」に呼ぶ。ジャネスはロサンゼルスの自宅へ帰る時間が遅くなっても、名残惜しげにパサデナで皆と話し込んでいった。ある夜、マリーはアルハンブラ〔ロサンゼルスの東にある都市〕の自宅で、皆で集まる持ち寄りパーティを開いた。バーバラはパッツィ・ナイホルトの隣に座り、二人が楽しげに話す傍らでジャネスとジニーも笑いあっていた。ジニーとマリーが楽しい夜を祝して乾杯しようと言い、皆でグラスを掲げた。マリーがふざけて食べ物をすくってジニーの口に入れ、お互いに笑い転げているところを写真に撮られた。お互いへの思いは尽きることがなかった。

コンピューターとエンジニアたちは、窮屈な売店の中よりも、外の大きなテーブルで昼食を取ることが多かった。よく、仲間たちと一緒にテーブルについて、背中に暖かい日差しを感じながらまわりの会話を聞いたものだ。仲間たちが今まさに取り組んでいる設計の内容について語ってくれると、彼女の毎日の仕事もありふれたものではないように思えてくる。ものごとの完成形について考え、ロケットの限界を探る会話は、マリーにとって一日の中でも大切な時間だった。

研究所の規模は大きくなりつつあったが、それでもまだ家族的で親しみやすい雰囲気は残っていた。JPLのスタッフは、自分の仕事だけでなく、実験の本質や人となりを信じることで、お互いに信頼し合っていた。不幸な事故が起きると、研究所はよりいっそう固く結束する。エアロジェット社で最初の事故を経験したとき、マリーは目撃者でしかなかったが、今やJPLでは事故の原因になることだってありうるのだ。

マリーは、サージェント・ミサイルのノズル開口サイズを決める問題に取り組んでいた。ノズルは、ロケットの燃焼室後方に位置する単純なシリンダー〔円筒〕だ。だが、その形状とサイズによって、ロケットの性能は劇的に変わる。ノズル部分で燃焼ガスは加速され、外殻から噴き出していく。ガスの排出がより速くなるノズル形状を得られれば、ミサイルにもっと推進力を与え、より遠くに飛ばすことができる。マリーはいろいろなノズルのサイズを検討し、一酸化窒素とケロシンの混合からなる推進剤をどこまで速く送り出せるか計算してみた。一度は可能な限りノズルを広くしてみたが、次にはその案を破棄してほとんど何も入らないほど狭くしてみた。ありとあらゆる組み合わせを試してみたかったのだ。

だが、試験が予定されていたある日の午後に時間は尽きてしまい、マリーは計算式を急いでエンジニアのところに届けなくてはならなかった。机に向かって、方程式について頭の中で検討していたとき、サイレンの音で彼女の物思いは破られた。ガヤガヤした物音は、実験が始まろうとしていることを意味している。砂利を敷いた試験ピットの底で、彼女の計算結果に基づいてエンジンの燃焼を行おうとしているのだ。突然、マリーの血が凍った。計算結果を送る前に、その平方根を取ることを忘れたのだ。うろたえてマリーは電話に駆け寄り、巨大な爆発音が丘に響く様を思い描きながらダイヤルを回した。だが何も聞こえてこない。直後に迫った試験に備えて、電話の接続が切られているのだ。大爆発、火災といった大事故で誰かが死んでしまうかもしれない。受話器をもとに戻して震えながら待った。だが、何の音もしない。

幸いなことに、誰も死ななかったし、大ケガもしなかった。その代わり、いくらか苛立った表情のエンジニアがコンピューター室までやってきて「あのさあ……」と言いかけたとき、マリーは間髪入れずに「はい、わかっています」と返事をした。「申し訳ありません」。ロケット・エンジンの誤作動の原因はマリーの計算結果にあったのだが、ＪＰＬが再訓練や調査を求めることはなかった。マリーに与えられた罰は、最悪の知らせを待っていた間に感じた苦悩の中にあった。破滅的なことが起きるという感覚は彼女の中に残り、ノートに数字や方程式を書きつけるたびに、自分のしていることが仲間の命を左右するのだ、という思いを新たにさせるのだった。

＊

開発チームは、サージェント・ミサイルを先進的なミサイルシステム技術の頂点に到達するよう設計した。ＪＰＬがこれまで経験してきた多くの失敗から学び、ロケット工学の専門技術の最高峰となるよう考え抜かれた。サージェント・ミサイルは、ナチスのＶ‐２号と大きさは同じだが、九倍の重さの弾頭を搭載することができ、はるかに洗練された誘導システムを備えており、一三〇キロメートルも先の目標に到達することができた。コーポラル・ミサイルでは発射準備に九時間かかっていたのに比べ、サージェント・ミサイルはわずか九〇分で発射準備を整えることができた。

マリーは、サージェント・ミサイルに採用されることになった、当時では最先端の機器類に感嘆した。開発チームの関心は、ジェット推進からエレクトロニクスにまで広がっていた。これには、新しくＪＰＬの所長に就任したウィリアム・ピッカリングの影響もある。前任者と違って、ビル〔ウィリアム〕・ピッカリングはロケット屋ではなく専門分野は電子工学だった。そして、サージェントの誘導システムは技術的な飛躍を遂げることになる。コーポラル・ミサイルで採用されていた電波誘導航法では、地上局から無線通信でミサイルにコマンドが送られる。だが、この方式には欠点があった。地上局に多大な人員を必要とする上に、正確さに問題があり、さらに根本的な脆弱性を抱えていた。敵がコーポラル・ミサイルの無線信号を検知することができれば、電波を撹乱して無力化してしまうことができる。

こうした問題を防ぐため、ＪＰＬは慣性誘導航法装置を開発していた。この新しいシステムは、ミサイルの内部に加速度計とジャイロを備え、自身の速度と位置を知ることができる。ジンバル〔吊枠〕がさまざまな方向に揺れると、ローターが回転する。エンジニアの一人は「コマみたいなものだよ」とマリーに教えてくれた。ジャイロスコープは、まるで重力に逆らっているかのように、一度ある軸に沿って回転を始めると、決まった方向を維持し続ける。慣性の度合いによってロケットに安定性を与えることができた。大型のジャイロスコープならばこれまでにもロケットで使われていたが、小さな電子部品から成る小型のジャイロスコープは新しい、特別仕立てだ。JPLがロケットに採用したのは、アルミニウムと鉄のカバーで覆われ、電気配線が絡み合う代物だった。外見では特別に先進的な装置には見えないが、ケースの内側には絶妙なバランスで動く仕掛けを封じ込めていた。

優美なジャイロスコープは、ミサイルの正確性を大幅に向上させる可能性を持っていた。ミサイルの主軸に沿った、しっかりした台に取り付けられると、ジャイロスコープはミサイル位置がどんな運動をしたとしてもその位置を維持し続ける。ロケットが加速し高度を上げると、ジャイロスコープの役割はますます重要になる。ジャイロスコープには、ロケットの尾翼へと続くケーブルが取り付けられており、ロケットが受ける抵抗が強くなると尾翼を前後に動かして、ロケットの位置を修正するのだ。

これでもうJPLは、地上局からロケットを誘導するための外部の基準点を必要としなくなる。コンピューターたちは、地球の重力がミサイルに与える影響を、新型の誘導装置から送られてくる速度と方向データを元に計算することができた。皆、無線と慣性航法装置が合体した成果をあらゆる角度から検討した。世界中の研究所がジャイロスコープをロケットの誘導に利用しようと実験を続けていたが、実証に成功した者はどこにもいなかった。このため、軍はＪＰＬの設計に承認を与えることをためらっており、合衆国政府がこうした急進的かつ新規な技術に予算を付ける前に、ＪＰＬは自身でその実用性を実証しなくてはならなかった。コンピューターたちにも、紙の上では素晴らしく素敵に見えるこの新しい技術を本当に実現できるのかどうか、確信が持てなかったのだ。

＊

ある朝、コンピューターの一人、ジェーン・オニールは一冊の本を胸に抱いて持ち込み、くすくす笑っていた。ジェーンの甥っ子が興奮して貸してくれた本だが、素敵な空想物語の中に、果たしてどれほどの真実が含まれているものだろうか？　本の表紙には月に向かって飛ぶロケットと、星から落ちるロボットが描かれていた。ジェーンは、二五六ページあるレスリー・グリーナーの『月へ向かって』を二晩で読み終えてしまった。本に書かれた空想科学物語のほとんどはジェーンにとってただ可笑しかったが、一つ彼女が驚いたのは、ロケットが宇宙へ飛び出し、重力を克服できるのは、ジャイロスコープという現代の脅威のおかげだ、と説明している部分だった。本に書かれた空想物語はバカげていても、その中核を成しているのは現実の科学なのだ。コンピューターたちはジェーン・オニールのまわりに集まり、声に出して一節を読むのを聞いては笑い転げたが、ロケットが宇宙を航行する挿絵には感心した。

ＪＰＬで働いていなくても、当時のアメリカ人はロケットと宇宙に夢中だった。コンピューターたちはどこへ行ってもロケットのおもちゃを目にしたし、主婦が隣人を招いてパーティ形式でタッパーウェアを売り込む会でも宇宙が話題となり、ラジオ番組では宇宙飛行士が主役だった。ジャネス・ローソンがＪＰＬでの理論段階のプロジェクトに参加することになったのも、国全体が宇宙に取り憑かれていた背景があったのだろう。彼女が大学の優等生だった頃、「もしも」はジャネスを魅了したものだ。ジャネスは、世界でも最も先進的なミサイルシステム、サージェント・ミサイルに取り組みながら、同時に夜は結婚式の準備を進めていた。

ジャネスは、恋人のセオドア・ボルドーと結婚し生涯を共にした。セオドアは裕福な家庭の出身ではなく、専門的な職業についていたわけでもなかった。ジャネスがＵＣＬＡに在学していたとき、セオドアは名門大学のＵＣＬＡに比べると見劣りする、ロサンゼルス・ステート・カレッジの学生だった。だが、ジャネスにとってそんなことは気にならなかったし、彼は素晴らしい人だと思っていた。二人は、お互いへの想いと数学への情熱を共有していたのだ。

ほかのコンピューターの女性たちとは違い、ジャネスはパサデナには住んでいなかった。多くのアフリカ系アメリカ人は、保守的で圧倒的に白人が多い郊外の街には住みたがらなかった。ロサンゼルスの街ではジャネスの社会的地位は高かったが、パサデナでは事情が違う。彼女の祖母はパサデナの名家、ジャウィット家でコックとして働いていたので、ジャネスはパサデナでは、社会的階層がどれほど重要なのかよく知っていた。子供の頃、ジャネスはジャウィット家のガーデンパーティをキッチンのドアから覗いてみたことがある。上流階級の婦人は、パリッとした襟でAラインのくっきりしたプリントドレスをまとい、うわさ話に興じていた。その同じ女性たちが、一九五〇年まで教育委員会で運動を繰り広げ、人種差別の撤廃に反対したり、人種差別撤廃を推進した学校本部長を追い出したりしていたのだ。いたるところに人種差別はあったのだが、ジャウィット家の人々はジャネスの祖母を大切に扱っていたし、家や車を買ったり、休暇を認めたりしていた。研究所で特に長い間働いた日など、ジャネスはよくこの家で夜を過ごすことがあった。

とはいえ、基本的にはジャネスはサンタモニカの母の家から通勤していた。まだ完成していない高速道路と、峡谷の中のジグザグの道を三二キロメートルも通る。交通事情があまりにもひどいので、毎日一時間以上もかかるし、気分的にはもっと遠かった。毎日、長い距離を運転する娘を心配して、ジャネスの母はもっと家に近い仕事を探すように忠告することもあったのだが、ジャネスはそれだけは耳を貸さなかった。ＪＰＬでプロフェッショナルの女性たちと一緒に働くということが、どれほど他では得がたい仕事であるのかジャネスにはよくわかっていたのだ。とはいえ、ジャネスが通勤の長い運転中に孤独を感じることもあった。彼女は、計算室でたった一人のアフリカ系アメリカ人だった。それがどういうことなのか、同僚よりも長い距離を通わなければならなかったという事実がよく物語っている。

ジャネスは、通勤途中で結婚生活はどんなものになるだろうと思いを巡らせることがあった。自分と、夫だけの二人の家に引っ越すという夢想も浮かんできた。ジャネスは二四歳で、カレッジ卒業と同時に結婚した多くの友達から比べれば結婚が遅い方だが、家庭に落ち着く準備はできている。母になり、子供を育てるという夢もある。だが、仕事を諦める、それだけは絶対に嫌だ。とはいえ、セオドアはこの長い通勤のことをどう思うだろう？　そのことが心配だった。

八月の結婚式は、手の込んだ盛大なものになった。ジャネスとセオドアは、サンタモニカの教会で誓いを交わし、それからロサンゼルスで最も歴史のあるアフリカ系アメリカ人の女性クラブ、ウィルファンデル・クラブで披露宴を行った。ＪＰＬの親友たちは、ジャネスの友人と家族の間に挟まれて花嫁を迎え、スカートの裾からチュールのひだが覗く、白いレースのドレスを着たジャネスが歩んでくると、マリーの目にも涙があふれた。結婚式は、月明かりの下、咲き誇る蘭の香りが漂う中でダンスパーティになった。有名な歌手で女優のパール・ベイリーが「タンゴは二人で」を歌うと、フロアは踊るカップルでいっぱいになった。新婚旅行に向かって、車に乗って会場を離れるジャネスたちを見送り、マリーは幸せな気持ちだった。だが、ジャネスはこれからどうするのだろう。

当時の多くのアメリカ人女性にとって、結婚とは主婦になることを意味した。だが、コンピューターたちの多くは、家庭生活と仕事を両立させ、荒波を乗り切るサーファーのようになんとか二つのバランスをとっていた。働く妻たちはときには失敗があるとしても、できる限りバランスをとっていた。ジャネスは稀有な才能を持った女性で、コンピューターたちからすればこれほどの能力を持つ女性が科学の仕事を離れてしまうなど考えられなかった。チームからすれば憂うべき損失だ。

ジャネスの人生の転機と同じ頃、サージェント・ミサイルのプロジェクトも実用段階に入ろうとしていた。一九五六年までにコンピューターたちはＪＰＬ内での基本的な計算を終え、ホワイトサンズでの試験に臨むミサイルを遠くから見守っていた。コーポラル・ミサイルのときには何度も事故が起きて開発が遅れたのに比べ、サージェントの試験はそれよりもはるかに順調だった。ニュース映画でホワイトサンズの上空を飛んでいくサージェント・ミサイルの映像を見て、初めてその順調さがわかったくらいだ。これまでのどれよりも素晴らしいミサイルであったし、コンピューターの女性たちにとって、最後の兵器開発プロジェクトになるものだった。

兵器開発へのＪＰＬの貢献はこれまでにないほど成果を上げている。官僚的な横やりが入ってミサイルの生産開始は遅れたのだが、それはつまり運用段階に入っても時代遅れにならなかったということだ。朝鮮で軍のジープにサージェント・ミサイルが積み込まれ、移動していく写真をＪＰＬのコンピューターたちが見た頃には、彼女たちはもう、かつて開発に携わったミサイルのことを考える機会も少なくなっていた。変わって彼女たちの計算能力は、新たな種類の探査のために活躍の場を見出していた。

＊

ミス誘導ミサイルの表彰式は終わろうとしていた。音楽は鳴り止み、照明が落ちる。バーバラは微笑んで、写真撮影のためにポーズをとった。コンテストの二位となったバーバラは、優勝者となったＪＰＬの看護婦、可愛らしいリー・プラウへ明るく笑いかけた。リーはバーバラより一〇センチ近く背が高かったのだが、バーバラの心はそれよりもはずんでいた。バーバラはかつてないほど幸せを感じていた。ミスコンテストに選ばれたことで、バーバラは研究所の重要人物になったような気がした。美の称号は彼女にとって深い意味を持つ。仕事に対する責任感も増したし、コンピューターたちの中で彼女の役割は、コンテストでの人気によって確かなものになり、ますます監督にふさわしい振る舞いを身に付けている。バーバラは、終わりつつあったミス誘導ミサイルの称号を持つ一人だ。美人コンテストが終わりになったわけではなかったが、研究所全体の変化に伴って、コンテストの名も変わっていこうとしていた。

バーバラとメイシーは、コンピューターの仕事の方向性を示した初期のメンバーだ。ある日、二人がいる研究所のカフェテリアには、長らくその業績が賞賛と嫌悪の的となってきた男性が座っていた。ナチスの戦犯として知られるこの男性が、研究所と運命を共にしようとしていた。

第5章　足踏み

　墨色の空が海まで黒く染めているような夜だった。バーバラ・ルイスは見晴らしの良いサンタモニカの海岸で、波頭が立っては砕けるのを眺めていた。六月の暖かい夜だったがそよ風はやや冷たく、時折、背筋に寒さを感じた。デートの相手、ハリー・ポールソンは、「寒いならコットンの肩掛けがほしい？」とバーバラに仕草で尋ねたが、彼女は微笑んで「大丈夫」と首を振った。雄大な海岸線を眺めていると、寒さなど気にならない。日が落ちて、波と砂浜の境が見えなくなる頃、夜空に星がまたたき始めた。北へ向かって伸びる海岸線の遠い先には、マリブの明かりが煌めいている。ハリーが彼女の腕を取ると、「夜になると全然違うように見えるのね」とバーバラは答えた。

　二人はパサデナのプレスビテリアンチャーチ〔長老教会派教会〕で出会い、引っ込み思案のバーバラでもハリーのデートの誘いは断れなかった。ハリーは背が高く、ハンサムとは言えなかったが優しい顔立ちで、穏やかな態度の人物だった。ハリーといると楽しかったし、バーバラが話すとハリーはちゃんと耳を傾け、熱心に聞いてくれた。バーバラは今度はサンタモニカ埠頭のほうを見て、赤やピンク色の大観覧車のライトが海を染めるところを眺めた。夕食の後、二人はダウンタウンの遊歩道をずっと散歩して、砂岩の崖が波に洗われているところまでやってきた。バーバラは、二つの世界の間に立っていた。視線の先では、海岸の崖は風化して砂浜に崩れかかっている。一方、その足は文明が舗装した堅固なコンクリートを踏みしめていた。ＪＰＬも同じように変わっていこうとしていた。ミサイル開発という固い地面から、宇宙探査という世界へ踏み出そうとしていて、その向かう先は夜の海のようにどこへ行くのかわからない。

宇宙へという夢が実現しつつあることを象徴する人物が、ＪＰＬの食堂に入ってきた。バーバラとメイシー・ロバーツは、茶色の巻き毛と青い目をした長身の男性が混雑した食堂で座っているのを見かけた。ウェルナー・フォン・ブラウン、伝説のスーパースターで、そして元ナチスの戦犯だ。何かと評判の人物だったが、バーバラは彼のことをなんだか気の毒に思わずにいられなかった。

食堂で親しい人間同士の会話が交わされる中で、フォン・ブラウンは一人ぼっちで昼食を取っているように見えた。彼は、世界でも最高のロケット工学者の一人だ。また、世界初の宇宙ステーションやロケット駆動エレベーターなどを扱った複雑で素晴らしく面白い宇宙工学関係の記事や本を書いていて、後にウォルト・ディズニーから映画『ディズニーの宇宙旅行』制作の監修を依頼されることにもなった。ミッキー・マウスの作者の隣に立つフォン・ブラウンの写真を見て、彼がアメリカの敵だったこともあると想像するのは難しい。

コンピューターたちは「人類は間もなく宇宙を制覇する」と題されたフォン・ブラウンの署名記事入りの『コリアーズ』誌を擦り切れるまで回し読みした。記事の「今後一〇年から一五年以内には、〝人工衛星〟と呼ばれる、誰がその主導権を握るかによって人類の平和の友にも、最悪の戦争兵器にもなりうるものが天を周回することになる」という箇所にはアンダーラインが引かれていた。コンピューターたちはその言葉が気に入った。空想物語のようにも、あり得ないことのようにも感じられたが、そうは言っても彼女たちは実際に人工衛星に取り組んでいるのだ。フォン・ブラウンはまさにJPLが感じていたのと同じ情熱を持っていた。

バーバラにとっては働き始めたばかりの宇宙の分野だが、フォン・ブラウンはすでにこの分野で賞賛に値する名声を築いていた。だが、直接彼に会うことには不安があった。フォン・ブラウンの若々しい顔を見ると、世界初の弾道ミサイルがロンドンを屈服させ、都市は焼けた材木片とレンガ、セメントの山に変わってしまったとラジオが告げる声を聞いていた学生時代に引き戻される気がする。何千人ものロンドン市民がその衝撃に苦しむ一方で、フォン・ブラウンはそれを祝ってシャンパンを空けていたのだ。だが、一〇年の歳月で何もかもが変わった。「報復兵器二号」、あるいは「V‐2」号として知られるロケットは、今ではJPLで隅から隅まで研究しつくされ、その兵器を作り上げた男は、偶然にもバーバラの向かいの席で昼食を取っていた。

メイシーは、昔のフォン・ブラウンについてのうわさに震え上がったものだ。フォン・ブラウンが捕らえられ、アメリカ合衆国に護送されてきたとき、エンジニアたちは「彼は冷酷で傲慢な男だよ。人殺し以外の何者でもない」と評していた。だが、そのうわさは長く続かなかった。以前、ナチスの親衛隊員であった男は親しみやすく、くだけた物腰であっという間に友人を増やした。フォン・ブラウンは試験ピットでメカニックとふざけることも、エンジニアとオフィスで複雑なロケット工学について議論を戦わせることもできるコツを心得ていた。彼は、素人でも科学の基本がわかるようにきちんと説明することができた。過去の恐ろしい経歴にもかかわらず、フォン・ブラウンはアメリカの宇宙開発の未来にとって不可欠な人物になっていた。驚くべきことに、兵器開発以外のプロジェクトとしては最大のものになろうとしていたアメリカ陸軍との初の協力関係は、ウェルナー・フォン・ブラウンに大きく依存しようとしていた。

メイシーは、フォン・ブラウンの過去と、そしてなぜＪＰＬにやってきたのかを同時に知ることになった。「オービター計画」は、メイシーが研究所で仕事を始めた一九四九年頃から、ずっと暖められていた最初の人工衛星計画だ。研究所は、地球の重力と自身の慣性とで完璧な釣り合いを取る人工衛星を宇宙空間へ送り込もうと計画していた。二つの力が等しくなれば、人工衛星はずっと地球のまわりを回り続ける。地球のまわりに重力で引かれた道筋の上を月が通っていくのと同じように、人工衛星は推進力を使わずとも地球を回っていくのだ。永遠に地球のまわりを回る衛星という構想は、アイザック・ニュートンの時代からあったものだが、それを実現するための技術は生まれたばかりだった。
一九四七年、ウィリアム・ピッカリングは、論文の中で「大規模宇宙線研究はロケットで人工衛星が打ち上げられるようになるまでお預けにしたほうが良い」という持論を展開している。そうは言っても、彼は計画の枠組みと最終的な科学的目標は明確に持っていた。だが一方で、アメリカ合衆国政府は、はっきりした軍事的な目標を持たない計画に予算を付けることにはまったく関心を持っていなかった。一九五四年、ＪＰＬの所長となったピッカリングが、国際地球観測年（ＩＧＹ）に向けたアメリカからの貢献として、人工衛星計画を強く提唱するまでこの構想はほとんど顧みられてこなかった。

遡ること四年前、物理学者のロイド・バークナーが提唱した国際地球観測年は、世界規模の科学プロジェクトであり、当時では史上最大の地球科学の共同研究だった。計画は、一九五七年七月から一九五八年一二月までの太陽活動が極大期を迎えると予測される時期を最大限に活かすべく開催される。宇宙線、重力、電離層物理学、海洋学や気象学など、世界中の参加各国は新しい観測手法を考案して地球そのものを研究することになっていた。ＪＰＬは国際地球観測年の話でもちきりだった。コンピューター室も、どんな新しい実験が始まるのだろうとわくわくして待ち望んでいた。

「ＩＧＹの年はね、第一九太陽周期の中でも特別な時期なんだよ」とエンジニアの一人がバーバラに説明してくれた。「太陽活動はこれまでにないくらい活発になる。観測史上でも最大の数の太陽黒点が見られるんじゃないかな」。

バーバラがその話を計算室に広めたので、新しく雇われた女性の一人はぽかんとして彼女を見つめたものだ。だが、そんなことにいつまでもかまっていられない。ある問題が明らかになってきていた。コンピューターの人員がもっと必要になってきたため、研究所は経験のとぼしい女性にも雇用の機会を与えて、メイシーのチームが新人たちを数学と科学に堪能な人材へと教育してくれることを期待した。だが、必ずしも結果が出なかった。コンピューターという仕事は、誰にでもできるものではない。バーバラとメイシーは、志望者に数学や科学の能力が欠如していると嘆くことが多くなった。

メイシーがヘレン・チョウの応募書類を見たのはそんなときで、ヘレンがノートル・ダム大学を卒業し、数学が副専攻だったという経歴にかなり心を動かされた。これこそ、求めていた人材だ。一方でヘレンは、自分の学歴はJPLで仕事を得るのには十分ではないのではと不安に思っていた。彼女はなんとしてでも仕事がほしかったし、メイシーがチャンスを与えてくれるよう祈っていた。数学は彼女の専攻ではなかったにせよ、常に成績は最優秀だった。

その朝、ヘレンの兄のエドウィンは自分の職場へ向かう前に彼女を研究所の人事部の前で降ろしていった。「うまくいくようにな」と彼は肩越しに声をかけた。心配はしていなかった。頭のいい妹なら、必ず採用されると信じていたからだ。ヘレンはというと、これまであまりにも多くの不採用を突きつけられていたので、兄のように簡単にそうは思えなかったのだが。ヘレンは申込用紙を記入し、狭い待合室で神経質に膝を指でコツコツ叩きながら座って待っていた。

長い待ち時間だった。面接室に呼ばれるまでの間、不安が湧き上がりすぎて言葉が出なくなってしまったほどだ。ヘレンにとって、メイシーの最初の印象は「厳格な老婦人」だ。アクセントに苦労しながらも、教育と数学の経験について、ヘレンはなんとかメイシーからの質問に答えた。メイシーが彼女の教育と経歴について質問してきたときには、平静さを保とうとしていた。不安をおさえつけて、ヘレンはなんとか採用につながってくれればと祈りながら、自分の将来に役立つようにと芸術を専攻に選んだことを説明した。一方で、数学の経験については、まるで映画でも見に行ったことを話しているかのように語った。数学は自分にとって純然たる娯楽だと思っていたからだ。世の中に、数学の技能で得られる職があるなんて思ってもみなかった。だが、それこそまさにメイシーが聞きたかったことなのだ。

ヘレンと次に面談したのはバーバラだ。バーバラは監督のメイシーとは大分違う。ずっと若いし、とても親しみやすくて、職場に新しい若い女性を迎え入れたいと希望していた。バーバラは役職としては監督ではなかったのだが、実質的に新人を訓練して、スキル向上を指導する立場にあった。バーバラが人を引きつける性格であることは、すぐにヘレンにもわかった。お互いに、親友になる運命にあったように感じた。

ヘレンが研究所から帰る前に、メイシーはもう彼女に採用を告げていた。これは、めったにないことだ。メイシーはヘレンの技能を確信し、今すぐにでも仕事を始めてもらいたいとさえ思っていた。もう、自分を雇いたい職場などないのではと自信を失いかけていたヘレンにとって、これは嬉しくもたいへんな驚きだった。

バーバラは新規採用者相手の仕事でかなり疲れていた。一ヵ月に平均して二人は新人が来る。彼女たちの訓練には相当の労力を必要としたし、それはバーバラの仕事として降り掛かってくる。だが、ヘレンならこれまでの新人と違って音を上げたりしないという見込みがあった。JPLは人工衛星開発レースの最中で、できる限りの有能なコンピューターをかき集めたかったのだ。

IGYは、戦争によって長らく絶えていた、東側と西側の世界が科学的交流を持つ新たな機会だ。一九五三年にスターリンが死亡したことで、こうした世界的協調の機会が訪れたのだ。そうは言っても、最初の人工衛星を開発するのはどこの誰か、という点では協調よりも競争のほうが激しかった。アメリカはなんとしてでもソ連に先んじようとしていた。アメリカ国内でも密かに競争が繰り広げられていた。陸軍も、海軍も、空軍もそれぞれ人工衛星の設計図を準備していたし、お互いにライバルがどんな構想を持っているのか知らなかった。国防総省によって指名された政府の特別委員会が、勝者を決めることになっていた。

競争になったことで、JPLにも緊張感が漂っていた。仕事の重圧を感じているバーバラの気分を変えてやろうと、ハリーは彼女をサンセット大通りにあるハリウッド・パラディアムへデートに連れ出した。ハリーとバーバラは、九〇〇平方メートル以上もある巨大なダンスフロアの群衆に加わった。会場は広かったが、管楽器とドラムスからなるバンドの音楽が会場いっぱいに鳴り響いていた。フロアはカップルでいっぱいで、かろうじて踊ったり息ができるくらいだ。

バーバラの母は、父と同じ心臓発作でこの世を去ったばかりだった。後に残された兄弟姉妹、とりわけバーバラにとって、これまでずっと丈夫な人だと思っていた母の死を受け入れるのは辛かった。母はまだ五七歳だったのだ。たくさんの人に圧倒されそうだったが、ダンスフロアで大勢の中の無名の一人でいると心が休まる。それに音楽は素晴らしかった。バンドが彼女の大好きな曲、「イット・ハッド・トゥ・ビー・ユー」の演奏を始めると、ハリーはバーバラにぐっと身体を寄せ、彼女も彼を見上げた。天井の煌めく明かりが星のように見え、バーバラの心は宇宙へとさまよいだしていった。

＊

人工衛星を宇宙に送り込む力を持ったロケットは、まだ存在していない。オービター計画はこの状況を打ち破ろうと計画されたもので、ＪＰＬのエンジニアたちはこれまでにない高みへと送り込むための人工衛星の開発を始めていた。コンピューターとエンジニアたちは、衛星の外殻とアンテナの設計に取り組んでいた。衛星のアンテナは猛スピードで宇宙空間を周回しながら地球と通信しなくてはならないし、繊細な科学機器が大気圏を超えて打ち上げられるときに壊れたりしないよう、構体でしっかり守ってやる必要がある。

真空の宇宙空間では、温度の問題もある。宇宙を航行する物体は、太陽光が当たると摂氏一二〇度、日陰に入るとマイナス一〇〇度という極端な温度差にさらされる。ＪＰＬに突きつけられた課題は、南極の凍った海と煮えたぎる熱湯の両方を航行できる船を作れ、というようなものだ。エンジニアたちは、衛星の外殻とアンテナの素材としてファイバーグラスを選び、強度と速度の間で完璧なバランスがとれるよう、設計を多方面からいろいろ試してみた。おそらく、衛星は最終的に二・三キログラム程度になるのではないかとコンピューターたちは見積もっていた。

衛星が軽いほど、巨大な地球の重力に打ち勝って大気圏を突き抜け、軌道へ到達するための推力を得やすくなる。大気を構成する分子はロケットの表面に衝突して減速させてしまうので、ロケットの表面を滑らかにしておけば、こうした抵抗を減らすことができる。でこぼこしているよりも凍った滑らかな表面のほうが滑りやすいのと同じだ。空気抵抗に打ち勝つには巨大なエネルギーが必要だ。実際のところ、大気圏を脱するために必要なエネルギーに比べれば、地球から月へ向かうためのエネルギーなど比べ物にならない。重力と空気抵抗はあまりにも大きいため、ロケットは十分な初速を与えられなければ、地上に落下してしまう。その点では、「人類にとっての偉大な飛躍」とはむしろ地球の大気を脱出することそのものであり、月に残した「小さな一歩」のことではないと言えるかもしれない。そして、地球脱出を達成する手段は一つしかなかった。多段式ロケットだ。

「どうしてロケットをいくつもつなげなきゃいけないの？ 一基の大きなロケットじゃだめなの？」とマリーはバーバラに聞いてみたことがある。親しみを込めてマギーと呼ばれていたマーガレット・ベーレンスも二人の会話を聞いていた一人だ。マギーはまだ一八歳で、一ヵ月前にＪＰＬに来たばかりだった。ふんわりした金髪と賢そうな目をした可愛らしい娘で、とても聡明なので高校卒業後にすぐ採用されたのだ。柔らかい物腰は父親に育てられて身についたもので、厳格な父に抗い続けた結果、権威を振りかざすものを嫌うようになっていた。メイシーの暖かくまるで母親のような接し方はマギーにとって効果的だった。仲間のコンピューターたちもマギーの不安を和らげ、好奇心をかき立てるようにしていた。マギーはただ計算だけしていたいのではなく、その意味するところを理解したかったのだ。このとき、計算室では多段式ロケット問題に取り組んでいた。

「人工衛星が軌道に入るためにはね、時速約二万八〇〇〇キロメートル〔秒速約八キロメートル〕のスピードがないといけないの。Ｖ - ２号の五倍くらいの速さね。今ある中でそんなに速いロケットはないでしょう？ それに、もしそれだけの速さのロケットを作れたとしても、振動がすごくて中に積んだ機器はみんなゼリーみたいにぐずぐずになってしまうの」とバーバラが説明すると、マリーは笑って頷いた。「だから、肩車みたいにロケットを別のロケットの上に乗せるわけ。一つのロケットの燃料タンクが空になったら、それはもうただのお荷物になるでしょう？ 多段式にしておけば、途中で使い終わった燃料タンクを捨てられる。そうすれば、上段ステージはもっと少ないエネルギーで衛星を軌道まで送ることができるの」。マリーとマギーは一緒に頷き、ロケットがロケットを押し上げるところを絵に描いてみた。強力すぎる一段式ロケットでは搭載機器を破壊してしまうので、適切なスピードを保てる複数のロケットを使うのだ。ひとつながりのロケットは、ＪＰＬの女性たちがお互いに助け合い、着実にものごとを推し進めていくようすを思わせた。

進行中のロケット計画の一員として、コンピューターたちは研究所内で「ベイビー・サージェント」と呼ばれている小型ロケットの開発に携わっていた。これは、かつて開発したサージェント・ミサイルを小型化したもので、全長は約一〇メートルから約一・二メートルにまで短くなり、直径は約一五センチとよりスリムになっていた。小さなミサイルはおもちゃのようで、軍事用にはなり得なかった。ベイビー・サージェント一基あたりは小さなものだが、役立つことでは大型ミサイルにも負けず、エンジニアとコンピューターたちはベイビー・サージェントを束ねて使えば目にもの見せてやれると思っていた。コンピューターたちは、ベイビー・サージェントを一五基組み合わせれば、五秒間で約七〇〇キログラムの推力を生み出せると弾き出した。これだけの力があれば、ロケットの上段ステージにはうってつけだ。ただ、ＪＰＬの素敵なベイビー・サージェントの能力を活かすには、フォン・ブラウンたちのチームがレッドストーン兵器廠で開発している強力で大型の「レッドストーン」ロケットと組み合わせる必要がある。

アラバマ州ハンツヴィルにあるレッドストーン陸軍駐屯地には、もとはマスタードガスなどの化学兵器を製造する施設があった。この場所は一九五〇年に、フォン・ブラウンとドイツから来た一二六人の科学者たちの家となった。第二次世界大戦後、ナチスの科学者たちを合衆国に連れて来た「ペーパークリップ作戦」では、テキサス州のフォート・ブリスが拠点となっていたが、科学者たちはここからレッドストーンへと移されたのだ。テネシー峡谷の懐に抱かれて、レッドストーンはロケット研究の肥沃な畑となった。一九五六年にはフォン・ブラウンの貢献が認められ、彼は新たに陸軍弾道ミサイル局となったレッドストーンの責任者となった。新しい地位を得て、フォン・ブラウンはＪＰＬとの共同開発に乗り出してきた。

レッドストーン・ロケットは、フォン・ブラウンのＶ‐２ミサイルにそっくりだった。全長約二一メートル、直径約一・八メートルもある堂々とした巨大な姿をしており、推力は三万四〇〇〇キログラムもあった。コンピューターとエンジニアたちが「馬車馬」と呼んでいたこのロケットこそ、人工衛星を宇宙へ送ることができる存在だ。

ＪＰＬ側の期待も厚く、フォン・ブラウンたちのチームはオービター計画を提案する準備をしていた。研究室を行き来するコンピューターとエンジニアたちの表情は明るかった。バーバラは、皆が兵器の開発という足かせから開放されたのだと感じていた。ＪＰＬは軍事に携わる研究所ではあったけれども、宇宙探査という夢をこれまで育んできたのだ。そして、その夢が現実になろうとしている。

フォン・ブラウンにとっても、この計画は自由を意味するものだった。人生で初めて、フォン・ブラウンは科学的成果を上げるために働いているのだ。アラバマのフォン・ブラウンチームと共に、JPLは四機の科学衛星を打ち上げる計画を立案した。最初の一機は、一九五六年九月打ち上げの予定だ。

だが、一九五五年八月九日にJPLの自信は叩き潰されてしまった。国防総省の特殊能力委員会は、IGYに向け人工衛星を打ち上げる機関として、陸軍のフォン・ブラウンとJPLのチームではなく海軍のヴァンガード計画を選定する決定を下したのだ。オービター計画では、既存の利用できるロケットシステムに合わせて最小限の科学機器を搭載しようと考えていたが、ヴァンガード計画ではまだ開発中のヴァイキング・ロケットを用いて、科学的により高い成果を上げようと目論んでいた。ヴァンガード計画の衛星打ち上げが成功すれば「活動の活発な若い恒星から発される紫外線を利用して宇宙の広さを観測する」、「地球の重力の強さを計測する」、「地球を取り巻く高荷電粒子である宇宙線を観測する」といった野心的で華々しい宇宙科学の研究が実現できる。JPLは慌てて、ヴァンガード計画に引けを取らない科学的成果を上げてみせると表明したのだが、すでに遅かった。選ばれたのはヴァンガード計画であり、予算が付くのはこれだけ。他の計画はお蔵入りだ。

JPLの内部からは激しい抗議の声が上がった。オービター計画が選ばれなかったのは、計画の内容の差だけではない。JPLには、陸軍傘下の研究所としてミサイル開発に専念させたいという政府の思惑があったからだ、とコンピューターたちは思っていた。ソ連との冷戦の圧力の下、人工衛星の研究よりも陸軍は核弾頭搭載ミサイルを一刻も早く完成させるべきだ、という強い意向があったのだ。それだけでなく、フォン・ブラウンの存在が障害となったというわさも渦を巻いていた。フォン・ブラウンはすでに合衆国のロケット研究の中心人物であったのだが、ナチスに所属していた彼の過去はアイゼンハワー政権の今でも論議の的となっていた。この大打撃の後、コンピューターもエンジニアたちも昼食の席で政府の官僚の愚かさに憤懣やるかたなかったのだが、そうは言っても誰も、どうすることもできない。オービター計画は終わってしまったのだ。

研究所では誰もが重苦しい表情をしている中で、バーバラだけは陽気にスキップしそうだった。「こんなときに、どうしてそんなに幸せそうなの？」とコンピューターの一人に尋ねられたほどだが、バーバラは「ハリーがいるから」と恥ずかしげに微笑んでみせた。バーバラは、真剣な交際をする相手が誰もいないまま、一〇年近くも研究所のために仕事に励んできたので、誰もが彼女は独身を貫くのだろうと思っていたのだ。デートの申込みは降るほどあったのだが、仕事に打ち込みすぎて外でゆっくり会う機会もないし、人柄をよく確かめた上でデートに応じたいと思うような男性もいなかったのだ。二七歳の今、自分より若いコンピューターたちの間でバーバラは「行き遅れ」と思われていたのだが、オービター計画の頓挫で動揺しているはずのその日、机に向かってバーバラが感じていたのは恋に落ちたときの震えるような感覚だけだった。

これまで教会で出会ってデートした男性に心を惹かれたことはなかったので、初めてハリーに会ったときも、バーバラはほとんど諦めていた。自分と同じだけの教養と知への情熱を持っていない男性と時間を共にするのも耐えられない。ハリーはその点で、期待できそうになかった。彼はバーバラより九歳年上で、栗色の髪の端には白いものが混じっていた。初めての会話を交わしたときも、ハリーとロマンスが芽生えるとは想像もしていなかったのだが、話を続けるほど、彼に対する興味が湧いてくる。自意識過剰でもなければ、おどおどしているわけでもないというところも、ハリーはバーバラと同じだ。ハリーはいつでも、誰にでも好かれる、自分をしっかり持った男性ならではの気さくな態度で接した。彼が面白いことを言えば、自分が笑っていることにバーバラは気づいた。

「普段はどんな仕事をしているの？」と彼が愛想よく尋ねてきたとき、おそらくはタイピストや教師の職についているという返事を予想していたのだろう。バーバラが「ＪＰＬでコンピューターをしているの」と答えると、彼は驚いて眉を吊り上げた。これこそ、バーバラが男性と話すときに問題になる部分なのだ。以前にデートした自慢話の多い医師には、彼女が仕事の内容を話しただけで、男性と張り合おうとしているのだと勘違いされた。バーバラは仕事の内容について控えめに説明しようとしているのだが、それでも熱意がにじみ出てしまう。驚いたことに、ハリーはバーバラが仕事に感じている情熱を理解してくれたようだ。このとき彼が見ていたのは、ノートの上で背中を丸めてロケットエンジンの能力を計算している日々のことを語っているときのバーバラの目の興奮と輝きだった。

こんな風に、自分に対しても輝く目を向けてほしい、とハリーは思った。

バーバラにとって、ハリーとの間に生まれた恋愛はこれまで経験したことのないものだった。ハリーはバーバラを迎えに来てはデートに連れ出し、ロサンゼルスの中でもとりわけ上品なレストランでろうそくの明かりに照らされた夕食を共にした。ハリーは保険会社で働いていて、会話が巧みだ。二人はごく自然に夕食の後はダンスをして、そして手を取り合って夜遅くまで話し込んでいたし、最後の瞬間までデートを楽しんでいた。

ある土曜日の夕方、ハリーはダンスに行こうと早い時間にバーバラを迎えに来て、とりわけ彼女が可愛らしく見えると褒めた。彼女はハリーが好きな、大きな白い襟のついた身体の線が引き立つ黒のニットのドレスを着ていたのだ。二人は連れ立ってアローヨ・セコ駅からパサデナの殺風景な茶色の丘の間を通り、サンガブリエル山脈を登っていくと、ロサンゼルスの町並みが開けてきた。建物の屋根に午後遅くの日差しが照り返していて、海と山の間に収まった街は小さく見える。「こんなに早い時間からどこへ行くの?」とバーバラが尋ねても、「すぐわかるよ」とハリーはいたずらっぽい微笑みを浮かべて答えるだけだった。

ハリーは、生きる喜びを感じたいと強く思っていた。彼は、医師のもとで最後の診察を受けて、健康体だと宣言されたばかりだった。ほんの二、三ヵ月前、癌の可能性があると医師に告げられて恐怖の日々を過ごしてきたのだ。一九五〇年代、癌は不摂生な生活の代償であるという思い込みから、死の恐怖に加えて罪の意識まで与える病気だった。自分が病気でもなんでもないとわかって、ハリーは誰かと共にそのことを祝福したかった。だから、バーバラの元へ飛んできたのだ。

二人が着いたのはバーバンクのハリウッド・ロッキード空港だったので、バーバラはびっくりした。驚きのあまり、どこへ行こうとしているのか説明してほしいと頼み込むバーバラを見て、サプライズの大成功にハリーは嬉しくなった。バーバラがハリーの腕をつかむと、ハリーは笑って頭を振り、「説明している時間はないよ。飛行機に遅れないようにしないと」と言ったのだった。二人が飛んだ先はサンディエゴで、タクシーを捕まえて向かった先は、有名なホテル・デル・コロナードだった。「ダンスしに行こう、って言っただろ?」と彼はバーバラをからかった。「それから、今日中に家に帰らないとね」。

バーバラは、海を望む場所に立つ白く堂々としたホテルの眺めに息を呑んだ。屋上の赤いタイル張りの小塔の上で、アメリカ国旗が風にはためいている。女優のジョーン・クロフォードやドナ・リードのような有名人も週末に遊びに来ることで知られたホテルだ。ルシル・ボールやデジ・アーナズがコメディショーを演じ、まだ有名になる前のリベラーチェがピアノを演奏することもあった。ドアをくぐって入っていくだけで、バーバラもスターになったようだ。

日が沈む頃、二人はデッキに立って腕を絡ませ、バーバラは頭をハリーの肩に預けていた。「これが恋するということなんだ」とバーバラは思ったが、それを口に出す勇気がなかった。恋をして、結婚をしたいのかまだ確信が持てない。誓いを交わすことも怖い。その瞬間がはかないものだとしても、恋をしているという感覚をただ強く味わっていたかった。バーバラは太陽の金の円盤が力尽きて海に落ちようとしているのを眺めて、ハリーとダンスをしようとホールの明かりへと向かった。

*

バーバラは将来を見通せなかった。ハリーとの関係がどこへ向かおうとしているのか、そして、JPLの仕事がどうなるのかもわからない。オービター計画に取り組んでいたときは、目標は明確だった。世界初の人工衛星を開発するのだ。計画が頓挫した今、研究所の目標は不透明になった。フォン・ブラウンのレッドストーン・ロケットとベイビー・サージェントを組み合わせようという取り組みは続けられていたが、レッドストーン・ロケットは「ジュピター・ロケット」と名を変え、弾道ミサイル計画として資金を受けていた。

JPLはしまい込まれた部品と以前に作った設計を引っ張り出してでも衛星を作ることを諦めていない、とそのときのバーバラが知ったら嬉しかっただろう。研究所は、軍の指揮命令を無視してでも計画を進めようとしていた。共謀者であるフォン・ブラウンとレッドストーン・チームと共に、JPLはノーズコーンの試験を始めていた。目標は、地球の大気圏に再突入する際の破壊的な影響を克服できるようなノーズコーン〔ロケットやミサイルの円錐状の頭部〕を開発すること、とうまく言い繕った。問題は、再突入の際に空力加熱によって熱が発生し、可燃性の気体が発火してノーズコーンが炎に巻き込まれて損傷してしまうということだ。ノーズコーンの試験を行うためには、実際にロケットを作って大気圏外に打ち上げなくてはならない。そこが肝心だ。ジュピター弾道ミサイル計画、という装いの下で、ＪＰＬとフォン・ブラウンのチームはレッドストーン・ロケットにベイビー・サージェントを結合した。それはまさに、オービター計画のために計画されたロケットだった。

新しい設計のロケットは「ジュピターＣ」と呼ばれ、コンピューターたちはただちに最適の構造がどうなるか計算を始めた。四段型ロケットになる予定だ。第一段はレッドストーン・ロケットを活かして底部に据える。第二段は一一基のベイビー・サージェントをぐるりと並べた回転槽で、さらに第三段にも三基のベイビー・サージェントが同じように取り付けられていた。最終段となる第四段にはノーズコーンの部分に搭載禁止の人工衛星がペイロードとして含まれ、一基のベイビー・サージェントが宇宙へと押し上げる役目を果たす。未許可の第四段は、紙の上の設計だけとなっていて、実際にロケットに衛星を積むことは許されていなかった。

小型の電動モーターが回転槽を回し、発射の直前にエンジンを始動させる。回転槽はロケットを安定させ、個々のベイビー・サージェントの推力にわずかな個体差があったとしても問題が発生しないようにする役割があった。ロケットが上昇するにつれて徐々に回転が速くなってロケットをより安定させる。そうしないと、ベイビー・サージェントの推力の不均衡からコースが曲がってしまう問題があったからだ。ヘレン・チョウはこの計算の重要性をよくわかっていた。宇宙を航行するレッドストーン・ロケットと安定化のための回転の間にずれがあれば、システム全体が振動でバラバラになってしまい、後には残骸しか残らない。そんなことが起きないよう、発射直前には毎分五五〇回転、発射から七〇秒後には毎分六五〇回転まで増速、とヘレンは弾き出した。最終的には、発射から一五五秒後に毎分七五〇回転まで速められれば、ミサイルは弾道の頂点に達するまで軌道を維持できる。この設計が正しいと確信を持てるまで、ヘレンは何度も再計算した。地上試験での計測値が届いて、これまでにないこの試みにヘレンも自信を持てるようになった。

エンジニアたちはヘレンの能力に驚嘆していた。彼女の計算は迅速かつ正確だ。数学の知識は非常に高く、もし彼女が男性として職を求めていたら、エンジニアとして採用された可能性も高かっただろう。ただ、これは多くのコンピューターたちに当てはまることでもある。コンピューターたちが受けた教育は、科学の分野で学部卒業資格を取得する場合と共通のもので、機械工学の分野で職に就きたいと若い男性が望むときにも受けるべき教育だったからだ。ヘレンはすぐに、一見不可能に思える課題を解決できる最高の仲間としてエンジニアたちのお気に入りになった。

一方、マリーとＪＰＬのエンジニアたちは、コーポラル・ミサイルの初期の誘導システムを発展させた「マイクロロック」と呼ばれる、新たな追跡システムを計画していた。マリーは、出力信号が入力信号と同期する「位相同期ループ」がうまく動くように、ノートに書き付けて計算していった。キッチンの壁掛け時計が遅れてきたときには、ほかのもっと正確な時計に合わせて修正する必要がある。それと同じ理屈で、位相同期ループは、キッチンの壁掛け時計に相当する、衛星からの信号と周囲のノイズが混ざった電波を受けて、その周波数をもっと正確な時計であるノイズのない人工の参照信号と比較する。さらにマリーとエンジニアたちは、全長七・六メートルのトレーラーに収められた機器が、四八〇〇キロメートル以上離れたところでも一ミリワットの微弱な信号を検出することができるように調整した。衛星の電力が小さいため、無線周波数に乗せて送信されてくる宇宙からの信号は、周囲のノイズよりもかすかだ。とにかく高感度であることが大切なのだ。位相同期ループでノイズを取り除いた信号は、上空を通る衛星を数センチの精度で検出できるくらい感度が高くなった。将来、人工衛星を打ち上げるチャンスがあれば、マイクロロックは衛星を追跡できる最高の手段へと仕上がっていった。

ある日の午後、バーバラは売店のそばで「まあ、ジュピターCがどこに向かうのかはわからないかもしれないけど、今晩マギーがどこに行くのかはわかっているよね」とマギーを容赦なくからかった。マギーは赤くなって金曜の夜の計画を否定しようとしたが、女性陣は追求をゆるめなかった。ジニーも「今月は毎週末だもんね」とマギーの頬が赤くなっていると笑う。コンピューターたちは、マギーとエンジニアの一人との間に芽生えたロマンスについて、なにかと話題にしては楽しい時間を過ごしていた。二人が研究所の周囲でぎこちない会話を交わしたり、慎重に目を合わせないようにしているところを見られていたのだ。二人の交際の真剣さのほどは、研究所の誰もが知っていた。マギーは計算室で一番若く、デートにも不慣れだった。その若さと美しさのせいで、マギーは絶えず過小評価されていた。彼女は計算室で最も明るい女の子の一人で、無限の可能性を秘めていた。

計算室の全員がマギーには大学に進学してほしいと思っていたし、履修案内がマギーの机の上に置かれていることもしょっちゅうだ。コンピューターたちはマギーをからかいはしたものの、エンジニアとマギーとの交際が進展しているのを本当は心配しながら見守っていた。「あのエンジニアが相手だと、マギーはちょっと頭が良すぎない？」とバーバラは言ったものだ。「二人が結婚してもうまくいかないと思うの。長続きしないでしょう」。

コンピューターたちがマギーのことを心配している頃、ヘレンははるばる中国から彼女を探し当ててきた旧知の人物と驚きの再会を果たしていた。彼女が知っていたアーサー・リンは、嶺南大学で専攻科目を歴史に決めるまで、学科をつまみ食いしていたのんきな若い男だった。第二次世界大戦によって卒業が遅れ、アーサーは大学を卒業するまでヘレンの二倍の時間をかけていた。アーサーは卒業後に入国管理局で働いている友人とパーティーで会ったとき、出し抜けに「アメリカに行かないか？」と聞かれて驚いたものだ。アーサーは友人が冗談を言っていると思ったのだが、翌日にはビザの書類を持ってこられてさらに驚いた。だが気が付くと、アーサーはロサンゼルスに向かっていた。

彼はすぐにヘレンと連絡を取ったのだが、再会後の二人の立場は以前とは反対になっていた。アーサーはもうキャンパスの重要人物ではない。ヘレンは輝くように活躍していたが、アーサーはかすんでいた。アーサーは活動的で賢いヘレンに感銘を受け、二人はデートをするようになった。

ＪＰＬでのヘレンは、新しい恋愛生活のことを思い返す時間などほとんどなかった。ジュピターＣ計画の仕事でとにかく忙しかったのだ。設計通りに作られ、マイクロロック・システムも取り付けられたロケットの準備が整い、いよいよ最初の試験を行うことになった。コンピューターたちは一九五六年九月一九日の深夜から作業を開始した。ジュピターＣの初打ち上げは夜一〇時四五分から始まる。ヘレンは緊張のあまり食べ物が一口も喉を通らず、二、三時間前に飲んだコーヒーにまだ胃の中がかき回されているように感じていた。彼女の身体はカリフォルニアにあったが、心は約四八〇〇キロメートル離れたフロリダ州ケープ・カナヴェラルの第五発射台に飛んでいた。

打ち上げは秘密で、知っているのはアメリカ合衆国政府だけだった。ペンタゴンでは、当局の関係者が心配のあまり手をねじり合わせていた。軍は、単なるノーズコーンの実験だとしてジュピターＣの本当の意図を隠そうとしたＪＰＬの危険な企てに惑わされはしなかった。打ち上げは計略かもしれないと軍は疑っていた。ロケットの打ち上げとノーズコーンの性能試験ではなく、実際には世界で初めての人工衛星の打ち上げを目撃させられているのかもしれない。冷戦の緊張が高まっている中で、もしもアメリカ軍が世界初の衛星を打ち上げたとすれば、政治的な影響があるのではないかとアイゼンハワー大統領は恐れていた。こうした懸念だけでなく、軍隊が秘密裏に開発していたミサイルの機密性を維持する必要もあった。打ち上げによってトップ・シークレットのロケットが大見出しに踊るようなことはあってはならない。

実際には、ペンタゴンが心配するようなことは何もなかった。ジュピターＣが世界初の人工衛星を打ち上げることができないような措置がとられていた。ロケットの最上段となる第四段には推進剤が積まれていなかった。ベイビー・サージェントは、空っぽのまま最上段に取り付けられていたのだ。一番肝心なことは、ロケット最上部のノーズコーンの部分に人工衛星は積まれていなかったということだ。代わりに、重たい砂袋が据えられていた。

予定通り、ジュピターＣミサイル「ＲＳ－２７」は、アメリカ東部標準時の九月二〇日午前一時四五分に打ち上げられた。ロケットはゆっくりと上昇を始め、白煙が発射台に広がる中、支持アームが倒れて離れていった。ロケット上段のベイビー・サージェント・ミサイルの回転槽が回転を始め、スピードを上げるにつれて黒と白の縞模様がちらちらと光っていた。離床と共に噴煙と炎がロケットのノズルからまっすぐに噴き出す。ロケットはすぐに見えなくなったが、パサデナの管制室ではヘレンは数値を注視していた。ＪＰＬのメンバーは、勇壮なロケットが地球から飛び立っていくようすを見たいと願っていたものの、打ち上げそのものを見ることはなかった。マイクロロック・システムのおかげで、画像は必要なかった。数字だけで宇宙空間を飛行するロケットの軌道を追跡することができるのだ。

ヘレンの手はノートの上で飛ぶように数字を書きとめ、第一段のレッドストーンが分離し、第二段の一一基のベイビー・サージェントが落下するまで六秒間燃焼する、と弾き出した。そして、第三段となる三基のベイビー・サージェントが点火、大気圏を通り抜けて繊細な機器をさらに高くまで押し上げる。第三段が分離すると、最終段に搭載されているのは人工衛星ではなく砂袋だったが、歴史上最も高速で移動する人工物体となった。砂袋の速度がマッハ一八、高度五三七〇キロメートルという最高記録に達したことがわかると、ヘレンは目を見張った。数値が確かめられるとカリフォルニアのJPLは興奮に湧き、アラバマのフォン・ブラウンも喜びのあまり本当に踊り出した。打ち上げは想像以上の大成功だ。高揚感と疲労がヘレンの中を駆け抜け、喜びのあまり思わず中国語で叫んでしまった。彼女たちはやり遂げたのだ。たとえ人工衛星が乗っていなかったとしても。

お祭り騒ぎが静まると、ヘレンは椅子に沈み込んだ。感情があふれてきて、成功して嬉しいのだが、もっとできたことがあったのに、とも思ってしまう――砂袋なんかではなくて第四段に衛星が積んであったら、今ごろは軌道上に世界初の人工物体を送り込んだお祝いだったのに。私たちの設計通りにロケットの最終段に航法装置と燃料を積んで衛星を乗せていれば、今この瞬間にだって、私たちの作り上げた子が地球を周回しているはず、とヘレンもその場の誰も思っていた。空腹と睡眠不足で空虚な中で、何かを失ってしまったような感覚がヘレンを襲った。目には涙があふれ、個人的には誰かにだまされているように感じた。だが、まだ希望があった。今度こそ、私たちにチャンスが与えられるはず。ヘレンはそう思った。

第6章　九〇日と九〇分

一九五七年一〇月四日、ワシントンDCは少し肌寒い、晴れた夜だった。JPL所長のビル・ピッカリングは、国際地球観測年（IGY）参加国が集う一週間の会議のためにワシントンDCにいた。月曜日にソ連代表のアナトーリー・ブラゴヌラヴォフが進捗状況を報告した。彼の話を、通訳は「われわれの人工衛星の打ち上げはかなり近づいてきている」と訳した。だが、ピッカリングの隣にいた男が身体を傾けて囁いた。「ロシア語ではそうは言ってないね。彼は打ち上げが差し迫っている、と言ったんだ」。ピッカリングは頷いたものの、さほど気に留めなかった。ほんの数ヵ月前の六月にも、アイゼンハワー大統領は、IGYへのアメリカの貢献について話す際に同様の発言をしている。衛星打ち上げは近い。だが、「いつ」と明言できるのかはわからない。

金曜日の夜になって、ピッカリングは金色に縁取られたソ連大使館の目を見張るような大ホールに足を踏み入れた。螺旋階段の手すりに金箔が太い線を描いており、大理石の柱とクリスタルのシャンデリアに光を跳ね返していた。カクテルパーティーは、会議の閉幕を祝う科学者、政治家、ジャーナリストでいっぱいだった。ピッカリングは月曜日に警告を受けていたのだが、その晩に起きることに対して何も備えができていなかった。

この一年は、ＪＰＬにとっても挑戦が続いた。九月のジュピターＣの試験が記録を塗り替えてみせた後、今度は誘導装置の機能不全のために翌年の五月の試験は失敗となった。ロケットは軌道を外れて海に落下し、回収したペイロードはサメにボロボロにされてしまっていた。

三回目となる八月八日の打ち上げは完璧だった。ロケットの各段は次々にうまく分離され、ジュピターＣは高度を上げていった。ロケットには第四段階の燃料まで積まれていたが、その先端に搭載されていたのは衛星ではなく砂袋だった。ミサイルのノーズコーン試験というプロジェクトの目標としては成功だ。打ち上げ後に回収したノーズコーンは、大気に再突入する際の極限環境をくぐり抜けても無傷だった。コンピューターたちは再突入の影響を計算してみて、この経験はコーポラル・ミサイル計画にも役立てられるとわかった。極端な熱と摩擦は、大気圏に突入してくる物体を完全に崩壊させてしまう。小惑星や天体のかけらのように大きな岩であっても、可燃性のガス、つまり地球上の生命が呼吸している空気に当たると赤く輝く火の玉になってしまう。流星が燃え尽きてバラバラになるまでに、その温度は摂氏一六〇〇度以上に熱くなる。およそ一〇〇トンもの天体のかけらが毎日地球の表面に降り注いでいるのだが、大気のおかげで巨大な岩ではなくただの塵になってしまうのだ。

大気圏再突入に耐えるよう、次世代のノーズコーンが設計された。従来はロケットにかかる抗力を減らし、打ち上げ後に大気を通過しやすくなるように、尖った針が取り付けられていたが、新型のノーズコーンはぼってりと膨らんでいた。アメリカ中のエンジニアたちが、円錐形ノーズコーンは極限環境でほとんど保護の役割を果たしていない一方で、鈍頭の形状なら次々と生まれる衝撃波の波の中でノーズコーンのクッションとなり、先端を大気から守ってくれるということを確かめた。カリフォルニア州のエイムズ研究センターの空気力学研究者H・ジュリアン・アレンが提唱した理論によれば、宇宙開発競争の最中では、実際に役立つノーズコーンは不格好に見えるが重要な技術なのだ。

大気の力に耐えられるノーズコーンを取り付けた新しいロケットは、「ジュノー」と名を改められた。軍事に関わりのない新しい名前であれば、ワシントンも平和的な宇宙開発の可能性を納得してくれるのではないかとJPLは期待していた。JPLは、衛星を打ち上げる能力を持っていることをはっきりと示してみせたのだ。政府や軍のお偉方にだって、もうだめだとは言わせない。

その間、海軍のヴァンガード計画は低迷が続いていた。衛星を打ち上げる予定のロケットの開発がまだ終わっていないため、多段式ロケットの打ち上げ試験を別々に行っていた。第一段は一九五六年一二月の雨の夜に打ち上げられた。これは成功したものの、ジュノーと比べると、高度は三分の一にしか到達しなかった。ジュノーはすでに三回の打ち上げを達成し、四段式ロケットとして運用できる状態にあったが、ヴァンガードはまだ二段目の試験も完了していなかった。

にもかかわらず、ジュノーの開発中止という知らせがもたらされ、コンピューターたちは驚愕した。ヘレン・チョウは、ため息と共にノートを保管庫にしまい込んだ。衛星を打ち上げるために必要な事柄はすべて、暗い保管庫に置かれる運命となったノートのページに書いてある。こんなにも実現間近だというのに、研究成果を箱にしまい込まなくてはならないなんて実に悲しいことだ。おかげで研究所の雰囲気はすっかり暗くなった。いつもなら陽気な会話を交わす昼食のテーブルでも、話は弾まなくなった。

マリー・クローリーは研究所の変化を鋭く感じていた。彼女は一年前に計算室を離れて化学部門に異動していた。化学はずっと彼女がやりたいと思っていた分野だ。化学部門の三五人のうち、女性はマリーを含めてわずか三人。マリーは一日中机の上に座りっぱなしではなく、研究所のあちこちへ行くことが好きだった。化学物質と目盛り付きシリンダーに囲まれて、慎重に実験準備をしていると心が休まる。マリーのもう一つの楽しみはガラスを吹くことだった。実験室は標準的なガラス製品を購入してあったが、専用の実験器具を作ったり、手持ちのガラス器具を修理する必要があったのだ。化学を学ぶ生徒は皆、ガラスを曲げたり吹いたりする繊細な技術を身に付ける。マリーはブンゼンバーナーの上にガラスを掲げ、オレンジ色の炎が両脇を包むようすを見守った。ゆっくりと、固いガラスが柔らかくなっていき、素早く回転させるとシリンダーの形ができ、唇を管に付けて息を吹き込むと膨らむ。彼女の手で、ガラスは外側に膨らんでフラスコの形になった。融けたガラスには、空中を流れる水のような美しさがあった。

女性の少ない化学部門は寂しかったので、マリーは昼食時になると自然と元のコンピューター室の友達のところに足が向いていった。屋外のテーブルでは、コンピューターとエンジニアたちが理論的な会話を戦わせている。彼らは、衛星について、宇宙ステーションについて、そして人類を宇宙に送り出すことについて話し合った。だが、ジュノー計画が中止となった今、衛星を打ち上げる機会はあるのだろうか？

マリーはその頃、タンクに入れて兵士が背中に背負える液体推進剤の試験をしていた。これは、液体推進剤ならば標準的な火薬よりも速く弾丸を打ち出せるかもしれないという発想に基づいている。だがこれは危険な計画で、爆発性の化学物質を人の背中に着用させることなどできるのだろうかとマリーは案じていた。彼女は爆薬力の高い硝酸で試してみたが、この物質は腐食性も高い。ある日、無色の液体をビーカーに注いだとき、マリーは突然、腕の皮膚が引き裂かれたかのような激しい痛みを感じた。見下ろすと、痛々しい真っ赤な傷口ができている。大急ぎで腕を洗ったものの、痛みだけでなく、傷跡がいつまでも残ることに気がついて涙が出た。信じられないくらい、自分は愚かだと思った。

この事故で、これまでにない思いが呼び覚まされた。初めてマリーは科学の世界を離れることを考えるようになった。これまでの人生ではずっと研究所で働くことを愛してきたが、今は家族がほしい。夜になると、夫のポールと二人で笑いながら、子供が生まれたらどうなるだろう、なんと名前を付けよう、という夢を話し合ったものだ。ポールが海外に出征していたときから、何年もの間マリーは働き続けてきた。ポールはようやく家に帰ってきて、やっと準備ができた。マリーは母親になる日が待ち遠しかった。

妊娠していたことがわかって興奮が湧きあがると同時に、マリーは毎日を過ごす職場の化学物質、特に放射性物質のことが不安になってきた。お腹の子に害があったりしないだろうか？　彼女も同僚の化学者も防護服など何も着用していないし、安全管理手順もほとんどなかった。硝酸の事故で実験室の危険を思い知らされている。家族のようになった職場の仲間や愛した仕事を離れるのは辛かったが、出産が差し迫っているという不安でいっぱいだったマリーは、やむなく研究所を辞めることにした。

マリーと同じく、ジャネスも妊娠してＪＰＬを離れていた。育児休業にあたって、選択肢はあまりなかった。幸い、いったんは辞めなければならなかったものの、二人の子供が生まれた後でジャネスはロサンゼルスの民間企業、ラモ・ウールリッジ社で化学部門のエンジニアとして職に就くことができた。ＪＰＬでの経験は、航空工学の分野で就職するには最高の経験を与えてくれた。仕事につけたのは嬉しかったが、ＪＰＬの友達が懐かしい。あんなに絆の固い女同士の仲間は、ほかにはいない。

ジュノー計画も今は手の届かないところにあったが、だからといってＪＰＬのピッカリングも、アラバマの陸軍弾道ミサイル局のウェルナー・フォン・ブラウンも、人工衛星を打ち上げる計画を諦めてなどいなかった。政府は最終的に人工衛星を開発する計画を認める。彼らはそう信じていた。そうなったときには、必要だと思われるものは最低限揃っていなくてはならない。だからすべて取っておいて、引き続き訴えを続けていた。

*

そして、その賭けは当たろうとしていた。一九五七年のこの一〇月の夜、豪華なソ連大使館で社交に勤しんでいたピッカリングだが、『ニューヨーク・タイムズ』の科学記者ウォルター・サリヴァンが人をかき分けて近づいてくるのに気づいた。サリバンは近づくなり「人工衛星について、ソ連は何と言っていますか？　モスクワ放送は、衛星が軌道に乗っていると言うんです」と質問してきた。このときピッカリングは、間もなく「スプートニク」として世界中に知られることになる人工衛星について初めて知らされ、愕然としたのだった。このニュースがカクテルパーティーの席に広がると、ウォッカが次から次へと出てきた。誰もがソ連衛星の成功を祝って乾杯だ。そして、人工衛星はアメリカ人の頭の上を飛びながら、九六分ごとに勝利の歌となる発振音を奏で続けていた。

その晩、アラバマではスプートニクに対する反応として、フォン・ブラウンがレッドストーン兵器廠を初めて視察に来た新任の国防長官ニール・マッケルロイに嘆願していた。「ヴァンガードでは無理です。もう、打ち上げるだけのロケットも衛星もあるんです。お願いです。許可をください。私たちにやらせてください。六〇日あれば衛星は打ち上げられるんです、マッケルロイ長官！　六〇日で衛星を打ち上げてみせます！」。フォン・ブラウンの上官であるジョン・メダリス少将がそれをさえぎった。「いや、ウェルナー、九〇日だ」。だが、マッケルロイはその言葉には動かされず、何も答えずにワシントンに戻っていった。

ラジオからスプートニク成功のニュースを聞いて、ヘレンは心臓が止まりそうになった。ソ連がやすやすとやってのけたことを思うと、気が狂いそうだ。彼女はＪＰＬがこっそり開発した秘密の衛星のことを思った。それは現在は保管庫に隠されている。衛星は細長い筒状で、今も頭上を飛んでいる輝く球形のスプートニクとはかなり違う姿だ。今にあの子の出番が来るから。ヘレンはそう信じていた。

驚いたことに、研究所の人工衛星の出番はまだ来なかった。スプートニクはアメリカ中に不安をかき立てていたのだが、アイゼンハワー大統領はＪＰＬとフォン・ブラウンに許可を与えなかった。一年も前に衛星を打ち上げられた可能性があることを軍は認識していたが、政府は、人工衛星は軍とは無関係でなければならないという考えに頑として執着していたのだ。政府は、衛星を宇宙に打ち上げるならば、軍事力ではなく探査の精神が基本にあることが明白でなければならないと考えていた。この微妙な違いを無視すれば、宇宙競争が宇宙戦争に変わるかもしれない、とアイゼンハワー政権は懸念していた。

政治家はヴァンガード計画の成功を待っているのだろう。だがパサデナでは、コンピューターたちはどうしても自分たちの計画と比較してしまう。誰もが大統領について不平を漏らす中で、バーバラ・ルイスも不満と苛立ちを感じていた。中でも最大の不満は、スプートニクでは科学的にわかることはほとんどないという事実だ。ソ連の衛星は温度と大気圧を測定しただけだ。JPLは、同じ程度のものなら前の年に簡単に打ち上げることができた。こうなっては、ロシア人と同じことをするだけではだめだ。アメリカ人ならもっと優れていることを示さなければならない。これを心に刻んで、JPLはレッドソックス計画の準備を始めた。

ヘレンは初めてその計画の内容を聞いて、なんと途方もないと思ったものだ。それは、月へロケットを送る企画だった。ジュノーを強化し、さらにベイビー・サージェントを追加して、マイクロロックシステムを使ってロケットを追跡する。バーバラは計画の目的の一覧を見て笑った。

① 画像を撮影する。
② 宇宙の誘導航法技術の洗練を図る。
③ 世界に感銘を与える。

コンピューターたちは月への軌道を真剣に計算し始めたが、本当の仕事というよりは見せかけのゲームのように感じていた。JPLの練り上げられた人工衛星の計画を拒絶した政府が、こんな途方もない宇宙の旅を承認するとはとても思えなかった。実際、レッドソックス計画はうまくいかなかった。スプートニクを追う立場としては素晴らしい提案が山のように盛り込まれていたのだが、国防総省は九機ものロケットを月に送るという計画を本気で検討はしなかったのだ。ただ、コンピューターたちは試算を捨てはしなかった。将来役に立つかもしれないと思って、整理して取っておくことにしたのだ。

コンピューターたちが非現実的な旅の構想を練っている間に、ソ連はスプートニク2号を打ち上げていた。二番めのソ連衛星は技術的に進歩し、太陽からの放射線や宇宙線を測定するガイガーカウンターや分光計を備えていた。もっと印象的なのは、宇宙に打ち上げられた最初の生き物となった、ライカと名づけられた五キログラムほどの犬を乗せていたことだ。ある晩、ＪＰＬのエンジニアとコンピューターたちは一緒に集まり、研究所の外に立って夜空を眺めた。衛星は気ままな星のように空を横切って駆け抜けていく。誰もが激しい羨望を感じていたが、同時に頭の上に工学的な偉業が実現していることに驚嘆した。計算してみると、小さなライカは打ち上げからわずか数時間後に死亡してしまったはずだが、そうは言っても決して軽視することはできない成果だ。ソ連は「四本脚の宇宙飛行士」が健康だと高らかに宣伝していたが、暑さのために死んでしまった気の毒な犬は一〇三分ごとに天を巡っていった。

アイゼンハワー大統領が、米国はすぐに衛星を打ち上げると発表してから五ヵ月の間に、ソ連は衛星を二機も打ち上げた。アメリカは、スプートニクが何らかの兵器やスパイ機能を持つ機械かどうかも確かめられていない。情け容赦なく空を飛び続ける衛星と、アマチュア無線の愛好家が受信した謎の発振音とに、アメリカ人は不安と恐怖を感じていた。原子爆弾と水素爆弾によって確立されたはずのアメリカの優位は、宇宙を高速で飛ぶ二つの金属球に奪われていた。負けている状況でのアイゼンハワー大統領の穏健な姿勢は、国民の怒りをかき立てた。マサチューセッツ州選出の民主党上院議員、ジョン・F・ケネディは、「独りよがりによる誤算、一文惜しみの予算削減、信じられないほどの混乱と失態、そして無駄な競争と嫉妬」と大統領に非難を浴びせた。批判者からすれば、アイク（アイゼンハワー）が許しがたい勝利をソ連に与えてしまったのだ。

スプートニク2号の打ち上げから一ヵ月後、ついにヴァンガード計画の衛星打ち上げの日を迎えた。科学と工学の威信をかけた打ち上げを全国に生中継しようと、テレビカメラが準備を整えていた。「点火されました。炎が見えます。ヴァンガードのエンジンが明るく燃え始めました」。一九五七年一二月六日、ラジオ放送でジェイ・バーブリーが生中継を始めた。「ですが待って、待ってください、離陸していません！　ロケットが炎の中に崩れていきます。発射台の上で燃えています！　ヴァンガードは炎の中に崩れてしまいました。失敗です、全国の皆さん、ヴァンガードは失敗です」。

現地で打ち上げを見ていた人々からは、ロケットがほんの数メートル空中に浮かび、そして激しく横倒しに崩れ落ちたようすがはっきりと見えた。地面にぶつかる寸前、ロケットは巨大なオレンジと赤の炎に包まれた。燃料タンクが破裂し、爆発が起きてケープ・カナヴェラルの射場を揺るがした。炎と煙の雲が大きくなり、ロケットの架台よりも高く噴き上がった。おそらく燃料漏れが原因だと考えられているが、このロケットの劇的な崩壊の原因はいまだに完全には解明されていない。

〝すっ転びニク〟〝おおっとニク〟〝ポンコツニク〟そして〝居座りニク〟――新聞の見出し文字が踊った。ソ連は同情を表明しつつも、優越感を滲ませながら技術的支援を申し出てきた。ニューヨーク証券取引所は取引停止となった。幸いなことに、ＪＰＬはすでに忙しく動き始めていた。ヴァンガード打ち上げの一ヵ月前、激しい非難にさらされていたアイゼンハワー政権はついにピッカリングとフォン・ブラウンにゴーサインを出していたのだ。当時のドナルド・クァールズ国防副長官の回想録によると、一一月の上院軍備準備委員会の前で、軍は当初から衛星を開発する任務をＪＰＬに与えるべきであったと証言したことで、政治家は速やかに研究所に対する考えを改めたのだと言う。そして、軍とは独立した宇宙機関が必要ではないかという声が議会で高まっていた。

衛星打ち上げを渇望する研究所へ許可の知らせが届き、コンピューターたちは興奮して躍り上がった。コンピューターたちは引き出しの鍵を開けて設計ノートを出し、エンジニアたちは秘密の保管庫にしまい込まれていた衛星本体を引っ張り出してきた。彼らはこっそり禁じられた衛星開発の仕事を続けてきたのだ。この衛星をすぐに打ち上げようと思えば、長い準備作業が必要になることはよくわかっていた。だが幸運にも、ジュピターＣのおかげで、作業のかなりの部分はもう済んでいる。

打ち上げは「ディール計画」と呼ばれていた。基本的な戦略は、却下されてしまったオービター計画と本質的に同じものだが、ジュピターCでの経験を加味して修正されている。ロケットは四段階型の構成で衛星を打ち上げる。JPLが開発した衛星の本体には、アイオワ大学の天体物理学者ジェームズ・ヴァン・アレンが開発した観測機器が収容されていた。ヴァン・アレンは、観測機器をヴァンガード衛星にもオービター衛星にも適合するよう開発してあり、どちらの衛星に搭載しても困らないようになっていた。

コンピューター室の女性たちは、搭載機器に温度、速度、圧力が与える影響を計算しつつ、何度も何度も軌道を再計算して日々を過ごしていた。興奮と同じくらい不安もある中で、気力を奮い立たせて作業した。のるかそるかの賭けであるが、失敗の余地はない。作業が激務になり、一月二九日の打ち上げ日が近づくと、家庭生活どころではなくなっていった。

ある日、バーバラが早起きして机に向かうと、ジニー・アンダーソン（結婚してスワンソンから姓が変わっていた）が上から下までバーバラを眺めて笑顔になった。「どうしたの？」バーバラは髪に手櫛を入れながら聞いてみた。早朝の暗がりの中で急いで身支度してきて、最近ではその日に着るもののことはあまり考えずに、クローゼットに清潔な服がありさえすれば、一番手近なドレスをつかみ出して着ているのだ。「その靴を見て」とジニーにいわれて見下ろしてみると、片方は青い靴、もう片方は黒い靴を履いてしまっている。二人は吹き出した。バーバラはその日一日、笑いの種を求めている皆に履き間違えた靴の話をして歩いた。

そしてついに、その日が来た。だが、一月の晴れた日にもかかわらず、上空では時速約二九〇キロメートルものジェット気流がケープ・カナヴェラルの上空付近で吹き荒れていたため、打ち上げ予定日は延期になってしまった。翌日も風は弱まらず、午後一〇時三〇分の予定時刻の一時間前に、またもや打ち上げの延期が決定された。エンジニアもコンピューターたちも打ち上げの遅れに憤懣やるかたない。一年以上もこの日を待ち続けてきたのに、あと二日も待てなんて拷問のようだ。

すべてが見込みで動かなければならない真っ最中に、スー〔スーザン〕・フィンレイは一月三〇日に初めてＪＰＬの門をくぐった。研究所がどうしてこんなに大騒ぎしているのかわからなかった。誰もが大忙しで走りまわっていて、誰も彼女と話す時間もなく、彼女の訓練を始める者もいない。スーはあまり気にしなかった。彼女はまだ喪失から抜け出していなかった。彼女は生まれてくる我が子を失ってからわずか一年しか経っておらず、そのときの経験で根本から変わっていた。彼女はキャリアよりもただ子供を望んでいた。母親になりたいという気持ちで頭がいっぱいだった。彼女はＪＰＬでの仕事を長く続けるとは思っておらず、ただもう一度妊娠するのを待つ間に、心の痛みを紛らわせることができたらと考えていたのだ。コンピューターたちが部屋中を行き交い、フリーデン計算機のキーを叩く音が猛烈に鳴っているようすを見ると、彼女たちと同じように仕事に打ち込めるだろうかと思わずにはいられなかった。

一九五八年一月三一日金曜日、ついに風がやんだ。バーバラとマギー・ベーレンスは、長い夜に備えていた。スプートニクが頭上を飛んでいった夜、フォン・ブラウンとメダリス少将は自分たちに衛星打ち上げの許可をもらえれば、九〇日で打ち上げてみせる、と嘆願したのだ。そしてまさにゴールの日を迎えようとしていた。ワシントンが打ち上げミッションを承認してから、わずか八四日しかたっていない。この夜、バーバラとマギーは期待に満ちてパサデナの丘のふもとに建てられた「暗室」、つまりミッション・コントロールセンターに入っていった。二人の目は、夜に車を運転するときのように、ほの暗い光にゆっくりと目を慣らしてバックライト付きの計器がはっきりと見えるようにした。

打ち上げが始まるのを待つ間も緊張が解けないので、マギーはエンジニアのソロモン・ガロムとチェスをすることにした。彼は本格的なチェス・プレーヤーで、『ロサンゼルス・タイムズ』にチェスのコラムを連載しているくらいの実力なのだ。二人は、世の中のことなど気にかけていないかのように、落ち着いてチェスを指した。一方、バーバラは準備を始めることにした。自分のノートをライトテーブルに置いて、その横にシャープペンシルを並べる。ミリメートルでもインチでも測れる便利な方眼紙も用意して、もう一人のコンピューター、ナンシー・エバンスとおしゃべりを始めた。二人とも気軽に話してはいたが、目を時計から離さなかった。待つ間にバーバラはハリーのことを思った。彼と会ったのはほんの数時間前だが、ハリーはバーバラに会えなくて寂しくなると言い、仕事に向かう彼女の隙を見てキスを盗んだのだ。二人はデートしようと約束したが、そうは言ってもバーバラはＪＰＬへ向かわなくてはならない。ハリーは彼女と結婚すると、この先の生活がどんなものになるのかわかり始めていた。

カメラは２６Ａ発射台の近くに入ることを許されていなかった。何かまた、ひどくまずい状況になった場合に備えて、メディアにはアメリカの衛星打ち上げの二回目の試みが予定されているという情報は伝えられなかったのだ。ケープ・カナヴェラルの午後一〇時四八分、ロケットは点火し、発射となった。ロケットが視界から消えた後、アメリカ国家安全保障会議（ＮＳＣ）のメンバーのリチャード・ハーシュが衛星を正式に「エクスプローラー」と命名した。ペンタゴンでは、フォン・ブラウンがピッカリングに「ここからは君に任せるよ」と告げていた。ロケットはもう手の届かないところにあり、成功するよう祈ることしかできない。成功なのか失敗なのか、ＪＰＬが確かめるしかないのだ。パサデナでは、テレタイプからデータが届き始めていた。バーバラは仕事を始め、鉛筆が猛烈に紙の上を走っていった。

ライトテーブルに向かいつつも、バーバラは背後に立っている三人の高名な男性の存在感に威圧されていた。一人は、リチャード・ファインマン。カリフォルニア工科大学の著名な物理学者だ。もう一人は、ファインマンの博士課程の弟子であり、現在はＪＰＬで宇宙科学部門長を務めるアル・ヒッブス。そして三人目は、カルテクの学長リー・ダブリッジだ。ファインマンはバーバラの後ろに立って、彼女が地球を飛び立つ衛星の速度を計算していると肩ごしにノートを覗いていた。彼は普段は興奮しやすい方なのだが、今はめったにないほど静かにしていた。

ここまでの計算結果は悪くないように思えた。衛星は、地球の重力の力に打ち勝てる速度と軌道に入ることができる適切な角度で飛行を続けている。だが、エクスプローラーが地球を周回する目的の軌道に到達し、カリフォルニアで再び衛星からの信号を検出することができるかどうかが本当の勝負だということは皆が承知している。十分な速度で正しい方向に飛んでいなければ、地球に衝突して何もかもお終いだ。およそ九〇分は待たなくてはならない。西海岸でも東海岸でも、そしてアラバマでも、管制室のほの明るい光の中で、男も女も静かに待ち続けていた。

驚いたことに、ＪＰＬの管制室には所長のビル・ピッカリングの姿がなかった。ピッカリングとフォン・ブラウン、ヴァン・アレンの三人は、本人たちの希望に反してワシントンに行かされていたのだ。政府は、ヴァンガード失敗のときのようにメディアの猛攻を食らう事態はなんとしても避けたいと考えていたが、ミッションの成功が確実になった場合には、三人の〝主役〟をただちに記者会見に出席させるつもりだった。ピッカリングが電話回線をＪＰＬとつなぎ、三人はペンタゴンで知らせを待っていた。

待っている間、ケープ・カナヴェラルの指揮官であるメダリス将軍はＪＰＬへ電報を送った。

メダリス将軍はコーヒーとタバコを手に、辛抱強く待っている

ＪＰＬはこの電報を文字通りの意味のアドバイスだと受け取り、ミッション・コントロールルームは、緊張しつつ待機している人々が吸うタバコの煙が立ち込めた。バーバラはタバコを吸わないし、緊張しすぎてコーヒーも受け付けなかった。返答として、ＪＰＬはカリフォルニア流のくだけた冗談のメッセージを送った。

こちらは気楽にやっている。マリファナに火を付けたところだ。はは《（ママ）》

実際は、気楽にやっているどころではなかった。東海岸で待つピッカリングは、午前零時四一分には望みを捨てていた。もう衛星からの信号が届いていなければならないはずだ。明らかにミッションは失敗したのだ、とペンタゴンの三人は落胆した。九〇日で衛星を打ち上げられるなどと無謀にも主張してみせたことが、あまりにも馬鹿げていたように思えた。

だが、バーバラはまだ作業を続けていた。今はドップラー周波数の偏移を元に衛星の動きを追跡しているところだ。エクスプローラーは大気圏を通り抜けて宇宙空間に入ると、地上の受信機へ電波を送ってくる。救急車が通るとき、見ている人からはサイレンがはじめは高い音で聞こえて、近づくにつれて音が大きく強烈になり、通り過ぎると少し低い音になる。これと同じように、衛星からの電波は地球との相対的な速度に応じて周波数が変化する。周波数が下がるほど、遠くへ飛んでいったということだ。バーバラが時間の経過につれて変化する電波の周波数をグラフにすると、衛星のカーブした天の道筋を描くことができるのだ。

数分経って、静けさは沸き起こるざわめきに取って代わられた。誰もがこれまでの重圧で疲れ果てていた。だが、ついに待ち続けていた信号が飛び込んできた。バーバラは衛星の位置を確認し、何度か検算してから座ったまま振り向いた。「あの子がやったわ！」。彼女の後ろで、部屋中に歓声が爆発した。

エンジニアが最高の知らせをピッカリングに伝えたのは、午前零時四九分のことだった。衛星の信号が検出されるのを待ちわびていた人生で最も長い八分の後、安堵の思いが押し寄せてきた。ピッカリングが喜びのあまり大声を上げると、フォン・ブラウンも「八分とは待たせてくれたな」と感想を漏らしたのだった。ペンタゴンからゴルフ旅行中のアイゼンハワーへ知らせが伝えられると、大統領は就寝中だった。大統領は「あまり大騒ぎさせるな」と応じたのだが、もう遅すぎた。お祝いはとっくに始まっていたのだ。

午前二時、記者たちがフォン・ブラウン、ピッカリング、ヴァン・アレンの待つアメリカ科学アカデミー（ＮＡＳ）の大ホールにぞろぞろと入ってきた。アメリカ初の人工衛星を軌道に乗せたという驚くべき発表の後、三人は満面の笑みを浮かべてエクスプローラーの模型を掲げてみせた。同じ頃、パサデナではバーバラは疲れ果てて動けなくなってしまい、背もたれに身体を預けていた。ＪＰＬでこれまで働いてきた一〇年間の仕事は、このとき大成功を収めた。

＊

一方でマギーは成し遂げたことを喜んではいたものの、この夜の歴史的偉業を理解するにはまだ若く、仕事についてから日も浅かった。とはいえ、エクスプローラー1号の打ち上げの経験は思いがけずマギーの心の深いところに根を下ろし、人生を形作る核となっていく。マギーの人生は、プロフェッショナルとして、また一人の人間として、高く舞い上がろうとしていた。

月曜日が来て、バーバラとマギーはカフェテリアに入る前から聞こえるほどの拍手と喝采で迎えられた。ＪＰＬの全員が祝ってくれた。実験所中の備品をつなぎ合わせた宇宙飛行士の衣装が作られ、「ハードボイルド・エッグスとコーヒーブレイカーズによりＪＰＬで作られました」と書かれた看板にバーバラは大笑いした。コンピューターたちはケーキを食べ、お祝いを楽しんだ。スー・フィンレイはといえば、研究所に来たばかりの身で祝賀に参加するのはやや居心地が悪かったのだが、同時に新しい職場に誇りを感じた。エクスプローラー衛星の成功は、アメリカとそしてＪＰＬのものだ。Ｊ

ＰＬはこれまでほとんど世間に知られていなかったが、突然注目を集めるようになっていた。

数日後の二月五日、ヴァンガード・ロケットは二回めの打ち上げを迎えた。海軍が進める計画が今度は衛星を打ち上げられるのかどうか、コンピューターたちも興味津々だった。エクスプローラー１号が成功したので、もう競争でピリピリせずにいられる。だが、ヴァンガードは大気中を高く上昇したものの、地上に落下してしまい、またもや失敗に終わった。

一方、ＪＰＬのエンジニアとコンピューターたちは、エクスプローラー2号の打ち上げを成功させようと準備を進めていた。打ち上げは三月五日に行われ、ロケットは飛翔していった。第三段までは計画通りに各段は分離していったのだが、第四段となっている一基のベイビー・サージェントは点火せず、衛星は軌道に乗れずに墜落してしまった。おかげで何もかも本当に難しいのだということを思い知らされることになった。衛星の打ち上げに〝いつも通り〟などというものはまだない。

一二日後の三月一七日、ヴァンガードは今度こそ衛星を打ち上げることに成功した。だが、コンピューターたちは海軍の成功のことを考えている場合ではなかった。エクスプローラー3号の打ち上げが九日後に迫っていたからだ。深夜の打ち上げに向けて計画と軌道計算に忙殺される日々だった。この大騒ぎの真っ最中にヘレンは自分の結婚式の計画まで立てていた。アーサーがパサデナのバンク・オブ・アメリカに就職することになって収入も安定したところで、ヘレンと人生を共にしたいと望んだのだ。女性陣は結婚式の話で持ちきりだった。軌道計算の合間に、彼女たちはレース飾りやベールの長さ、花、披露宴の話をしていた。

忙しい最中の結婚式ではあったが、祝い事の続く年でもあった。ＪＰＬは兵器開発から、アメリカによる宇宙探査への第一歩を踏み出したところだ。実際に、彼らはすでにエクスプローラーから科学的な知見を得ようとしていた。アイオワ大学のヴァン・アレンのグループが設計した宇宙線の観測機器は、地球を取り囲む放射線帯〔ヴァン・アレン帯〕の存在を検出したのだ。その存在は仮説であったのだが、エクスプローラーの観測は荷電粒子の層が毛布のように惑星のまわりを包んでいることを実証してみせた。新たにエクスプローラー衛星を宇宙に打ち上げるたびに、科学者はこの放射線帯がどこまで広がり、どのくらい強力なのか地図に描いていった。

しかし、コンピューターたちの仕事は衛星だけでは終わらなかった。少なくとも構想の段階では、月を目指す競争がすでに始まっていたからだ。女性コンピューター陣は、一度は放棄されたレッドソックス計画のために用意しておいた計算結果を引っ張り出した。以前はＪＰＬが宇宙探査の計画を出すと、あっという間に政府から却下されてしまったものだが、今やエクスプローラーの成功を受けて研究所のかせは自由になっていた。コンピューター室はすっかり自信を付け、女性たちは新たな計算に熱心に取り組んでいた。新しい宇宙探査機の軌道を描くときにマニキュアの施された爪を使っている女性を見て、ヘレンが笑った。「月への軌道を指で描くの？」。

爪は雲形定規のとりあえずの代用品だった。雲形定規とは、アールヌーボーのエレガントな曲線に似た渦巻き形の樹脂製の定規だ。この定規は円を描くのではなく、オイラーの螺旋を描くようになっている。一七四四年にレオンハルト・オイラーが考案したこの螺旋の形状は、線が原点から遠ざかるにつれてより大きなカーブを描いていく。この螺旋に沿っていくと、物体を漸進的に増速させられるため、移動していく物体の遷移軌道をうまく描ける。この螺旋を使えば、たとえば鉄道の車両が急激に方向転換して乗客がよろめいたりすることがないような、安全な線路の設計にも役立つのだ。それぞれの渦巻きは長さと勾配が少しずつ異なっていて、コンピューターたちはロケットの軌道を描いた滑らかな曲線の座標へどのようにでもつなげることができた。

ヘレンは一揃いの立派な雲形定規を持っていて、コンピューターたちはいつでも必要なときに彼女から貸してもらっていた。だが、ヘレン自身は軌道計算を始めるときには雲形定規は使わず、専用の4Hのシャープペンシルと方眼紙を取り出して使っていた。まず、ロケットがどこまで遠く、高く飛ぶかを表す二列の数字を計算する。この部分は難関で、ノートの一ページ分を埋めるのに一時間はかかる。次に、記録された数字を元に方眼紙にデータを記入していく。ときどき、黄色いカーボン紙が方眼紙の下からはみ出してしまい、ヘレンはずれた紙を整えなくてはならなかった。電子複写機が登場する以前は、作業を複写しようと思ったらカーボン紙を使うしかなかったのだ。ノートに向かって背中を丸め、ヘレンは最初の列の数字を確かめる。ロケットが地上を約一五〇〇メートル移動すると、高度はおよそ二三〇〇メートルになっている。こうした情報はすべて、ヘレンの方眼紙上では一つの点で表される。ヘレンが方眼紙を埋めると、座標は飛翔するロケットと同じように高みに達している。最後の仕上げに雲形定規を使って点をつないでいくのだ。

ヘレンはコンピューター室で最速コンピューターの座をやすやすと維持していた。午後になると、女性たちはよく計算コンテストを開催した。コンテストは二人から数人で行われ、残りのメンバーが見守る中で、参加者は自分の机に向かって準備を整える。参加者は同じ方程式を課題にし、フリーデン計算機を使ってよい。誰かが「始め!」と叫ぶと、部屋中がたちまち計算機の鳴る音でいっぱいになり、指が数字キーの上を飛ぶように走っていくとさらに喧騒が高まった。コンピューターたちが大急ぎで平方根を計算するので機械式の計算機は震え出し、部屋中に振動が伝わっていった。見守る女性たちの仲間を励ます声援で計算はどんどん速くなる。計算室の喧騒が最高に高まったそのとき、ヘレンが手を挙げて「完了!」と叫ぶ。またもやヘレンの勝利だ。女性たちは笑顔で拍手した。なんだってヘレンに挑もうなどと思ったのだろう。彼女は無敵だった。

ある日の夕方、仕事の後にマギーはスーをドライブに誘った。まっすぐパサデナの家には帰らず、二人は大通りを離れて右へ曲がり、研究室を見下ろす丘を登っていった。二人は道がどこまで続くのか確かめたかったのだ。車は峡谷の道を行き、マギーはかろうじて急勾配を通り抜けた。丘の上にはほとんど何もなかった。乾燥した茶色の丘はちっぽけな藪があるばかりで、見える限り花も咲いていなかった。二人は車から降りて、日没近い午後の光の中で岩の間を歩き回り、太陽が眼下の研究所の窓に反射するようすを眺めた。丘の間で、ＪＰＬはなんだか小さく見えた。あんな小さな建物の中に、あのすさまじい興奮の日々が本当にあったなんて信じられない。二人が頂上まで登ると、スーは暗い空を背に優美な白い光を放っている月を指差した。まだ空に残っている日の光で月の光は弱く、壊れもののように見えた。それでも、月の光は「近づいて謎を解き明かしてごらん」と呼びかけているようだ。スーとマギーは、この謎かけに挑もうとしていた。

第7章　月の輝き

ヘレンが結婚したばかりの夫と共に教会から出てくると、メイシーとバーバラは一緒にライスシャワーを浴びせた。美しいドレスの胴着と肘までの袖がヘレンの身体を包み、流れ落ちるようなレースが彼女の姿をうっとりするほど完璧に引き立てていた。ヘレンは明るく微笑んだ。ロサンゼルス・ヒルトン・ホテルで開催された披露宴では、ヘレンとアーサーは見つめ合いながら舞踏場でゆったりと踊った。バンドが人気の映画『ピクニック』の「月光」を演奏し始めると、ダンスフロアはぱりっとしたスーツを着た男性と、ふんわりしたチュールのスカートを揺らす女性たちでいっぱいになった。小さな声で歌が始まると、バーバラはキャンドルの光が揺れるテーブルでハリーの肩に頭を預けていた。誰もがお互いに、そして頭上の月と恋に落ちていた。

ヘレンが結婚した日、アメリカの宇宙計画も公式のものとなった。一九五八年七月二九日、アイゼンハワー大統領は、国家航空宇宙法（National Aeronautics and Space Act）に署名した。その目標は「地球の大気の内外を航行する課題またはその他の目的のために研究活動を行うこと」と定められ、大統領は四年で既存の研究機関を新体制に移行させることとなった。ピッカリングはＪＰＬが兵器開発ではなく宇宙開発の中心になるよう望んでおり、それは実現に向かっていた。アメリカ航空宇宙局（National Aeronautics and Space Administration, NASA）が設立され、ＪＰＬは惑星探査を開始したいと切望していた。新しい体制のもと、性質の異なる研究機関を集約することで、航空学の研究が根本的に変わっていくのではないかとの展望があった。

ランチのテーブルのまわりでは、コンピューターとエンジニアはその話ばかりするようになった。地球を離れて前へ進むことがやっとできるようになったのだから、月探査の任務だけでは満足できない。ＮＡＳＡ設立の法律に署名したインクも乾かないうちから、ＪＰＬは深宇宙探査の提案を始めた。火星と金星には、月にはない魅力がある。結局のところ、月は三〇〇年以上にわたって望遠鏡で調べつくされてきたのではないだろうか？　だが惑星ならば、ＪＰＬのロケットが届くくらいの、おあつらえ向きに近い範囲にある。それに、そこに何があるのかまだ誰も知らない。もしかしたら、地球以外の生命体だって発見できるかもしれないのだ。

地球に近い惑星への航行を夢見ていたのはＪＰＬだけではなかった。一九五〇年代、火星と金星はアメリカ人の想像力を最高にかき立てていた。太陽系で地球の隣人であるこの二つの惑星は、生命を育む最も良い環境に恵まれていた。科学者たちは、太陽に最も近い水星はあまりにも暑すぎ、外側の惑星である木星、土星、天王星、海王星、冥王星は反対に寒すぎてその大気は生命を支えるには厳しすぎるのではないかと考えていた。天文学者たちは地球のようなうってつけの環境の惑星を探していた。

一九五七年のディズニー映画『火星とその彼方』は、この最高の温度環境にある領域を描いている。「金星、地球、火星の軌道はこの黄金地帯にあります。金星には生命があるのかもしれませんが、この姉妹惑星についてはほとんどわかっていません。金星の謎は厚い雲の奥深くに隠れていて見通すことができないからです。生命が存在できる温度の領域の辺縁、地球の外側にある火星は、太陽系中で生命が存在することができる三番目の惑星です」。望遠鏡で惑星を見ている限りでは、隣の惑星に潜んでいる生命を想像することはたやすかった。

ＪＰＬの中には、二〇年間も研究所の糧となってきたロケットを離れて、宇宙船の設計を始めようとしている者もいた。だが、他の者は、月に探査機を送ってもいないうちから、火星や金星の探査を始めようとするのはいくらなんでも無謀だと考えた。

ハリーもバーバラのようすが少しおかしいと思った。彼女が変わった仕事をしているというだけではない。「何か悩みを抱えているんだね。君はまだ若いし、魅力的だし、結婚してもいないんだから」と彼は主張した。彼の強い勧めで、バーバラはセラピストの元に通うようになった。ハリーは面談が終わると彼女を迎えに来て、コーヒーを飲みに連れて行った。彼女はハリーを愛しているのだが、結婚する心構えがまだできていないのだと打ち明けた。

ＮＡＳＡができたことで、その予算を得ようとアメリカ中に激しい競争が起きていた。軍の研究所はこぞって有利な地位と研究計画を手に入れようとこのレースに突っ込んできた。空軍が二つの月探査ミッションに失敗した後、ＮＡＳＡの本部はこの計画をＪＰＬに命じた。

アメリカは宇宙探査でソ連に打ち勝とうと必死だった。その目標に向かって、ＪＰＬは空軍ではうまくいかなかった月探査ミッション、「パイオニア」と命名された衛星の開発を開始した。空軍ではパイオニアと呼ばれていた衛星だったが、コンピューター室の女性たちは単に月探査機と呼んでいた。この計画は、あの大胆なレッドソックス計画にとてもよく似ている。エンジニアとコンピューターは、フォン・ブラウンのチームが開発したレッドストーン・ロケットから、新しくジュノー・ミサイルを計画に利用することにした。新型の弾道ミサイルは、レッドストーンのおよそ二倍になる六八トンもの推力を持っている。なにしろ地球から三八万キロメートルも遠くへ行こうというのだから、もっと推進力が必要なのだ。

ジュノー・ミサイルに搭載するとしても、基本的に設計はエクスプローラーと同じだった。ベイビー・サージェントと同じ回転槽を使用し、衛星は第四段に搭載する。コンピューターたちは衛星のコースを慎重に計算し、パイオニアを軌道に乗せるために必要なタイミングと速度を正確に決定した。レッドソックス計画を元に始めたことが有利に働き、ＪＰＬは記録的な速さで計画を完成させることができた。おかげで、ゆっくりと設計を評価する時間が取れる。ノーズコーンには白黒の縞模様が描かれ、女性たちはそれをメリーゴーラウンドと呼んでいた。それは、下に続く回転式のロケット槽とよく合っていた。皆でメカニックたちが衛星を組み立てるところを見学した。光沢のある金属のシートが次第に本格的な探査機へと組み上げられていく様は何とも言えなかった。

一二月にはもう、メリーゴーラウンドは打ち上げの準備ができていた。失敗した空軍の探査機のパイオニア1号と2号に続き、パイオニア3号は一九五八年一二月六日に打ち上げの予定だった。その晩、スーの夫のピートは彼女を案じていた。彼は妻がなぜこんなに長い時間働いているのか理解できず、その夜は彼女が一晩中職場に拘束されているように思えたのだ。スーは震えながら小さな管制室に入った。部屋にはテーブルが乱雑に置かれていて、狭すぎるように思えた。スーはもう緊張でいっぱいで待っていて、今すぐにでも作業が始まればいいのにと思って

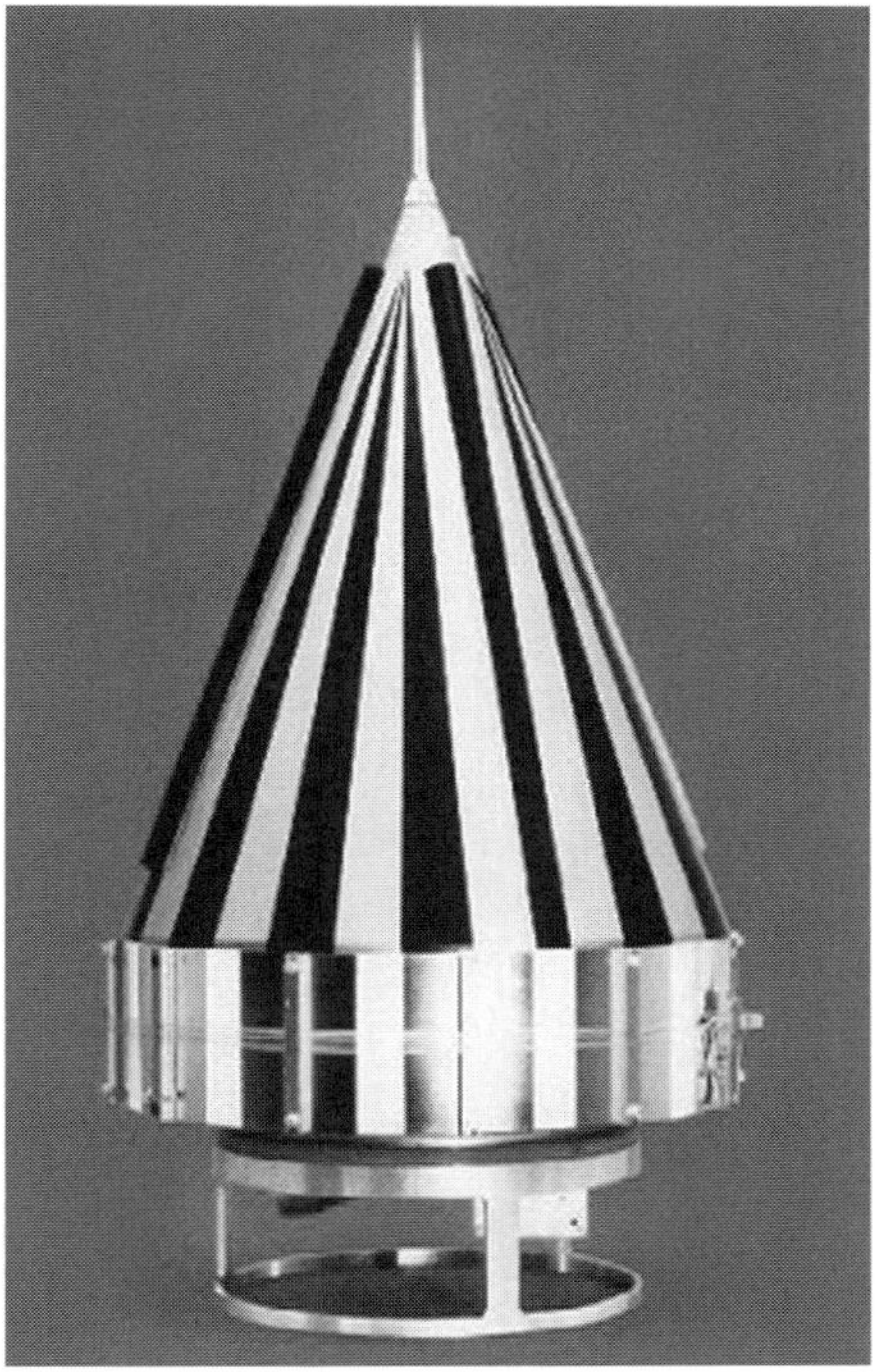

円錐型のパイオニア探査機（Courtesy NASA/JPL-Caltech）

いた。目前となった打ち上げのために準備していると、アル・ヒッブスが彼女の肩越しの席に陣取った。ＪＰＬの宇宙科学部門長として、彼はミッションの成功または失敗をできるだけ早く知りたい。おかげでスーは彼にだけ伝えればよいことになった。気の毒なビル・ピッカリングはまたもやペンタゴンに缶詰となり、知らせを伝えるための電話回線をつないで待っていた。

データが次々と押し寄せてくると、すぐにスーの不安は消え去っていった。机に向かって仕事を始めると、得意な作業で気分が高揚してきた。データは急速に増えていき、スーの鉛筆はページの上を走ってかろうじてデータについていくことしかできなかった。フリーデン計算機を取り出す時間はなく、すべてを手でやらなければならない。ロケットの速度と方向を計算し、スーは脱出速度を弾き出した。ミサイルを発射するとしても、あるいはマシュマロを打ち上げるとしても、地球の重力から脱出するためには、秒速一一・三キロメートルの速度に達していなければならない。真夜中、スーは必死にパイオニア３号がこの魔法の数字に達しているのかどうか判断しようとしていた。

生身の身体を備えたコンピューターに加えて、新しい計算機もＪＰＬに加わっていた。ＩＢＭは少なくともこれまでのところ研究所ではあまり実用になっていなかった。エンジニアとコンピューターたちは、故障が多すぎて当てにならない巨大な機械に頼るよりも、手作業で計算を行うことを好んでいた。

最新式のＩＢＭ７０４は、パイオニア３号のためにＪＰＬに届いた。人間のコンピューターと区別できるよう、機械は単に〝ＩＢＭ〟と呼ばれていた。重さは約一三トンもあり、特別な部屋を用意する必要があった。費用は二百万ドルもして、まったく安くはない。

巨体のコンピューターがかなり洗練されたものになってきていることに、スーは気がついた。キーパンチャーを使って、パンチカードにデジタルコンピューターで使うための簡単なプログラムを書いた。新しい計算機は以前のＩＢＭ７０１よりもずっと強力になっている。陰極線管（ＣＲＴ〔ブラウン管〕）ではなく、より高速で信頼性の高い磁気記憶装置を使っていた。さらに浮動小数点演算ができるハードウェアを採用しており、旧型よりも複雑な演算ができるようになっていた。この機械の出番がそれほど多かったというわけではない。エンジニアはＩＢＭを信頼していなかったし、何かと修理が必要だったからだ。残念ながら、ＩＢＭ７０４はＩＢＭ７０１と同じく真空管式論理回路を使っていた。そのために計算機は発熱しやすく、一時間ほどで真空管が焼け付いてシステム全体が停止してしまう。だが、完璧に動作していたとしても、エンジニアもコンピューターもあまりＩＢＭを信頼していなかった。開発中の宇宙探査機はあまりにも貴重で、気まぐれに新技術を試してみるわけにはいかなかったのだ。高価で巨大な機器は使われないことのほうが多かった。

パイオニア３号の打ち上げの夜、ほんのしばらくＩＢＭを試しに使ってみようということになった。ＩＢＭは打ち上げ時の作業に使うには計算のスピードが遅すぎる。それに、管制室のメンバーは実際に生きた人間が計算した数字でなければ確かなものだとは思えなかった。スーはＩＢＭが計算に取り組んでいてもあまり気にしなかった。ミッションが成功なのか失敗なのかを予測できるのは、彼女の手で計算された数字だけだとわかっていたからだ。

見通しは明るくなかった。ジュノー・ミサイルの燃焼時間が足りない。死に物狂いで計算してみて、スーは頭を振った。これは失敗だ。第一段の不具合のため、続く上段は探査機に十分な推力を与えることができなかった。せっかく一〇万二〇〇〇キロメートルもの高度に達したパイオニア3号が地球に落ちてくるのを見るのは悲しかった。

スーが研究所を出たのは午前六時だった。一晩中仕事をした上に、壊滅的な結果に終わってしまったことから、スーは死ぬほど疲れていた。帰宅すると、ピートが朝のニュースを見ていて、ちょうど失敗に終わった打ち上げの報道が始まったところだった。彼女は信じられないものを見て、突然飛び上がった。「これ、私が計算したの！」と叫んで、スーはつい先ほどまで取り組んでいた数字が黒板にチョークで書かれているところを指差した。信じられない思いだった……自分の仕事が〝ニュース〟になっている。

打ち上げは失敗に終わったが、ＪＰＬが正式にＮＡＳＡの一部となったことはせめてもの慰めだった。一月にエクスプローラーの打ち上げが成功したことで、ＪＰＬは必然的に所属が変わるのだと思われていたのだが、実際には新たな宇宙開発の執行機関と軍、およびカリフォルニア工科大学との間で微妙な交渉が行われることになった。まだ協議を進めている中で、一〇月にＮＡＳＡは組織に科学者を迎えないまま発足した。ピッカリングは、JPLを「国家の宇宙研究所」に指定するよう議会に強く求めていた。だが、議会がピッカリングの求める高い地位を持った名称を認める前に、新しくNASAの宇宙飛行計画局長となったエイブ・シルヴァースタインがなんとも魅力的な新しい役割を研究所に与え、実質的にピッカリングの要求を実現したのだった。NASAの傘下で、JPLは月や惑星の無人探査ミッションの策定と実施、合わせてそのためのロケット開発を担当することになった。

一二月、アイゼンハワー大統領はJPLをNASAの監督下に置く大統領令に署名した。ありがたいことに、研究所の管理は引き続きカルテクに任され、軍の研究所時代に許されていたのと同じ自由と独立を謳歌できるようになった。コンピューターたちも変化を喜んでいた。もう、兵器を開発しなくてもいいし、さらなる科学的探査に参加できるのだ。これは素晴らしい、嬉しいことだった。

＊

一九五八年のクリスマス、ハリーはバーバラの南パサデナのアパートに、ライトでいっぱいに飾られたクリスマスツリーを届けて彼女をびっくりさせた。ハリーはとてもロマンチックなことをさりげなくやってくれる、とバーバラの心も弾んだ。コートを着て、二人は研究所のクリスマスパーティーに出かけた。

その年のパーティーの飾りはＮＡＳＡをテーマにしたらしい。ＪＰＬはキラキラする紙で作ったロケットや星、月を天井から吊り下げて、新しい組織への参加を祝っていた。ホールを借り切った会場でジャズオーケストラが華やかに演奏する中、研究所のスタッフとその恋人たちはダンスした。仲間同士で冗談を言い合って笑ったが、皆、パイオニア衛星についてはできる限り触れないようにしていた。それはたやすいことではなかったが、お祝いの夜くらいは雰囲気を壊したくなかったのだ。飲み物が回ってきたとき、バーバラは一人でいる女の子たちに気を付けてあげなくては、と思い出した。厳しいプレッシャーの中でずっと働いてきた日々の後だけに、パーティーの参加者は羽目を外しすぎてしまうかもしれない。こんな大騒ぎの中でも、女性陣はお互いのことを気にかけるようにしていた。

この一年を振り返ってみると、ＪＰＬのメンバーはエクスプローラーの成功を喜んではいたものの、ほんの数週間前の打ち上げの失敗が苦いものを残していた。バーバラは皆と一緒にクリスマスキャロルを歌いながらも複雑な気持ちだった。だが、傍らに立つ男性の姿に、ようやく決心がついたとわかった。彼女はハリーを愛していて、彼と結婚する準備はできている。新しい年がどんな年になろうとも、少なくとも彼と一緒だ。

＊

一九五九年一月二日、小さな球体がオレンジ色に輝くナトリウムガスの尾を引いて、月に向かって天を駆け抜けていった。地上からの衛星の可視性を高めるためにこのガスは意図的に加えられたものだ。この衛星は、人工の物体として初めて月の表面からおよそ六四〇〇キロメートルという近距離を通過し、それから太陽を回る軌道に入っていった。後に「ルナ1号」と名付けられた探査機は月に着陸できるように設計されていた。目指していた成果には届かなかったものの、ソ連はまたもや目覚ましい勝利を収めたのだ。ソ連は探査機が今や人工惑星となったことを誇っており、競争者たるJPLのコンピューターたちは失望のあまりニュースに不平を漏らした。明らかに宇宙開発競争で負けているではないか。

一九五九年一月、エクスプローラー1号の打ち上げから一周年の記念日に、首都のワシントンでは再びピッカリング、フォン・ブラウン、ヴァン・アレンの三人が集まる光景が見られた。フォン・ブラウンは三人のうちで最も有名で、パーティーに参加した人々の注目を集めていた。だが、今夜の彼は不平ばかり言っていた。JPLがあっという間にNASAの傘下に入ったのに対し、フォン・ブラウンたちアラバマの陸軍弾道ミサイル局は、段階的に廃止される予定となっていた。NASAはスタッフの数を半分に減らし、残りの計画の後始末にあたる従業員だけを残そうとしていたのだ。フォン・ブラウンはまだ決心がついていなかった。民間から五〇〇〇万~六〇〇〇万ドルの資金を集め、研究の規模を維持して大型ロケットの開発を続けようとしたが、うまくいっていなかった。ほかの研究グループも解体の危機に直面していた。NASAは、海軍のヴァンガード開発チームから一五七名のスタッフをメリーランド州グリーンベルトのゴダード宇宙飛行センターに異動させた。JPLの以前の競争相手は新たにゴダードで正式な研究拠点となり、現在ではNASAの宇宙科学の中核を担っている。

カリフォルニアでは、もう一つめでたいことがあった。マギー・ベーレンスが結婚したのだ。彼女は二〇歳で、家族は高校を卒業したらすぐに結婚することと期待していたのだ。メイシーは、マギーが敬虔なカトリックの女性としてすぐに家族を持つだろうと考えた。メイシーもほかの女性たちもマギーのことを高く評価しており、マギーの夫はJPLのエンジニアだが、彼に彼女はもったいないと案じていた。マギーには研究所を辞めたくないと思わせようと、メイシーは彼女に最新機のバロースE101計算機のプログラミングを学ばせることにした。

この機械は、UNIVACやIBM701と704といった、部屋をまるまる占拠するような大型のコンピューターと、女性たちが毎日のように使っているフリーデン計算機の中間にあたる存在だった。不格好な計算機は机くらいの大きさで、かなり騒々しい音を立て、マギーは生のアセンブリ言語でこの機械をプログラムした。マギーはピンボードにピンをいっぱいに挿して機械の上に取り付ける。バロースE101の広告には、「ピンボード・プログラミングなら手計算の時間を九五パーセン

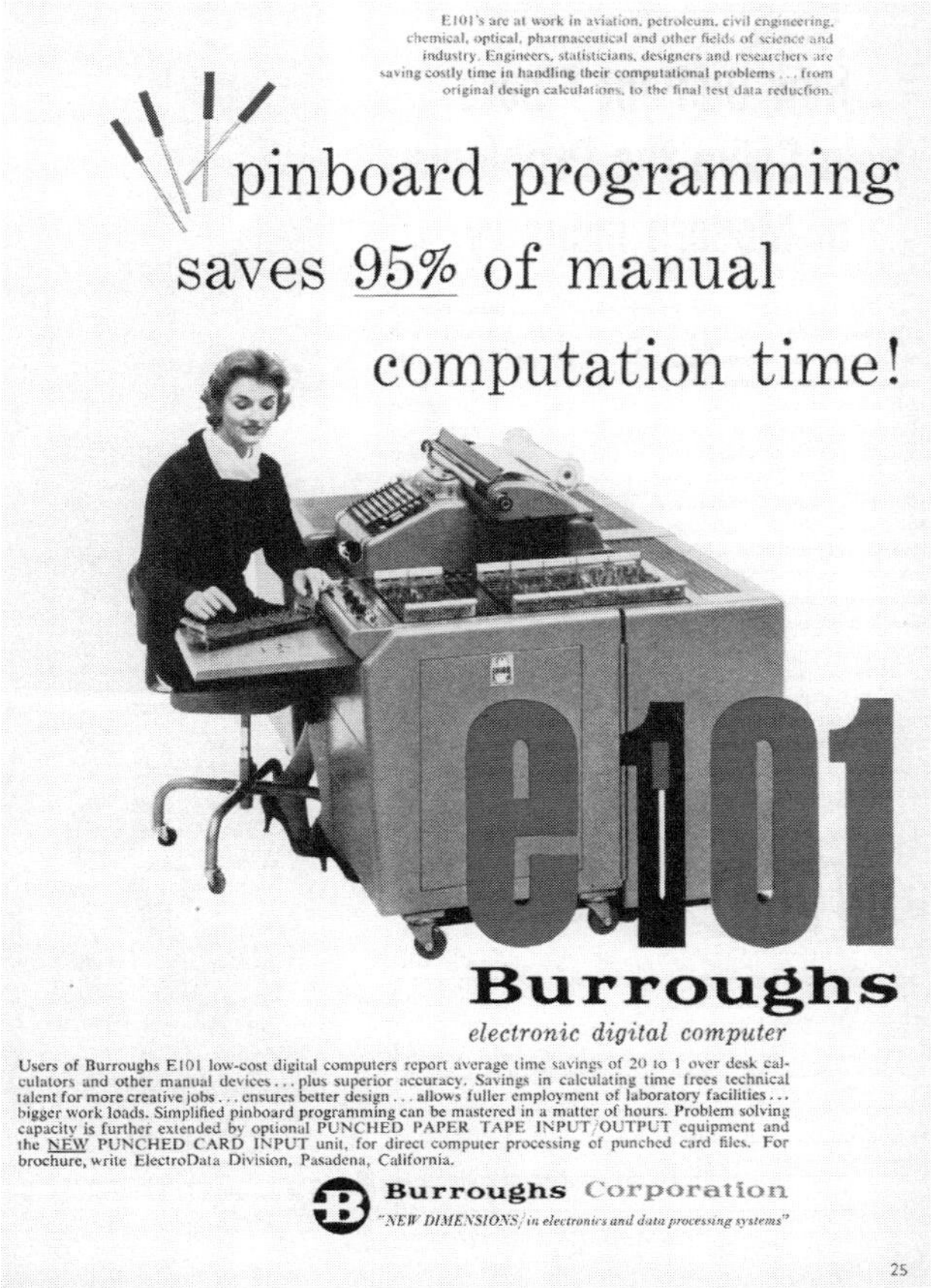

バロース E101の広告

ト短縮できます！」と謳われていた。航空宇宙技術の分野だけでなく、米国の大統領選挙結果の予測にも使われた機械だ。E101のプログラムは八枚のピンボードで構成され、それぞれに一六種類の指令をセットできる。ボードにピンを挿すと必要な計算を実行できる。女性たちからすると、機械は苛立たしいほど遅く感じられた。一秒間に二〇回の加算または四回の乗算を行うことができたのだが、しょっちゅう故障するところがやっかいだった。それでも、新しい技術を使うことができてマギーはわくわくしていた。

一方でJPLとフォン・ブラウンのチームは、共同でパイオニア4号を打ち上げることになった。一九五九年三月三日、探査機は打ち上げられた。今回は第一段ロケットの動作は完璧だった。JPLの管制室では、コンピューターとエンジニアたちが待ち構えていた。探査機が月を通過するまでには四時間半かかる。何人ものコンピューターたちが取り組んだマイクロロック追跡システムは完璧に機能していた。パイオニア4号はソ連の探査機に続いて、第二の人工惑星として太陽のまわりを回ることになった。数日後の早朝に、研究所は約六〇万キロメートル以上も離れたパイオニア4号から、最後の信号を受信した。コンピューターたちは、探査機が軌道上を旅して次に地球から一六〇万キロメートル圏内を通過するまでには、あと一二年はかかるという驚異的な事実に思いを馳せた。

パイオニア4号は成功したものの、ミッションとして物足りないという雰囲気が漂っていた。JPLは、二機のパイオニア探査機を完全に失敗させた空軍に勝ったとはいえ、ソ連には遅れをとっていで、ＪＰＬのスタッフは惑星探査を始めたいという思いに駆り立てられていた。特にピッカリングは、パイオニア探査機は機器の試験的なものにすぎないと考えていた。

太陽系を探査するのなら、もっと優れた衛星の追跡システムが必要になるとエンジニアたちは考えた。アメリカの宇宙機すべてを追跡管制できるディープ・スペース・ネットワーク〔深宇宙通信情報綱〕が考案された。ＪＰＬは、ケープ・カナヴェラルでの打ち上げの際に衛星の初期の軌道データを送信する役割を担っている追跡局を、フロリダとカリフォルニア、プエルトリコに持っていた。ネットワークの要になるのはカリフォルニアの追跡局だ。パサデナの東、モハーベ砂漠のゴールドストーン乾湖には、直径約二六メートル、重さ一二〇トンにもなる巨大パラボラアンテナがあった。ゴールドストーン局は地球から最大六六万キロメートルも離れたパイオニア４号の信号を捉えてその有用性を明らかにしてみせた。だが、これからはもっと遠い宇宙からの声を聞かなくてはならない。

バーバラは初めてゴールドストーン局を見に行こうとしていた。彼女はコンピューター室の監督に昇進したばかり。メイシーが引退したので、皆は彼女との別れを惜しんだ。彼女は長らくコンピューター室にいたので、一つの時代が終わってしまったように感じられた。だがメイシーは六〇代の後半に入ると「もう若い女性に追い付くことはできませんね」と謙虚に宣言したのだった。メイシーと共に監督として長らく働いてきたバーバラが後任になることは、自然な成り行きだった。

もっとも、意地の悪い声もあった。エンジニアの一人のビル・フーバーはバーバラの昇進に不平を漏らした。研究所の運営に不可欠な部門であるコンピューター室の監督には、男性が就くべきだと考えていたからだ。「彼女はすぐに結婚して、妊娠して、そして辞めてしまうだろ」と彼は怒りをぶつけた。

新任の監督として初のモハーベ訪問を控え、バーバラはこんな無神経なコメントのことは気にしているひまなどなかった。そんなことよりバーバラとエンジニアは、ディープ・スペース・ネットワーク計画の構想について検討した。これは、世界の数ヵ所に、十分な距離を取ってゴールドストーンと同様の巨大な無線アンテナを設置し、遠い宇宙からの信号を捕まえようというものだ。宇宙機からのビーコン（無線信号）があるアンテナで追跡可能な範囲からはずれてしまったとしても、次のアンテナがまたキャッチできる。ゴールドストーンのアンテナは計画の中心となり、オーストラリアとアフリカに新しい追跡局が建設されることになった。

バーバラのキャリアが目を見張るような進歩を遂げていた一方で、個人的な生活にも進展があった。一九五九年二月二一日、四年の長い交際を経てついにハリー・ポールソンと結婚したのだ。ＪＰＬの親友たちは教会の外に立って、かつてエクスプローラー1号を軌道に乗せたときと同じくらい喝采を送ってくれた。バーバラはこの上なく幸せだった。ただ、母がここにいて、ずっと娘に望んでいたことがすべてかなったようすを見てほしかった、とだけ思った。

結婚しても、バーバラの仕事に対する考え方は変わらなかった。変わったのは愛称のほうだ。彼女はバーブやバービーと呼ばれることがあまり好きではなく、仲間からはバーバラと呼んでもらうようにしていた。結婚して夫の姓をつなげると、彼女の頭文字はＢＬＰになる。間もなく研究所での愛称は「ブリップ（Blip）」になった。ブリップはこれまで通り新しいコンピューターの訓練にあたり、軌道計算に取り組む日々を送った。次の目標は明らかで、そのための新しい計算の仕事が来ることを切望していた。ＪＰＬは、世界で初めて人工衛星を打ち上げ、月の近くを航行する探査機を実現したソ連に次ぐ二番手に付けている。月の表面に最初に着陸することができれば、ソ連を打ち負かすことができるはずだ。

歴史に残る仕事をしたとはいっても、ＪＰＬにとって月探査は自分たちで賞賛するほどのことでもないと思っていた。各部門の責任者たちにとっても、単に既存の技術を取り出して使っただけで、技術の粋を尽くして限界に挑んだわけではない、という思いがあった。ＮＡＳＡは、とにかく早く月着陸機を実現することが第一で、技術的なチャレンジを盛り込んだりする必要はないと考えていた。ＮＡＳＡの要求を満たしつつも、自分たちのやりたいことを実現させようと、ＪＰＬは月と惑星のミッションに同時に取り組もうと決めた。ＪＰＬとＮＡＳＡの間で軋轢が生じたものの、コンピューターたちは月探査機の軌道計算の作業をしつつ、同時に火星と金星に探査機を送る壮大な計画を進めていた。惑星探査に向けた熱狂的な興奮は明らかで、コンピューターたちもそこに巻き込まれていった。

＊

ある朝、バーバラは特別に気を付けてその日に着るものを選んだ。彼女は濃い色のふくらはぎ丈のＡラインスカートと襟付きシャツの組み合わせの上にカーディガンを着た。お気に入りのつま先が開いたピープトゥのパンプスを履いて、ハリーが結婚式のときにプレゼントしてくれた三連の真珠のネックレスを着けると微笑んでみせた。職場に着いたとき、女性たちは彼女を祝福し、胸に華やかなコサージュを付けている女の子もいた。友人や仲間が声援を送る中、バーバラはビル・ピッカリングに歩み寄って握手した。ピッカリングは「この一〇年間のあなたの貢献に感謝を送ります」との温かい言葉と共に、バーバラがＪＰＬで働いていた年月を記念する輝く金のピンを手渡した。職員に向かってピッカリングはバーバラのミッションに対する大きな貢献について、またさらなる年月を共にできるよう期待していると述べた。バーバラも華やかに笑った。この一年半は素晴らしかった。エクスプローラーが天に向かって飛翔し、希望通り昇進し、愛する人と結婚して人生を共にしている。これ以上何を望むというのだろうか？　ただ、この研究所を離れたくないということだけは確かだった。

第Ⅲ部　1960年代

バーバラ・ポールソン

ヘレン・リン

スーザン・フィンレイ

シルヴィア・ランディ（結婚後はミラー）

第8章　アナログの大君

バーバラはお腹をそっとさすった。医師は部屋を出て行ったばかりで、彼女の手の中には医師の丸っこい筆記体で一九六〇年一〇月と日付が書かれた紙片があった。信じられないことに、自分は母親になるのだ。バーバラは立ち上がって鏡を見て、これまでと何か変わったところがあるだろうかと思った。ハリーはなんと言うだろう。彼は赤ちゃんを熱望していたし、この知らせに大喜びしてくれるだろう。結婚生活は幸せだった。大好きな仕事で日々を過ごし、夜になるとハリーが帰ってくる。これからこの生活のすべてが変わるのだ。

バーバラは時間をかけて服を着た。思いはぐるぐると同じところを回っていた。細いヒールの靴にかかとを滑り込ませると、途方に暮れた。子供を授かることは嬉しかったものの、どうしても研究所のことを考えてしまう。十代の終わりから大人としてこれまでずっと、JPLの壁の中で過ごしてきたのだ。それに彼女は今や責任ある監督だ。簡単に辞めるわけにはいかない。

妊娠して研究所を離れた女性はこれまでにもいたが、バーバラはただ荷造りしてさよなら、というわけにはいかない。彼女の立場は、研究所の成果にはあまりにも重要でなくてはならないものとなっていた。電気工学の博士号を持つ彼女の上司、クラレンス・R・〝ジョン〟・ゲイツ博士と今後の最善の方針について話し合うことにした。これは、大学院での学位なしにエンジニア級の働きをしているという優秀さの表れだ。ゲイツはバーバラが母親になろうとしていることを祝福し、一緒に今後の計画を立ててくれた。ひとまず、バーバラは出産の直前まで働くことになった。

ＪＰＬには緊張した雰囲気が漂っていた。ほんの二、三ヵ月前の一九五九年九月、ソ連は「ルナ２号」を打ち上げた。月探査機は三六時間月を周回して月の表面に衝突し、史上初めて地球以外の天体に着陸した人工物体となった。今や、ソ連は合衆国に対する優位を誇っていた。アメリカ人は、はるか天空でルナ２号がソ連の紋章を刻んだチタン製のペナントを月に置いたという事実を受け入れられずにいた。あらためて、ＪＰＬは巻き返しを図ろうとしていた。

一九五九年一二月、ＪＰＬはさらなる後退を強いられていた。ＮＡＳＡが「ヴェガ計画」の中止を決定したのだ。ヴェガ計画は、複数の探査機を搭載できるロケットを開発し、一回の打ち上げで月、金星、火星にそれぞれ探査機を送ろうという大胆な計画だった。コンピューターたちはすでにこの計画のために数百時間を費やし、研究所は新たに強力なロケットシステムを開発するために一七〇〇万ドル近い費用をかけていた。ピッカリングは、一九六〇年をほとんどこのヴェガ計画に専念しようと目論んでいた。計画が中止となってしまった今、何か新しい策を考える必要があった。

「ジェット推進研究所」という名前に〝推進〟という言葉は残ったものの、JPLが主導する打ち上げロケットの開発計画はこれで最後となった。NASAは研究所の役割を、月と惑星探査ミッションに向けた宇宙機開発に専念すること、と定めたのだ。コンピューターたちはあまり気にしていなかった。なんといっても、宇宙機に取り組む作業ははるかに刺激的だったからだ。

予定がぽっかり空いてしまったので、JPLは急いで別の計画を立てることにした。一九六〇年と一九六一年に「レインジャー」シリーズと呼ばれる五機の月探査機を打ち上げることになった。続いて一九六二年には「マリナー」という探査機を金星と火星に送る。エンジニアとコンピューターたちは金星と火星の探査機には強い意欲を感じていたものの、月探査に対してはどうにも熱意が欠けていた。ヴェガ計画が断ち切られてしまったことで、レインジャー探査機による月計画の予算も予算削減の危機に立たされるのではないか、との懸念もあった。

エンジニアとコンピューターたちは、コンピューター室に集まってはポップコーンを食べながら計画を練るようになった。午後になって大きな窓から陽の光が差し込み、部屋が明るくなるとエンジニアたちがやってきては話を始める。部屋には大勢の若い女性がいるという事情も、おそらくあった。いつからこの習慣が始まったのかはわからないが、今ではすっかり恒例になっていた。午後三時になると、廊下に漂うポップコーンの匂いに引き寄せられたエンジニアたちが次々とドアから顔を出す。コンピューターたちは、順番にホール内の小さな簡易キッチンでポップコーンを作っていた。会話の友のポップコーンは透明な地球儀を半分に切った容器に入っていて、器には緯度と経度の線がまだ残っていた。

皆で月ミッションの技術面について検討していても、ついつい声が大きくなるのは話題が惑星探査になったときだった。「火星や金星探査だってできるというときに、なんだって生命のいるわけもない岩の塊に行かなきゃならないんだ?」と言い出したのは、ベルギー出身のエンジニアの一人で普段は優しい、ぽっちゃりしたロジャー・ブリュッケだ。彼は探査機が一基のロケットから次々と放出され、それぞれ別の惑星に向かうミッションを紙の上にスケッチしてみせた。一回の打ち上げで太陽系探査だってできる。「そのうち一機を月にも送ればいい」と彼は付け足した。

「バブルス、そうしたらもっと強力なロケットが必要になるわね?」とバーバラは笑いながら答えた。コンピューター室に何かとやってくる男性に対して、女性たちは皆で考案したぴったりのあだ名を奉っていた。可哀想なロジャー・ブリュッケには、外見が子供っぽいようすを指す、あまりありがたくない「バブルス」というあだ名が付けられ、レン・エフロンは「レオナ」という呼び名の洗礼を受けた。愛称でからかいつつも、女性たちも会話に加わった。軌道計算の専門知識を持っているのだから、火星や金星に到達するために必要なロケットの推力を見積もることだってできる。皆で面白半分にロケットをどのくらい束ね、長い旅に備えて何段式にするべきか考えてみた。

レインジャー探査機に対して意欲が欠如していることは、問題だった。とはいえ、宇宙開発競争が目指すところは明白だ。月の表面に人間の足跡を刻めば、重力と侵食の影響のないところで何百万年も残る。この足跡がゴールを越える一歩となるだろう。さて、重要なことは、これを刻むのがロシア人とアメリカ人どちらなのかということだ。アメリカが宇宙開発競争で究極の勝利を達成するためには、まず探査機が必要だ。競争に参加してアメリカがソ連を打ち負かそうというのなら、JPLはもう一度これに集中してとりかからなくてはならない。

マーキュリー計画で選ばれた七人の宇宙飛行士――ウォルター・M・シラー・ジュニア、ドナルド・K・〝デューク〟・スレイトン、ジョン・H・グレン・ジュニア、スコット・カーペンター、アラン・B・シェパード・ジュニア、ヴァージル・L・〝ガス〟・グリソム、L・ゴードン・クーパー・ジュニア――にはコンピューターたちも興味津々だった。マーキュリー計画は、アメリカ初の有人宇宙飛行への挑戦であり、地球を周回する軌道に有人宇宙船を乗せる、宇宙で人間の身体能力がどのようになるか調べる、人と宇宙船の両方を安全に回収する、という三つの目標を掲げていた。七人の宇宙飛行士の重要性を認識していたウェルナー・フォン・ブラウンは、ピッカリングに宛てた手紙で「君が知っている中でも最高の一団だ。真面目で、冷静で、献身的でバランスが取れていて、決して大当たりを狙う命知らずなんかじゃない。ただ、工学上のテストパイロットではなく、人間モルモット扱いすると、ものすごく憤慨するよ」と述べている。そして、全米の何百万人もの若い女性と同じく、コンピューターたちもハンサムな男性の宇宙飛行士にすっかり夢中になった。

バーバラのお腹もすっかり大きくなっていた。妊娠七ヵ月に入り、仕事の疲れはあったものの、まだ毎日の仕事は順調に続けていた。ただ、バーバラは丘の上の駐車場から研究所までの長い道が嫌いだった。息が切れて嫌になる。昔は路面電車で研究所に通っていた職員が多く駐車場は空いていたが、今では大勢が車で通勤していて、駐車場問題はＪＰＬでも課題になってきていた。職員ばかりでなく、訪問客や契約企業からの客、政治家なども来るので、駐車スペースはいっぱいだ。毎日、バーバラは駐車場の端まで行かなくては車を停められない。毎朝ふっくらしたマタニティウエアを着て歩いていると、自分がサーカスのテントになった気がした。そこで妊娠を理由に、優先的に車を停められるよう管理部門に申し出てみることにした。管理部門からの返答があり、バーバラは希望の駐車スペースを手に入れるための行動がうまくいったのだと思った。だが、管理部門は「本日ただちに仕事をやめなければなりません」と電話で告げてきた。「妊娠している人を雇用することはできません」と言い、それは安全のためだと言う。バーバラは解雇されてしまった。

大打撃だった。途方に暮れて、バーバラは自分が監督する部下であり、友人でもある女性たちがいる部屋を見回した。さよならを言う時間さえなかった。情熱と専門的技術を注いでいた仕事を奪われてしまい、精一杯取り組んでいたミッションはこの先どうなってしまうのだろう。彼女の人生の一〇年間が目の前で消えてしまった。家でバーバラはハリーの腕の中で泣いた。「私はちゃんとそれだけのことをしてきたのに」。すすり泣きと共にバーバラはそう訴えた。たった電話一本で、バーバラは長いキャリアを持つ類まれな監督から、失業中で妊娠中の主婦になってしまった。

ＪＰＬがＮＡＳＡの一部となってから組織の再編成があった。コンピューターは依然として人間の仕事であり、文字通りすべてのプロジェクトに手をかけていた。ヘレン・リンが重要な位置を占めていると考えた経営陣は、コンピューター部門を新たにミッション・デザイン部門と名称を改め、ヘレンを部門長に据えた。彼女はエンジニアからも、コンピューターの女性たちからも尊敬を勝ち得ていた。メイシーとバーバラが選び抜き、訓練してきた女性たちからなるコンピューター部門は、すぐに「ヘレンの女の子たち」となっていった。エンジニアたちは何かというと彼女たちを〝計算婦〟呼ばわりしたが、当の女性たちはその言葉が嫌いだった。自分たちのことは「姉妹」と呼び合っていた。

コンピューターのグループの中にも侵入者が入り込みつつあった。こっそり入り込んできたのは、以前よりもはるかに性能が進歩した新しいＩＢＭだ。技術の進歩の速さは驚くばかりだ。新型のコンピューターは、真空管ではなく〝トランジスタ〟という三本脚の新しい部品を搭載していた。トランジスタははじめはゲルマニウムで、次第にシリコン〔ケイ素〕で作られるようになった。真空管同様に電気信号を増幅できるだけでなく、トランジスタはスイッチのようにオンとオフを切り替えることで、0と1という二つの状態を行ったり来たりすることができる。トランジスタは真空管よりもはるかに効率的で、電力も設置する空間も大幅に節約できた。さらに、回路を集積して一つのチップにすることもできる。このチップには細い金の線で抵抗とコンデンサーがつながっていた。女性たちは新しいＩＢＭの背面を外してみて、中に金の線が整然と丸く収められたようすに感心した。もう専用の部屋は必要なくなり、机の上に乗せられるサイズになったＩＢＭは〝小さなコンピューターたち〟と呼ばれた。大型の真空管式ＩＢＭは、隣の専用室で今でも毎日使われていたが、バロースＥ１０１のほうは埃をかぶるようになっていった。

新しいデジタル・コンピューターは基本的な演算もかなり遅く、それほどの能力はなかった。面倒なことに、エンジニアはこの機械を疑いの目で見ていた。人間が計算した数字でなければ信じられない、というわけだ。

ヘレンが女性と機械、両方のコンピューターを相手にしている間、ある男性が地球から飛び立った。一九六一年四月一二日、ユーリ・ガガーリンは初めて宇宙へ行った人間になった。ソ連の「ボストーク1号」に乗って、地球の軌道を周回したのだ。ヘレンは「人類、宇宙へ」という見出しにショックを受けた。信じられないことに、アメリカはまた負けたのだ。それから一ヵ月も経たない五月五日、アラン・シェパードがマーキュリー・レッドストーン・ロケットに搭載された宇宙船「フリーダム」7号に搭乗した。シェパードはケープ・カナヴェラルから打ち上げられ、地球の表面からおよそ一八七キロメートルを一五分二八秒にわたって飛んだ。だが、ガガーリンとは違い、シェパードは軌道を周回したわけではなかった。

宇宙船を搭載していたレッドストーン・ロケットは、エクスプローラー衛星を宇宙空間へ送り込んだジュノーを大型化した打ち上げロケットだったのだが、コンピューターたちからするとミッションへの思い入れはあまりなかった。ＪＰＬが無人探査に重点を置く一方で、ヒューストンを拠点に新設されたスペース・タスク・グループが有人ミッションに取り組んでいる。スペース・タスク・グループのエンジニア、マックス・ファジェット博士が人間を宇宙へと送る宇宙船を設計した。彼は最終的には、マーキュリー計画からアポロ計画、スペースシャトルまで、歴代の有人宇宙船すべてに関わることになる。ヒューストンのスペース・タスク・グループで作られた設計は、製造を請け負うマクダネル・エアクラフト社に送られ、アラン・シェパードがかろうじて入れるくらいの一七五センチ程度で円錐形のマーキュリー宇宙船が製造された。宇宙船の重量はロシアのボストーク宇宙船の三分の一程度だったが、その分、耐久性も低かった。ボストークなら宇宙で一週間は持つところ、マーキュリー宇宙船はわずか二四時間しか持たない。

人間を宇宙空間に送り込み、安全に帰還させることがアメリカ人にとっては大きな成果になるとはいえ、いろいろな意味でむなしい勝利にしかならない。有人ミッションであれ無人ミッションであれ、ソ連ははるか先へと進んでいた。ＪＰＬのスタッフは、誰もがソ連を打ち負かしたいという強い思いを抱いていた。

ヘレンはちょっとした騒ぎを起こしていた。彼女はエンジニアのチャールズ・〝チャック〟・ヴェゴスから頼まれたデータ分析を準備していたのだが、データをチャックに渡す前に、ヘレンはデータが書き込まれたページの端をいたずらして焼いてしまったのだ。チャックは焼け焦げに縁取られたページにショックを受けていた。ヘレンが笑い出すまでチャックは声も出なかったのだが、「そう、私たちデータ整理の仕事を始めたの」というと部屋中に笑いが起きた。ヘレンが本当のデータを無傷で手渡して、やっとチャックも安心したのだ。

フロリダとカリフォルニアで打ち上げられたロケットからは、その能力に関する膨大な量の生の数値データが入ってくるので、コンピューターたちは、まずデータ整理を行う必要がある。生の数字は、コンピューターたちが単純化して意味のある情報に変換するまで意味をなさない羅列にすぎない。ヘレンはエンジニアとコンピューターの関係を「エンジニアが問題を作って、私たちがそれを解く」と説明していた。問題を解決するということは、データのまとまりからその方向性をつかみ、言葉にするということだ。このコンピューターの作業がなくては、宇宙機がとりうる最大の重量も軌道も決めることができないのだ。

コンピューターたちの能力次第で、宇宙機の設計はいかようにもなりうる。だが、エンジニアが設計した新しいレインジャー探査機は、明らかに重量オーバーだった。新しい試験データはひどくがっかりさせられる結果で、コンピューターたちが当初見積もったものよりもロケットが上昇する力が足りないことを示していた。そのため開発チームは、三四キログラム分もの重さをカットする必要に迫られた。だがまずいことに、時間切れとなってしまった。ＮＡＳＡは一九六一年七月には打ち上げを開始するようスケジュールをがっちり固めてしまった。月を目指せ、というプレッシャーは高まっていた。

ソ連はすでに月着陸を果たしたというのに、アメリカの月計画は遅れをとっている。ＪＰＬは、先端に取り付けられたアンテナや太陽電池、それに月の表面の画像を撮影するためのカメラも備えた高性能のレインジャー探査機を開発した。打ち上げロケットはアトラス・アジェナ・ロケットになる。元は空軍が開発したアトラス・ミサイルで、高さ約二三メートルもある巨大な機体は三・六トンもの核弾頭を搭載できるよう設計されていた。その大きさはとてつもないが、ロケットの機体は「風船構造」という設計のおかげで非常に軽量で、機動性に優れていた。三基のエンジンのうち二基は打ち上げ直後に切り離され、重量を大幅に軽くするようになっていた。ロケットの上段は、空軍が秘密裏に開発してきたアジェナ・ロケットだ。アトラスとアジェナの組み合わせは大きな可能性を秘めているとはいえ、まだ試験前の段階にあった。そこで、レインジャー計画の最初の二回のミッションでは、月への到着を目指すのではなく、打ち上げ試験と位置づけられた。

レインジャー計画では、これまでにない新しい軌道をとることになった。これまで、探査機は目的の天体までまっすぐに向かうよう打ち上げられていたのだが、そのため重力に逆らって燃料を浪費してしまっていた。この重力が探査機の大きさを制限し、コンピューターが計算する目標との誤差を拡大してしまう。この損失を最小限にするため、まずはレインジャー探査機を地球周回軌道に乗せる。

続いて、探査機が軌道上の適切な位置に到達したときに、二度目のロケット噴射を行って探査機を月への軌道に送り込む。これまでにない斬新な戦略であり、コンピューターたちは慎重に新しい軌道を計算していった。

探査機の設計が固まり、軌道も決まってから一ヵ月後、JPLのチームはありがたくない知らせを受け取った。以前は重量オーバーだと思われていたレインジャー探査機に、今度は数キログラム分の重さを足さなければいけないというのだ。実は、円錐形の構造から三四キログラムも減らしたことが間違っていた。ちゃんと月に到達できるよう、大急ぎで重量を追加しなくてはならない。そうしないと、レインジャー探査機は、理想とはほど遠い弱々しい状態で地球を離れ、危険なミッションに挑むことになってしまう。

当初の予定から遅れること一ヵ月、一九六一年八月二三日にレインジャー1号は、ケープ・カナヴェラルから打ち上げられた。アトラス・ミサイルは順調に上昇し、探査機を地球を周回する低軌道へと送り込んだ。続いて、上段のアジェナがロケットをさらに高い軌道に送るために再燃焼することになっていた。だが、スイッチ回路の不具合により再燃焼ができず、探査機は低軌道から出られなくなってしまった。レインジャー1号の復旧を試みようにも、探査機は九〇分ごとに昼の側と夜の側に交互に入ってしまうため、太陽光発電が十分にできない。当時としては珍しい三軸制御の機体は、それでも可能な限り太陽電池パネルを展開し、宇宙の巨大な三脚のように姿勢を正して進んだ。だが、ミッションはほぼ失敗だった。八月三一日、探査機は大気圏に再突入する運命の日をむかえた。

空軍のアジェナ・ロケットは地上でもトラブルを引き起こしていた。製造工程と信頼性に問題が発生し、ＪＰＬはレインジャー２号の試験を一一月まで延期しなければならなかった。にもかかわらず、一一月には再びアジェナは再燃焼することに失敗し、パサデナ生まれのレインジャー２号機は、打ち上げからわずか六時間後に大気圏で燃え尽きてしまった。ＪＰＬのエンジニアとコンピューターたちは悔しさを味わっていた。ヴェガ計画が中止になっていなければ、上段ロケットはＪＰＬが開発したヴェガ・ロケットだったはずだ。自分たちのロケットで打ち上げるならもっと良い結果にできただろうし、少なくとも失敗をコントロールする余地はあったはずだ、と思わずにはいられない。トラブルへの不満は、空軍が設計し、空軍に近しいロッキード社が製造を請け負ったロケットに対する非難へと変わっていった。ロッキード社が打ち上げロケットの不具合を解消するのを待つ間、エンジニアとコンピューターたちは、金星と火星のミッションに傾倒していった。

レインジャーが失敗続きの頃、バーバラの子供も生まれようとしていた。予定日が近づくにつれて、ハリーは女の子であってほしいと望むようになっていった。彼はすでに四〇歳で、自分が子供だった頃よりも、もっと元気いっぱいで大暴れするかもしれない男の子では手に負えないのではないかと思っていたのだ。バーバラは男女どちらでもよいと思っていたが、時間がたつにつれて、いっそう早く出産の日が来てほしいと思うようになっていった。

一九六〇年一〇月九日、破水が起きてバーバラとハリーは病院に向かった。バーバラが長い苦役を味わっている間、ハリーはテレビがないかと気になって仕方なかった。小さな待機室で他の父親たちと共に待ち続けている間、ハリーは野球のことを考えていた。ハリーがバーバラの担当の産婦人科医にワールドシリーズの試合の話を持ち出すと、実は医師も試合を観たくてたまらなかったのだと打ち明けられ、二人はテレビを探し出した。ピッツバーグ・パイレーツ対ニューヨーク・ヤンキースの第四戦だ。二人の視線は、四回裏まで無得点で試合が展開しているヤンキー・スタジアムに釘付けになった。ミッキー・マントルは三振、ビル・スコウロンがホームランを打つ前に、チームメイトのヨギ・ベラが塁に出た。医師が分娩室へ呼び戻されると、突然、試合はやきもきさせられるような展開になってしまった。だが、ハリーは現実に引き戻された。彼は父親になろうとしているのだ。

パイレーツがヤンキースに三対二で勝とうとしていたとき、バーバラは四二五〇グラムの娘を腕に抱いていた。ハリーはまだ新生児と同じ部屋には入れず、父親として幼い子を抱く贅沢は与えられなかった。代わりに許されたのは保育室のガラス越しに赤ん坊を見ることだけだったが、たちまち愛娘に魅了されることとなった。二人は娘をカレン・マリーと名付けた。

バーバラはカレンを腕に抱いて、新生児の匂いをいっぱいに吸い込んだ。娘の目を見ると、今まで経験したことのない強い愛を感じる。ひとたび家に戻ると、カレンは両親に抱っこされて幸せそうな声をたてた。赤ん坊は可愛くとも、バーバラは育児で手いっぱいになった。育児は本当に大変だ。幸いにも、ハリーは自分の分担を喜んで負ってくれた。哺乳瓶でミルクを飲ませ、娘を毛布でくるむ。夜中におむつを替えると、濡れて重くなったおむつをトイレで下洗いしてから、貸しおむつサービスが置いていった臭くて大きなバケツに入れることもした。ある夜、彼はあまりにも疲れていたので、おむつをすすぎながら居眠りしてしまった。バーバラがバスルームの床でハリーを見つけたとき、彼の手はまだ汚れたおむつを握っていて、彼女は笑いをこらえることができなかった。夜は本当に長い。二人はベッドルームが一部屋しかないパサデナの小さなアパートのホールを歩き回って、カレンを寝かしつけようと子守歌を歌った。時折、バーバラは窓のそばに立ち止まって、夜空を見上げた。月も星も明るく輝いていたが、彼女の未来はもはや星々の探索につながっていなかった。

ヘレンが自分も妊娠していることに気がついたのは、バーバラを祝福して送り出したすぐ後だった。とても嬉しかったが、母親になる準備ができていないという心配もある。彼女は監督として仕事を始めたばかりで、辞めたくはなかった。妊娠の知らせに大喜びしたアーサーは、妻が働き続けるために必要なことは支援すると約束してくれた。育児休暇を取らずにすむように、ヘレンとアーサーは注意深く計画を立てる必要があった。育児休暇を取ると、復帰したときの彼女の席はなくなってしまう。雇用者側は育児休暇の後に戻ってきた女性などいないと主張しているからだ。そこで、彼女は確実に取れる有給休暇と傷病休暇を使って出産に臨むことにした。休暇が終わり次第、研究所に戻る。

ヘレンとアーサーの子、パトリックは一九六一年、バーバラの子が生まれてからほんの二、三ヵ月後に生まれた。ヘレンは愛情と畏敬の念を抱いて息子の柔らかい丸い頬と小さな指、小さなつま先を眺めた。だが、子供への愛情にばかり気を取られていると、研究所からは締め出されてしまう。彼女は母親であることも、充実したキャリアを持つこともあきらめたくはなかった。出産から七週間後、ヘレンはＪＰＬに復帰した。ありがたいことに、ヘレンの家族が近くに住んでいる。ヘレンの母が仕事の間、パトリックを見ていてくれることになった。信頼できる相手に子供を任せられるので、いったん離れた仕事を再開するのは難しくない。そしてＪＰＬに戻り、こちらでも信頼できる人物が必要だと悟った。バーバラに戻ってきてもらわなくては。

カレンが七ヵ月になった頃、バーバラに電話がかかってきた。「メリリン・ギルクリストが辞めるの。戻ってきて一緒に働かない？」。ヘレンからの要請だった。バーバラは返事をする前に少し考えてみた。一九六〇年代、仕事を持つ母親はほんの一握りで、一八歳以下の子供を持つ既婚女性が仕事に就いている割合は二五パーセントしかなかった。特に、乳幼児を持つ母親がキャリアを追求するのは異例のことだと考えられていた。一方で、バーバラが研究所の仕事を離れて寂しさを感じているのも確かだった。コンピューターの仕事は、打ち上げの際には夜遅くまで働かなければならないこともあるが、大抵はかなり時間の融通がきく。ハリーのことも考えてみた。彼は仕事を変えたいと思っていたし、学校に戻って不動産を扱う免許を取ろうとしていた。彼女が働けば、家計にゆとりができる。興奮と緊張が入り混じった思いを抱いて、バーバラはヘレンに電話をして復帰の意志を告げた。

それから、ベビーシッターを探し始めた。

バーバラが復職すると、他にも戻ってきたコンピューターがいた。JPLのコンピューター室の初期メンバー、メルバ・ニードも戻ってきていたのだ。メルバは一九五〇年にノース・アメリカン・アヴィエーション社へ転職し、民間企業で長年働いてきた経験を持ってJPLに戻ってきた。研究所を離れていた間に、彼女は最新のコンピューター・プログラミングを学び、原子炉の開発に関わるソフトウェア設計を経験して、本格的なエンジニアになっていた。

新人も増えていた。ジャネット・デイヴィスとジョアニー・リーは共に研究所でキャリアがスタートしたばかりだ。ジャネットの面接の日にヘレンはまだ戻っていなかったのだが、ジャネットは面接官であるゲイツにかなりひどいことを言われていた。彼女は、カーネギー工科大学で数学の修士号をとって卒業したばかり。今日では工学の名門カーネギーメロン大学として知られている大学だ。彼女の成績証明書は素晴らしかったし、仕事に適性があることは確実だった。だが、ゲイツは彼女が新婚だと聞いて侮蔑的な態度をとった。採用はしたものの、面接の最後に「長続きしないだろうね」などと見下した発言をしたのだ。バーバラやメイシー・ロバーツが監督していた時代にはなかったことだ。南カリフォルニア大学で数学を学んできたジョアニーのときはもう少しましだった。おそらく、彼女は独身だったため、ゲイツはジョアニーならもっと落ち着いて働くと思ったのだろう。

コンピューター室の女性たちは、そのときJPLが大切に育んできたマリナー計画に取り組み始めていた。レインジャー計画と同じようにアトラス・アジェナ・ロケットを使うのだが、マリナー号は月探査機ではなく水星、金星、火星へ行こうというのだ。関わった誰もがわくわくしていた。

マリナー計画は、太陽系内で地球に最も近い隣の惑星を目指す一〇機の探査機から構成される。設計はレインジャー探査機に似ていて、太陽に向かって展開し、安定して電力を供給し続ける太陽電池パネルと、地球のほうを向く大型のアンテナを備えている。月探査機パイオニア号とは違ってスピン安定方式ではなく、レインジャー号と同じ三軸制御システムで姿勢を安定させる。エンジニアはマリナー探査機とレインジャーを並行して開発していた。対抗する二つのプロジェクトは、設計は明らかによく似ているにもかかわらず、緊張を生んでいた。エンジニアがレインジャーチームとマリナーチームに分断されている一方で、コンピューターたちの連帯は変わらず、同時にミッションに取り組んでいた。

女性たちが感じていたのは、むしろ仕事と家庭生活の間の緊張関係だ。ヘレンは一日が終わって疲れた身体で夕食の支度をし、赤ん坊の世話をするのに相当な気力を奮い起こさなければならなかった。ヘレンの両親はもう年をとって、活発な幼児にはついて行けない。ほかに保育所を見つけなければならないとヘレンは気をもんでいた。バーバラもまた、働く母親は実に忙しいという事実に直面していた。バーバラが研究所へ出勤する時間、ハリーは朝早くにベビーシッターのところにカレンを連れて行く。午後になると娘との再会が待ちきれないくらいだが、すぐに家で待ち受ける日々の雑用に忙殺されてしまう。幸せなバランスなどというものはなく、なんとかやり抜こうという意志だけで続いていた。

一九六二年一月までに、JPLは新たな月探査機を打ち上げる準備を整えた。レインジャー3号はケープ・カナヴェラルから月へ向けて打ち上げられた。少なくとも、そういう計画だった。だが、間もなく失敗が明らかになってきた。離陸からわずか二分後、アトラス・ミサイルに不具合が発生し、予定通りにエンジンが分離されなかった。ロケットは加速してコースを外れ、さらにアジェナ・ロケットの誘導装置が機能しなくなり、レインジャー号は軌道からもっと遠ざかってしまった。探査機が月に着陸できないことが明らかとなっても、JPLのエンジニアは、せめて少しでも探査機の搭載機器を利用して深宇宙探査をしようと試みた。残念ながら、搭載システムを起動するコマンドを送信したところ、探査機の搭載コンピューターは止まってしまった。完全に失敗だった。

JPLが失敗続きのレインジャー探査機に苦悩していたまさにその頃、スー・フィンレイは嬉しい知らせを受け取った。彼女は妊娠しようとしていて、そのためには医師の指導のもとで皮肉にも月経周期を管理し、受胎調節する薬を三ヵ月にわたって服用していた。

一九六〇年代、ピルはまだ目新しく、スーはその恩恵を受けた初めての世代だった。初めて、女性が妊娠する時期をコントロールできる医学的な手段を手に入れたのだ。ホルモンの小さな錠剤が登場して、ジェンダーの平等と世界的なフェミニズムの台頭という二〇年にわたる革命が始まった。

スーにとってピルは天の賜物だったが、これはほかの大勢のピルを服用している女性とは違う理由のためだった。ピルの服用をやめると、スーはすぐに妊娠したが、スーは複雑な思いでいっぱいだった。母親になれるという展望が開けてとても嬉しかったが、またもや我が子を失うのではという恐れもある。それに、彼女は自分の仕事と最高の関係を築いていた。今、JPLを離職するのはあまりにも悲しい。単に休暇を取るだけにしよう、と彼女は考えた。研究所を辞める心づもりなんてない。

スーが離職について思い悩んでいた頃、研究所にも変化のときが訪れていた。コンピューターたちは、新しいコンピューター・プログラミング言語「FORTRAN」を学んでいた。〝FORTRAN〟という名称は、この言語が数学の方程式を電子計算機用のコード(プログラム言語)に変換するために最適であることから、「数式変換(Formula Translation)」に由来している。バーバラとヘレンはJPLの指示でカリフォルニア工科大学の講義を受講することになり、この言語が非常に修得しやすいことを知った。

FORTRANは一連の単純なコマンドからできていて、電子計算機の種類にかかわらずプログラムすることができた。女性たちは、方程式を手作業で計算するのと同じように、紙の上にプログラムを書くことができた。違いはと言えば、コンピューターが認識できる特定のコマンドだけを使ったということくらいだ。それから、ノートをキーパンチのところへ持っていく。

キーパンチの見た目はタイプライターのようだが、パンチカードに穴をあける特別なボタンが付いていた。カードは長さ約一九センチ、幅は八・三センチの長方形で、厚手の丈夫な紙でできている。0から9までの数字の繰り返しが、びっしりと長く八〇列も続いていた。複雑な計算を実行するには、カードをまるまる使わなくてはならない。ノートのページと同じように、各カードには関数の行が記載されている。

コンピューターの女性たちのほとんどはタイプライターを一度も使ったことがなく、JPLでタイプライターを使っているのは秘書だけだったので、はじめはキーパンチの入力方法もわかっていなかった。だが、キーパンチの使い方は簡単だった。電話機の数字キーを文字の入力に使えるのと同じで、キーパンチはFORTRANのコマンドの文字列を数字に変換するコードとして使える。ヘレンがキーパンチで「A」の文字を押すと、機械は大きな音を立てて跳ね上がり、カードを読み込んで数字の7のところに穴を開ける。一行一行、ヘレンがキーパンチにコマンドを入力していくと、文字はパンチされた穴の配列に変換されていった。ただ、一度でもキーパンチで入力を間違えると、もうそのカードを利用することはできない。失敗したカードを捨てて、新しいカードでやり直さなければならなかった。

ヘレンがノートのコマンドすべてを正確に入力したとしても、まだ終わったわけではない。今度は、コードをコンパイル〔変換〕する作業がある。これは現在も同じだが、ソースコードはプログラミング言語（FORTRAN）で書かれており、このFORTRANを電子計算機が本来認識できる

プログラムを書くために女性たちが使ったパンチカード

言語、0と1からなるバイナリの機械語にコンパイルする必要があるのだ。アセンブリコードの各行は、バイナリ・マシンコードで一つの命令へと変換される。ヘレンはカードのパンチ穴が意味している数式に変換することができるが、IBMにはそれはできない。そこで、カードをすべてコンパイラと呼ばれる特別な機械で実行する必要がある。

海軍少将のグレイス・ブルースター・マレイ・ホッパーとそのチームは、一九五二年にニューヨーク市のレミントン・ランドで世界初のコンパイラを開発した。〝A-0〟、後に〝A-2〟となったその機械は、各種の数学的表現をコンピューター・コードに変換するものだった。ホッパーは、デジタルコンピューターが世の中で広く使われるようになったとしても、人間がバイナリコードを書けるようにはならないと考えていた。そこで、人間とデジタルコンピューターの間でコミュニケーションを取る方法を考案しなくてはならない。コンパイラがその答だ。これは人間と機械の間で通訳として機能し、コンピューター言語の始まりとなった。

コンパイラ技術はまったく新しいものであり、それまでは各コンピューター言語にそれぞれ固有のものが必要だった。一九五〇年代後半にＦＯＲＴＲＡＮコンパイラの中核部分を開発したＩＢＭのプログラマー、ロイス・ハイブトは「誰もなにもわかってはいませんでした。それ（コンパイラ）はこの世になかったものですから！　私たちは、何もかも大急ぎで新たに生み出さなくてはならなかったんです」と語っている。

ヘレンは今度はＦＯＲＴＲＡＮコンパイラにパンチカードを通して実行し、ＩＢＭが理解できる言語の実行プログラムである、二セットめのカードの束を作成する。最初のカードの束は人間用で、ヘレンたちはそれを前後に繰って、コードがどのように書かれているのかを確かめることができる。二セットめのカードの束はＩＢＭ用だ。一束のカードはデジタルコンピューターに読み込まれ、操作を実行し、ヘレンが必要な結果を出力する。作業がすべて終わると、ヘレンはカードを段ボール箱に入れてしまっておいた。いつプログラムを再実行する必要があるかわからないからだ。

エンジニアたちがＩＢＭを懐疑的な目で見ていたのに対し、女性陣は新技術を取り込んでいった。これは主に、計算機を実際に使った経験の差によるものだ。女性たちはプログラミングの世界にどんどん分け入っていき、それはますます複雑に、そして大規模になっていった。

一九六〇年、コンピューター室に新しいコンピューターのメンバーが入ってきた。彼女の職業倫理は完璧とは言いがたく、予期せぬ爆発や過熱を起こしやすかった。この新しい子は、IBM1620という。コンピューター室の隅に専用の机を確保することになった。新しいコンピューターに名前が付けられていないことは間違いないようだ。そこで、外側のパネルに「CORE STORAGE」という表示がついていたことから、彼女を「コーラ」と呼ぶことにして、グループの一員として話しかけた。コーラは暑さにとても弱かったので、彼女がいる部屋の中は凍えるくらい寒くなった。たとえ外の気温が三七度の日でも、女性たちは電気で動く仲間を守るために、研究所へセーターを持って通うようになった。

IBM1620にはもう一つニックネームが付いていた。〝CADET〟「先進的経済技術を持つコンピューター（Computer with Advanced Economic Technology）」というものだ。プログラマーたちは、CADETの頭文字をもじってみると「Can't Add, Doesn't Even Try（足し算もできない、やってみてもいない）」という文章になることから、機械の限界を冗談の種にしていた。

バーバラはコンピューター室の外に吊り下げられたネームプレートを読んで微笑んだ。プレートには、ミッション・デザイン部門の各メンバーの名前が並んでいる。「ヘレン・リン監督」が先頭にあり、続いてバーバラ自身も含めほかのコンピューターたちの名前が続く。そして、メンバーの中には

〝コーラ〟の名前が加えられていた。欠点はあるにせよ、ＩＢＭコンピューターは公式に仲間の一人となったのだ。

ミッション・デザイン室のチームがマリナー計画に取り組む際には、コーラはかなり役に立つようになっていた。金星を目指す競争は激化していた。女性陣がやる気を奮い起こそうとするときには、あるエンジニアの机のところに貼られた、ソ連の「ヴェネラ1号」の絵を見に行った。一九六一年初頭に打ち上げられたソ連初の金星ミッションは失敗したが、とはいえ、アメリカが一番を目指すのならば急ぐ必要がある。そのことを思い出させるからだ。

コンピューターたちは探査機の軌道計画を立案していた。マリナー号は金星の近傍を飛行し、地球の隣人惑星の大気を調査する観測装置を搭載している。たとえ一回のミッションが失敗しても、バックアップを用意できるように、探査機は二機一組で建造された。マリナー号は他の惑星を目指す初の探査機であったため、チャンスを二回分用意しておくことが重要だったのだ。コンピューターたちの期待も高まっていた。探査機が組み立てられるようすを見にいき、蝶の羽のように開く太陽電池パネルに感動した。探査機が完成しフロリダに送り出されるときには、皆で手がけた子に「行ってらっしゃい」の挨拶をしにいったものだ。

一九六二年七月二二日、マリナー1号が打ち上げられ、直後にミッションは失敗した。まず、アトラス・ロケットのアンテナに不具合が起き、最初の一分間に航法装置は地上からの信号を検出することができなくなった。検出可能な信号が見つからない場合には、ロケット内部の誘導装置がただちに機能して、ロケットを正しい方向に向けることになっている。だが、誘導装置のプログラムが過剰なコース修正を行ってしまい、打ち上げロケットはかえって正常なコースから外れていった。

ロケット内部の誘導装置が正しく機能しなかったのは、単純な転記ミスによるものだ。フロリダで手書きの誘導装置のプログラムをロケットの搭載コンピューターに転記したときに、数学記号の上付きバーが一つ、誤ってプログラムから抜け落ちてしまった。そのたった一つの間違いから、プログラムはロケットのコースを修正することができなくなった。アトラス・ロケットのアンテナのハードウェア障害と、誘導装置のソフトウェアのバグのため、マリナー1号は完全に制御不能になってしまった。どこに落ちるのか予測することはできない。大西洋に落下する可能性もあれば、町に墜落する可能性だってある。上段ステージが分離され、マリナー号をコントロールの下で安全に破壊できる時間が数秒しか残っていなかったため、射場安全管理担当官は、指令破壊という難しい決断を下した。打ち上げロケットにはすべて、自己破壊装置が組み込まれている。ロケットが宇宙ではなく住宅地に向かってしまった場合に備えて、爆薬が搭載されているのだ。空軍の一員である射場安全管理担当官は、ロケットがコースから逸脱したときにそれを破壊する決定を下すという、ありがたくない立場に置かれている。ひとたびその決定が下されると、これまで多くの時間を費やしてきた探査機であっても、打ち上げからわずか数分で爆破されてしまうのだ。

ミッション・デザイン室の女性たちは動揺したものの、自己憐憫にひたって時間を無駄にするわけにはいかない。金星を目指すには、そのチャンスがあと数週間しかないのだ。マリナー計画は、一九六二年夏に金星が地球に比較的接近する機会を利用しようと計画されていた。よくある太陽系の図では、惑星が太陽のまわりを完全で均一な円を描いて回っているように見えるが、実際はそれよりもはるかに複雑な軌道を描いている。惑星は独自の楕円軌道を描いており、その速度と方向は太陽のまわりを回るにつれて変化していく。このため、まっすぐに金星を目指してロケットを発射するということはできないのだ。いや、むしろ、探査機は太陽と金星を回る軌道に沿って進み、正確なコースを描いていくように計画しなくてはならない。地球と金星、太陽が好都合な配置になければこれは難しいのだが、完璧な配置に並ぶ機会は一九ヵ月に一回しか起きない。金星へ行くためには、すぐにもマリナー2号を送り出す必要があった。

女性たちは深夜も、週末も働き、マリナー2号打ち上げに向けて必死で軌道やプログラムのチェックを続けた。特に新米の母であるバーバラとヘレンにとっては心身共にすり減る時間だったが、それも給料で十分に報われた。マリナー号のために長い時間働いたことから、時間給スタッフとしては二人とも驚くほどの収入を得ることができ、夫よりも稼いでいた。

ケープ・カナヴェラルでは、空軍もマリナー1号の事故の責任追求をしている時間はほとんどなかった。プログラムに記号を一つ書き忘れた担当の男性は、その後に昇進してから謝罪したくらいだ。とにかく、前進だ。アトラス・ロケットのアンテナを直し、誘導装置のプログラムをやり直す。一九六二年八月二七日、バーバラは管制室に座り、打ち上げ前に部屋を満たす不思議な、そして熱狂的なエネルギーを感じていた。深夜に打ち上げがあると、家で待つバーバラの小さな家族には辛かったが、それでもそれだけの価値がある仕事だった。ハリーの支えなしでは成し遂げられないことも確かだ。母親のバーバラが深夜に仕事があるときは、ハリーは走り回ってカレンを託児所に迎えにいき、ミルクを飲ませて入浴させ、キスしてベッドに寝かせつけた。

バーバラは会えない家族のことを一瞬考えたが、すぐに気持ちを切り替えて、誰もが歴史的偉業にしようと期待している打ち上げに備えた。カリフォルニア側で午後一一時五三分、テレタイプのデータが入ってきた。紙とシャープペンシルを手に、ロケットの位置を計算し始める。突然、アトラス・ロケットの電気系統でショートが発生し、打ち上げロケットは飛行中に一秒に一回、回転を始めてしまった。幸いなことに、まだ空域安全担当官が指令破壊を検討しなければならないほどの懸念ではない。一同がアトラスの飛翔を注視する中、誘導装置はまったく反応しなくなった。そして、始まったときと同じように、不可解にもショートは勝手に直った。それから、誰もがその強運に驚くほどすべてがスムーズに進み始めた。もちろん、探査機が金星を通過する史上初の飛行を達成できるかどうかが判明するには、これから数ヵ月はかかる。ハリーが迎えにきてくれるまでの間、バーバラはたった一人で宇宙を探検するマリナー2号のことを考えていた。真夜中で、バーバラは疲れ果てていたが、幸せを感じていた。バーバラが夜遅く仕事をすることはよくあったので、ハリーは自分のプジョーの後部座席に収まるベビーベッドを工夫して取り付けてあった。バーバラを迎えにいくとき、カレンも連れて来ることができる。フランス車に乗っていると、隣近所から笑われて「新米の父親はきっとヒッピーかぶれのビート族なんだろう」などとうわさされたものだ。ハリーはそんなうわさを笑い飛ばし、小さな車を愛していた。当時としてはおそらく珍しいことだが、バーバラもそうだった。八月の夜、彼女は毛布にくるまれた小さな娘をなでてやった。

＊

マリナー計画が状況を好転させていく一方で、月計画は低迷していた。レインジャー計画はすでに四回も失敗を経験していたが、このときマリナー2号の打ち上げからわずか数ヵ月後に、またもや失敗した。「学術機関という組織だけではおそらくミッションを遂行することができず、民間の事業者に開発を委託するべきだ」とＮＡＳＡは注文を付けてきた。

ＪＰＬでは、計画が瀬戸際にあるだけでなく、有人宇宙計画全体がレインジャー計画に依存していることもよくわかっていた。ＪＰＬがなんとか遅れを挽回しようとしている間、マーキュリー計画の七人の宇宙飛行士が訓練を完了していた。宇宙飛行士は、地球を周回するミッションを何度も、成功裏に終えた。同じ頃、打ち上げロケットの計画も順調に進んでいた。アラバマ州ハンツヴィルにできたばかりのマーシャル宇宙飛行センターで、フォン・ブラウンのチームが開発したサターン・ロケットは、開発試験を迅速に進めていた。ＪＰＬとフォン・ブラウンが開発したジュピターＣロケットを元にしているが、サターン・ロケットははるかに強力で、人間を宇宙に運ぶために、かくあるべき姿となっていた。すべてが着々と進んでいるのに、レインジャー計画だけが失敗続きで悪目立ちしている。月に探査機を着陸させることができないのに、人間を送り込むなんてできるわけもない。

一九六二年九月一二日、ケネディ大統領がライス大学で「われわれは月へ行くことを選びます」と聴衆に向かって演説したことで、重圧がのしかかってきた。だが、いまだにＪＰＬは月ではなく金星を選んでいるようだ。研究所が力を注ぐ先が二分されていて、どちらのミッションが成功するかという点は疑問だった。それでも、バーバラは大統領が宇宙計画に力を注ぐと誓約するのを聞いて嬉しかった。大統領がＪＰＬの成果に言及したときには、バーバラの頬は誇りの涙で濡れた。「現在、金星に向かっているマリナー宇宙船は、宇宙科学史上最も精緻な装置です。きわめて正確に方角を定めて、この宇宙船は発射されました。その精度は、ケープ・カナヴェラルでミサイルを発射して、このライス・スタジアムの四〇ヤードラインの中に落とせるほどです」。

宇宙計画への支持が急速に大きくなる中で、わずか一ヵ月後にまたもやレインジャー5号の失敗を見守ることになったのはあまりにも辛かった。探査機の電源系統で何らかの理由による機能不全が発生し、電池が消耗してしまったのだ。探査機は月を七〇〇キロメートル以上も逸れて、太陽を回る軌道に入ってしまった。だが、このときたまたま、アメリカ人にとっては月へ向かうミッションを気にするよりも、核戦争の心配をする事態が突然に起きていた。

一九六二年一〇月の一三日間、世界は破滅の危機に瀕しているかと思われた。アメリカの偵察機がキューバでソ連による核ミサイル設備建設現場を発見し、ケネディ大統領はキューバ周辺をアメリカ船によって海上封鎖した。キューバは世界から切り離された。ケネディ大統領は一〇月二二日に国民に向かって、「市民の皆さん、私たちが困難かつ危険を伴う取り組みに向けて舵を切ったということは間違いありません。これからどのような方向へ向かうのか、また、どれほどの対価や犠牲を負わなければならないことになるのか、誰も正確に予測することはできません」と述べた。世界は核戦争へ向けて走り出していくようだった。

キューバ危機の問題の根は、アメリカのロケット開発とも関係している。一九六一年、アメリカはソ連と国境を接するトルコにジュピター核ミサイルを配備した。この中距離弾道ミサイルは、ほかならぬウェルナー・フォン・ブラウン率いる陸軍弾道ミサイル局によって開発されたものなのだ。

やがて、ケネディはソ連との取引を提案した。キューバへ侵攻しないというアメリカの誓約と引き換えに、ソ連は核兵器を引き上げる。さらに、アメリカはトルコに配備したミサイルを撤去する。とにかくこの時点で、両国間の緊張は緩和された。

国民の関心が一時は核ミサイルに集まっていたとはいえ、月計画を何とか改善しなければならないことは間違いない。ＪＰＬのレインジャー計画のチーフとエンジニアが数人、解雇された。プログラム全体が何が問題なのか洗い出せるまで保留とされた。

一方で、マリナー２号は金星へと近づいていた。ハロウィーンの日に太陽電池パネルの片方が失われ、一一月中旬には可哀想なことに探査機が耐えられる限界まで熱を受け続けていた。それでも、探査機はわずかずつだが間違いなく金星へと進んでいた。

レインジャー計画が苦戦し、マリナー号が飛行を続ける中で、スーは新しく母となって浮き沈みの激しい毎日を送っていた。圧倒的なまでの喜びを覚えるかと思えば、今度は眠れなくなるほどの絶望を感じる。毎日を全力で走り抜けていく中で、牛乳配達のおかげでかろうじて今日が何曜日なのかわかるくらいだ。スーの毎日は息子のイアンを中心に回っていた。ほかのことはすべて自分からすり抜けていった。イアンが六ヵ月になったとき、ヘレンから戻ってきてほしいという電話がかかってきた。だが、彼女は息子の歯のない、ニッと笑った顔を見ると、復帰したいとはとても思えなかった。

ジャネット・デイヴィスも退職しようとしていた。ゲイツの言った通り、彼女は妊娠八ヵ月で、もういつまでも働き続けることはできない。ジャネットはできる限りうまく妊娠を隠し、最後までなんとか働こうとしていた。ジャネットはひどいつわりに悩まされていて、いつも空腹を感じて研究所ではしょっちゅう軽食を食べていた。ドーナツがお気に入りだった。

夜になると、ジャネットは空に輝く光を見て、そこに何があるのだろうと思った。金星は月のすぐそばで眩しく光っていて、とても見つけやすい。地球の隣を巡っている惑星は、分厚い雲の大気で覆われていて、強力な望遠鏡でも見通すことができない。その中に何があるのかはわからない。惑星全体が蒸し暑い密林で覆われていて、異世界の恐竜がその表面を闊歩しているのではないか、というとんでもない説があり、コンピューターたちはこの話をして笑った。カール・セーガンが言うように「観測――何も見えない。結論――恐竜がいる」だ。腹に手をあてながらジャネットはまたたく光を眺め、その説について考えてみた。もうすぐ、あそこに何が隠れているのかわかるんだから。

月と惑星には、まだわからないことがたくさんあった。宇宙は未知の領域であり、ＳＦの題材であった。太陽系内の最も近い隣人である火星と金星は、異星の生命がいるのではないかという期待を最も集めていた惑星だが、多くのアメリカ人は月でさえ生命を育んでいるかもしれないと信じていた。温度や大気圧、水の有無などの基本的な特徴もまだわかっておらず、想像はファンタジーの世界へと踏み込んでしまいがちだったのだ。ハリウッドは想像力をかき立て、一九六〇年代には『トゥウェルブ・トゥ・ザ・ムーン』『ＳＦ第七惑星の謎』『地球へ二千万マイル（金星怪獣イーマの襲撃）』『底抜け宇宙旅行』といったタイトルのＳＦ映画を生み出し続けていた。唯一の具体的なデータは望遠鏡から集められたものだったので、月のクレーターや金星に広がるジャングルの中に異星の生物が潜んでいる、という考えもありそうだと思われていたのだ。

ヘレンは、こんな想像に現実味があるのかどうか、最初に真相を知る者の一人になろうとしていた。一九六二年一二月一四日、マリナー2号は金星に最接近した。ヘレンとメルバはコントロールームで気をもみながら待っていた。二人が緊張するだけの理由はあって、もしも探査機の内部にまで高熱が入り込み、観測機器をこんがり焼いてしまっていたとしてもそれを知るすべがなかったからだ。二人は管制室の壁に取り付けられた大きなバックライト付きの表示板のそばに立って、探査機の位置を追跡しつつ急いで数式を書き付けていた。データがテレタイプに流れ込み、鑽孔テープのロールが吐き出されて丸まっていく。データは無限に続くように見える〝ZXXDR DDRXOS〟といった文字列でコード化されている。二人は迅速に作業を行い、探査機の位置を多くは手作業で、ときには新しい卓上サイズのIBM7090も使って計算していった。

マリナー2号が金星に近づくと、さらに不具合が発生した。探査機に搭載された制御システムが機能しなくなり、JPLのチームは手動で接近プログラムのコマンドを送信しなければならなかった。探査機はコマンドを受信すると惑星の観測を開始し、チームのメンバーは驚きのあまりお互いに顔を見合わせた。彼らは、約五八〇〇万キロメートル離れた宇宙船と通信しているのだ。ヘレンは目前の作業に集中していた。データはどんどん流れてきて、彼女にその瞬間の重要性を熟考する時間はほとんどなかった。

その夜の管制室では、三つのグループが神経質にマリナー2号の運命を見守っていた。エンジニアは、探査機の機械的な性能を慎重に確認しつつ、稼働状況と位置を評価していた。一方で科学者は探査機から送られてくるデータを待っていた。コンピューターはその両方で、彼女たちが作ったプログラムは科学データを送りつつ、同時に探査機の状態と位置を報告してくる。探査機が送ってきた金星の大気、磁場、および荷電粒子の環境に関するすべての情報は、ゴールドストーン局の高利得パラボラアンテナに飛び込む無線信号の流れとなって地球上を中継されていき、スーが作った通信用プログラムで利用可能なデータに変換される。それぞれのグループがおのおの別々の利益をどのようにうまく調整するかで、このミッションの成功だけでなく、将来の協力体制も決まっていくのだ。

午前一一時頃、探査機と通信したときに、弦を鳴らすような奇妙な音が聞こえてきた。ゴールドストーン局の巨大アンテナが拾った音を聴いて、ビル・ピッカリングは「天球の音楽を聴いてごらん」と感想を口にした。四〇分間、彼らは奮闘を続けた。マリナー2号に搭載された赤外線計とマイクロ波放射計が惑星の密度の高い雲の覆いを可能な限り突き破ってデータを集め、金星を調べたデータが流れ出てきた。できる限り長く通信を維持し、一分も無駄にせずに大量の情報を入手しようと皆が心を砕いた。ついに、マリナー2号の軌道が金星から離れていくときが来た。ヘレンは畏敬の念を抱いて腰を下ろした。本当にやり遂げたのだとは、まだ信じられない。探査機は空へ舞い上がって宇宙を突き進み、ヘレンが描いたコースをたどっていったのだ。のみならず、ソ連に勝った。これは宇宙開発競争での最初の勝利であり、勝利は全員にとって貴重なものだった。マリナー2号は太陽に向かって進み続け、一九六三年一月三日に最後の信号を送信してきた。この後はもう永遠にJPLと通信することはできず、太陽のまわりを巡る宇宙の小石になるのだ。

マリナー2号が最後のお別れとなる信号を送ってきた頃、コンピューターたちは一九六三年の正月にローズ・パレードを見物していた。黄色の花で作られた巨大な金星の中に赤いバラで「金星からパサデナへ」という言葉が書かれたフロート車が進んでいった。マリナー探査機そっくりの模型が大きな花の球の上に浮かんでいるようすも眺めた。

コンピューターたちは歴史を作った成果に誇りを感じていたが、とはいえその仕事は危機に瀕していた。彼らがプログラムを作ったデジタルコンピューターがNASA全体に浸透していくという話も耳にしていた。同じカリフォルニア州のパームデールにあるドライデン飛行研究センターでは、エンジニアと長年にわたって一緒に作業してきた人間のコンピューターたちが解雇されていった。バージニア州のラングレー・リサーチ・センターでも、コンピューター部門は同様に縮小されていった。IBMへの信頼が高まるにつれて、人間のコンピューターに対する脅威は大きくなっていく。エンジニアの一人は、ヘレンに「君の仕事はすぐになくなると思うよ」などと不吉にも告げたものだ。彼女ができることはこれまで以上に仕事に打ち込むことだった。だが、男性はエンジニアで、女性はコンピューター・プログラマー、という世界が何もかも変わろうとしていた。

第9章　惑星の引力

ヘレンは可愛らしい女の赤ちゃんを見つめた。娘を腕の中にやさしく抱きしめ、絹のような黒い髪を撫でてやった。彼女はなにもかも完璧だった。ヘレンとアーサーはイヴと名付けた娘にすっかり夢中だった。娘が生まれたことで、長男のパトリックはヘレンの秩序のある家庭を完全な混乱に落とし入れていた。小さな子を二人持つことはかなりの困難が伴う。ヘレンは赤ん坊を抱いたまま、突然走り出す息子に追いつこうと苦労していた。子供たちに愛情を注ぎながらも、ヘレンは仕事を失うことは避けたかった。仕事を愛していたし、長く離れてはいられないこともわかっていた。イヴが六週齢のときに、二人の子を自分の母に預けて、ヘレンは研究所に戻った。だが、いつまでもそうしてはいられない。両親は二人もの子供の面倒は見きれない。他の方法を探さなければならないのだ。「遅番に切り替えるつもりだよ」とアーサーが言い出した。それは最高の解決策だった。ヘレンは早朝から仕事を始め、アーサーは遅れて始業する。二人の時間は前後するようになり、お互いに会う時間はほとんどなくなり、心身共に消耗する時間の中で昼と夜は過ぎていった。

ヘレンを悩ませていたのは家庭生活のことだけではなかった。JPLのチームは、いまだにレインジャー計画を再始動させようと苦闘を続けていた。五機の連続失敗の後、レインジャー計画の乏しい成果のためにNASA内での評価は地に落ちていた。とりわけ、華やかなアポロ計画と比較されると差が際立つ。アポロ計画が〝嘔吐彗星〟(vomit comet)と呼ばれる無重力状態の影響を模擬する航空機を使って宇宙飛行士を訓練する段階へと進んでいるのに、レインジャー計画では月の表面の画像を撮影することもできていないのだ。

レインジャー計画には、初期の頃からアポロ計画のような威容が欠けていた。一九六〇年代はじめ、JPLの部門長は自分のフォードのピックアップ・トラックから探査機を「レインジャー」と名付けたくらいだ。一方で、NASAの宇宙飛行計画部門のチーフだったエイブ・シルバースタインはといえば、「宇宙船の名前は、自分の子の名前のように考えた」と述べている。そして彼は、月面有人探査機をギリシャ神話の太陽神アポロンにちなんでアポロと名付けた。その名は計画の崇高な志にふさわしいものだった。

一九六一年にケネディ大統領が決定したミッションの目標は、「月に人間を着陸させ、安全に地球に戻す」ことだった。これを達成するために、アポロ計画では三人搭乗の宇宙船を月軌道に送る。月の軌道に入った後、月着陸船と呼ばれる二番めの宇宙船にクルーのうち二人が搭乗して月面に降り立つ。一人は円錐形の司令船と呼ばれる宇宙船に残ることになる。三人の宇宙飛行士は全員、司令船に戻って地球に帰還し、パラシュートを開いて降下、海に着水する。違いはあるにせよ、レインジャーとアポロは同じコインの裏表であり、どちらも月を目指す計画だった。人間が乗っているかいないかだけの違いだ。アポロ計画が着実に進む中で、ＮＡＳＡは月着陸技術が達成できないことに苦慮していた。レインジャーが成功しなくてはならないのだ。

月着陸機の開発は技術的な問題に悩まされ続けていたが、コンピューターの女性たちはこの計画にあまり注力していなかった。それよりもはるかにエキサイティングな計画、初めての火星ミッションが始動していたため、後ろを振り返るよりも前を見て走っていたのだ。マリナー２号が金星に接近する飛行で成功したため、マリナー３号は同様に赤い惑星を目指すことになった。ただ、金星ミッションと火星ミッションには大きな違いがある。地球から火星までの道のりは約二億三〇〇〇万キロメートルもあり、金星のおよそ四倍も遠いということだ。マリナー２号の成功あってこその挑戦だった。

マリナー２号は文句の付けようのない大成功だった。このミッションのおかげで、科学者だけでなく、全世界が金星の雲を通してその姿を知ることができたのだ。だが、これまで雑誌記事がもっともらしく書き立てていたように、異星の生命があふれる密林が見つかったわけではなかった。むしろ、表面の温度や気圧が高すぎて、生命を維持するにはほど遠い環境だということが判明した。地球をはじめとする太陽系のほとんどの惑星は、地軸に対して反時計回りに自転している（天王星だけは例外）。金星は反対に、時計回りに自転している。しかも、この自転の遅さも驚異的で、金星の一日は地球の二四三日に相当するのだ。一日がこれだけ長いということは、金星が磁場を持っていないことを意味している。地球では、その中心に融けた金属の核があり、二四時間ごとに一回転する自転と相まって磁場を発生させている。コリオリ効果のおかげで、融けた鉄やニッケルなどの金属がコアの周囲を取り巻くように回転しているのだ。

コリオリ効果とは、一八三五年に水車の回転運動において、水が湾曲した軌道をたどる理論を提唱したフランスの科学者ギュスターヴ・デ・コリオリにちなんで名付けられた。この効果によってハリケーンが北半球では反時計回りに、南半球では時計回りに発生する理由が説明できる。地球の中心部では、旋回する液体の金属から渦が発生する。コリオリ効果によって、同じ方向の螺旋を描く金属が電流、ひいては磁場を生成する。マリナー2号の観測から金星の金属核は一部が液体となっている可能性が高いものの、磁場が発生するほど高速で回転しているわけではないことがわかった。そして、磁場がなければ、地球で生命を守っているのと同じような大気の保護クッションを形成することができないのだ。

ＪＰＬは火星を目指すマリナー号にも他の機体と同じ設計を活かして、今回はカメラも搭載しようと考えていた。同じアトラス・アジェナ打ち上げロケットを使い、金星ミッションと同様に二機をペアで建造する。双子の探査機はそれぞれ数週間以内に打ち上げが可能だ。片方が失敗した場合でも、すぐに短期間でもう片方を打ち上げることができる。

探査機を準備する時間はあまりなかった。金星に挑んだときと同じく、火星が地球に接近する機会を捕らえて打ち上げを計画しなければならないからだ。金星ミッションでは探査機を打ち上げて無事に金星にたどり着けるチャンスが五〇日間あったが、火星ミッションの場合はこれが二七日しかない。次に同様のチャンスが訪れるのは二年後だ。きついスケジュールだった。

プロジェクトチームは、探査機をまず太陽を回る地球と同じ軌道に乗せた。続いて、航路の途中で火星へ向かう軌道へと探査機を送り込む難しい軌道変更を行う。火星への旅には七ヵ月半かかると見積もられていた。コンピューターたちは想定される軌道を計算し、それぞれの節目で必要になる方向と速度をそこに書き入れていった。それは、探査機が太陽を中心に半周以上回るという、これまでに考案された中でも最長の宇宙ミッションを計画する作業だった。コンピューターの女性にとっても、動く標的の上に矢を放つようなものだ。

探査機が向かう目標は、高度と方位角を計算することによって得られる。高度とは地球の表面からの探査機の軌道の高さであり、方位角はコンパスのように探査機が水平線に沿って弧を描くとき、真北に対する相対的な角度となる。探査機は地上を離れ、いったん地球の軌道に入ってから、楕円の遷移軌道へと投入される。故郷から数百万キロメートルも離れたところで、ロケット推進の加速を使って探査機は太陽を周回する軌道を経て火星へと向かう飛行を始める。探査機が火星に衝突しないようにすることが重要だった。

通常であれば、すべての宇宙機器は出発前に殺菌される。科学者は異星の生命を発見しようとしているので、ほかの惑星をいきなり汚染してしまわないように配慮しなくてはならないのだ。そうでなければ、火星の生命と地球上から向かった機械が運んだ微生物との区別がつかなくなってしまう。とはいえこれまでのミッションの場合とは異なり、マリナー3号では打ち上げ前に機器の加熱殺菌は行われないことになっていた。赤い星を目指す航路には長い時間を要するため、JPLのエンジニアは装置に極端な温度変化の悪影響をあまり受けさせたくないと考えていたのだ。そこで、マリナー3号の軌道は探査機が火星に衝突して、地球の病原菌で赤い星を汚染してしまう可能性が最小限になるように設計されていた。

JPLがミッションの計画を立てている最中に惨事が起きた。一九六三年一一月、平日の朝のニュースが終わったばかりの時間だった。ケネディ大統領がダラスでパレード中に銃撃されたとの知らせに、研究所の全員がラジオに釘付けになった。誰も仕事どころではない。ほんの九ヵ月前に、ケネディ大統領は研究所の初代所長、セオドア・フォン・カルマンにアメリカ国家科学賞を授与したばかりだ。エンジニアのオフィスに集まって、女性たちは手を取り合っていた。ニュース番組のアンカーがケネディ大統領の死を発表すると、誰もが衝撃と悲しみの中で互いに抱き合った。彼らの国も、巣立ったばかりの宇宙計画も、これから変わっていってしまうだろう。

ケネディ暗殺から一ヵ月後、JPLは新たに輝かしい宇宙計画の一つを発表した。ディープ・スペース・ネットワーク、略称ＤＳＮと名付けられた、大型のパラボラアンテナのネットワークだ。ＪＰＬと探査機との持続的な双方向通信が可能になり、新しい宇宙飛行の運用施設として稼働するのだ。ＤＳＮによる深宇宙追跡を支え、アポロ計画のバックアップとなる役割を果たすのにふさわしい、二〇〇台以上の映像ディスプレイと三〇台のコンソールを備えた三階建てのＳＦＯＦ（エスフォフ）と呼ばれる施設を建設するのに二年を要した。施設を管理するのは、ヒューストンのＮＡＳＡのセンターだ。一九六三年からこの施設は、ＮＡＳＡの惑星間ミッションと深宇宙通信のすべてをコントロールする中核としての役割を果たすことになる。かつてバーバラが訪れたゴールドストーン局のアンテナと、オーストラリアや南アフリカのアンテナは、宇宙の彼方を目指す探査機を追跡して信号を受信する。探査機の電力は冷蔵庫の小さな電球と同じくらい小さく、かすかな信号しか送ることができない。だが、巨大なお椀型のアンテナが弱い信号を集約することができる。新たなアンテナ群は、探査機が何百万キロも彼方で写真を撮ったときでも、0と1のデジタル信号に変換されたデータの流れを捕らえて、ＪＰＬの新しい管制室に送ることができた。流れ込んでくる信号を讃え、ＳＦＯＦの中には「宇宙の中心」と書かれた銘板が掲げられることになった。

火星ミッションを進めるには、ＤＳＮの完成が不可欠だ。だが、惑星が整列している期間に次のマリナー号を打ち上げなくてはという圧力のあまり、レインジャー計画に対するＪＰＬの熱意不足と相まって、月計画に対する力が削がれてしまった。レインジャー6号機は一九六四年一月に打ち上げられた。ＪＰＬでは、探査機を計画通りいったん地球の軌道に〝駐車〟して、それから月に向かって送り出した。二月二日、探査機は予定の衝突地点「静かの海」に近づいていった。ＳＦＯＦでは、エンジニアとコンピューターたちが、探査機が月面に衝突する前に撮影する予定の数千枚の写真に向けて、カメラが起動するのを忍耐強く待っていた。リンドン・Ｂ・ジョンソン大統領はホワイトハウスで、ワシントンに設けられたＮＡＳＡの特設管制室からの知らせを聞くことになっていた。だが突然、奇妙な女性の声が流れ込んできた。「美しい香りをまとって歩く、エイヴォンのコロン」。職員は唖然とした。どう考えてもこれは月からの通信ではない。これは技師のミスだった。誤って、ＪＰＬで開催中のミス・アウタースペース・コンテスト（以前は「ミス誘導ミサイルコンテスト」と呼ばれていた）と混線してしまったのだ。技師がきまり悪さのあまり蒼白になっていた一方で、カメラの電源が入らない。この失敗で、ＪＰＬは月計画を取り上げられ、ＮＡＳＡにおける信頼を永遠に失ったのだと思わざるを得なかった。

＊

数日後、ピッカリングは集計が終わったミス・アウタースペース・コンテストの記念ダンスパーティーで女王に王冠を授けていた。研究所がＮＡＳＡの一員になったことで、ＪＰＬのミッションだけでなくビューティーコンテストの名前も変わっていたのだ。ピッカリングは、ＮＡＳＡのジェームズ・ウェッブ長官がワシントンＤＣに戻って告げた言葉を考え続けていた。「もう一回だ。もう一回だけ飛ばしていい」。これがレインジャー計画の最後のミッションとなり、ＪＰＬの将来が何もかも決まる。今年のこの重大な状況の中では、お祭り騒ぎなど退屈に思えた。ピッカリングが壇上に上がると、参加者ははじめはゆっくり、やがて全員が立ち上がって所長を囲み、大きく力強く拍手した。職員が寄せる信頼の暖かさを感じつつ、ピッカリングはマイクをとって言った。「皆で乗り越える。皆でやり遂げるんだ」。

バーバラは所長に対する尊敬の念に満たされ、最後の美人コンテストになるだろう機会を楽しみつつ拍手喝采した。彼女はマリナー計画に集中していた。レインジャー計画には関わっていなかったので、もう一度、火星の軌道のことを考えてみた。同時に、自分の家族についても考えていた。バーバラは再び妊娠していた。彼女はできる限り長く、妊娠八ヵ月になって歩きづらくなるまで働いた。今回は、留めやすい駐車スペースの申請はしなかった。あまり早く失職するようなことにはなりたくなかったのだ。退職のとき、バーバラは悲しみのうずきを感じた。彼女ができる仕事はもう残っていないだろうし、復職はできないだろう。新しいＩＢＭが次々とやってきて、女性たちの役割は失われようとしていた。

人間のコンピューターたちは、自分たちの運命がやがてはＪＰＬで働いていた女性の電話交換手と同じようになっていくのではないかと不安を感じていた。研究所にはかつて、一九四〇年代半ばにバーバラよりも早くから勤め、皆に愛されていたサリー・クレーンという電話交換手がいた。JPLの交換機の前に座って、サリーは電話交換機が手動操作から完全に電子的なものに切り替わっていく、電気通信革命の目撃者となった。サリーは、一九七〇年代にJPLを引退する直前の最後の数年間には時代遅れになりつつある技術を持っていた。自動交換機の登場により、合衆国の電話交換手の数は一九四七年から一九六〇年にかけて四三パーセントも減少した。これは減少の始まりにすぎず、何十万人もの電話交換手の仕事が新技術によって市場から失われていった。こうした前例がコンピューターとして働いていた人々を不安にさせていたのだ。

ヘレンは技術が旧式化していく脅威と戦っていた。彼女は、依然として女性をコンピューターとして雇用していたが、その立場の意味するところは変わっていった。ヘレンのチームは、NASA初のコンピューター・プログラマー部になった。女性たちは依然としてエンジニア（ほぼすべてが男性）と協力して仕事をしていたが、数学に秀でているというだけではもはや十分ではなかった。女性たちはIBMのコンピューターでプログラムを作成、修正、実行する方法を学ぶ必要があった。この分野で差を付けられるように、JPLはプログラミングのクラスを設けて女性たちの技能を最新のものにしていた。他のNASAのセンターでは、女性の仕事は過去へと消えていったのに対し、JPLの女性は、コンピューティングの専門知識を持っていることでこれまで以上に不可欠な存在になっていった。

その頃、研究所ではレインジャー6号のカメラが動作しなかった理由を突き止めていた。問題は、飛行中に点火したことで、カメラシステムに電気的ショートが起きたことにあった。設計上の問題を解決し、全員がレインジャー7号に向かっていた。六回もの惨めな失敗の後、今度こそ7号を成功させる。そうでなければならなかった。

レインジャー7号は、一九六四年七月の蒸し暑い午後に打ち上げられた。JPLの管制室は緊張に満ちていた。全員が自分たちの仕事と、そして研究所の運命が危機に瀕していることを自覚していた。気分を軽くしてプレッシャーを和らげようとエンジニアの一人、リチャード（ディック）・ウォレスがピーナッツのびんを回すことを思いついた。それが幸運のピーナッツとなったのか、あるいは単にこれまでの六回の手痛い失敗から教訓を得たのだとしても、打ち上げは完璧だった。だが、まだ祝うには早い。探査機は月の表面に予定通り到達しなければならないのだ。

数日後の七月三一日の早朝、ヘレンは新しいSFOFの見学席に座っていた。詰めかけた人々は皆、知らせを待ちわびて気をもんでいた。探査機が計画通り月に向かって突っ込んでいくと、カメラが起動した。突然、何千枚もの画像が飛び込んで来始めた。部屋中に歓声が湧き上がり、興奮のあまり座席から飛び上がった。JPLは、初めて月の表面を接近して見ていた。画像によってクレーターが点々と存在する大きな暗い平原のようすが明らかになった。それは荒涼とした世界だったが、ヘレンは幸せな気持ちになった。ついにやり遂げたのだ。

たとえ衝突させたのだとしても、月に探査機を着陸させることに成功したので、次のレインジャー探査機を送る場所を決めなくてはならないことになった。理屈から言えば次のステップは軟着陸だ、ということになるのかもしれないが、レインジャー計画の目標に軟着陸は入っていなかった。計画の目的は主に偵察であり、JPLは可能な限り多くの画像を取得したいと考えていた。アポロ計画に備えて、およそ九〇センチの着陸脚で降りられるエリアを選ぶ必要があった。JPLの誰もがそれぞれ意見を持っていて、静かの海、アルフォンスス・クレーター、蒸気の海、中央の入江、嵐の大洋のいずれかにしてはどうかと議論していた。JPLの科学的な目標と、アポロ計画における必要性とが釣り合いを取れる、完璧な場所にしたい。

JPLの科学者とエンジニアとの間の長い綱引きが始まった。二つのグループは何かと対立する目標の間を行ったり来たりして、絶えず妥協を迫られていた。つまり、かたや科学的探究という欲望を持ち、かたや新しい技術を開発したい。そんなレインジャー計画のミッションの中で、アメリカ地質調査所の科学者であり、カルテクの宇宙地質学の教師でもあるユージーン・シューメイカーが常に牽引役となっていった。シューメイカーの研究分野は天文学と地質学が融合した宇宙地質学であり、JPLのサイエンスチームに重要な専門知識をもたらした。彼はレインジャー8号を月の昼夜の鮮明な境界であるシャドウラインに近いところに送ろうとミッション・マネージャーの説得を試みた。ター

レインジャー９号が撮影した、昼夜の境界線シャドウラインが見える月の画像（Courtesy NASA/JPL-Caltech）

ミネーターとも呼ばれるこの境界線は、月の上をゆっくりと移動していく。月の一日は地球では二九・五日に相当する。地球では日没の頃の斜めに差し込む光がドラマチックな光景を作り出すように、月の表面で低い角度から差す太陽の光を利用して、影がくっきりと落ちた写真が撮れるとシューメイカーは考えていた。しかし、エンジニアは、十分な光量が得られないかもしれず、写真を撮影する機会を失ってしまう可能性があると主張した。このときはエンジニアたちの主張が勝ったが、シューメイカーは戦い続け、最終的に次のレインジャー9号のミッションで勝利を収めた。画像は約束通り素晴らしいものとなったが、科学者とエンジニアの緊張をはらんだ関係は続いた。

NASAの本部とJPLの科学者がアポロ計画の着陸地点について議論を重ねる中、火星探査の準備も進められていた。マリナー3号と4号を準備するまでに、一一月の数週間しかない。以前にもしたように、女性たちはマリナー探査機が作られている組み立て棟を見下ろすガラス張りのバルコニーへ見学に行った。白い長衣と帽子、手袋を身につけた宇宙機を手作業で組み立てていた。システム全体の試験を行う前に、四枚の大型太陽電池パネルが取り付けられ、天辺にはアンテナが乗せられた。自分たちが考案した設計が実物になっていくところを眺めるのは、コンピューターたちにとってわくわくすることでもあるが、同時に怖さも感じていた。自分たちの創造物が偉業を達成できるのか、それとも粉々に爆発してしまうのか、宇宙に漂うただのガラクタになってしまうのか、最後まで確信が持てるわけではないからだ。

一一月五日の夕方、マリナー3号はケープ・カナヴェラルからケープ・ケネディと名を改めた射点で打ち上げ準備を整えた。探査機がアトラス・アジェナ・ロケットの上段に据えられたのは、つい先日レインジャー7号が成功を収めたのと同じ射場だ。管制室のメンバーは験を担ぐほうではなかったが、このときばかりはもう一度ピーナッツが回された。打ち上げは順調に進んだが、わずか一時間後に問題が発生した。太陽電池パネルから電力が供給されないのだ。探査機を覆っていた被布（シュラウド）が予定通りに切り離されず、太陽電池パネルを展開することができなくなってしまっていた。管制室からマリナー3号へ、厄介もののガラス繊維を振り落とすコマンドを何度も送信したが、もう遅すぎた。マリナー3号は宇宙のガラクタになってしまったのだ。

ＪＰＬ中が被布の話題で持ちきりだった。亡骸を包む経帷子のように、ロケットの上昇中に大気から守られるよう探査機は被布に包まれている。被布を導入したのは、ジュノーの試験のときだ。はじめはただのアルミニウムの帯が使われていた。この仕掛けは、飛行を妨げない程度に空気力学的に衛星を覆って機体を保護できる程度に強力だった。間もなく、軽さと剛性を備えたガラス繊維のような複合材料が好んで使われるようになった。しかし、マリナー3号の経験から、ガラス繊維に問題があることが判明した。被布の表面とそのガラス繊維のハニカムコアとの間に圧力の差が生じて、被布が適切に切り離されなくなってしまうのだ。一刻も早く解決策を考案しなければならない。

気圧の問題を回避するため、今度は金属製の新しい被布が設計された。このことで探査機の重量が変わり、コンピューターたちは急遽、計算をすべてやり直さなければならなくなった。ロケットにも修正を加えなければならないので、軌道も同様に変更が必要だ。しかも、すべてを数週間で終わらせなければならないのだ。マリナー4号を仕上げるため、コンピューターたちは二四時間働いた。ここでうまくいかなければ、次の探査機を火星に打ち上げられるまであと二年待たされる。

一一月二八日、射点の準備が整い、ピーナッツが回された。探査機は天に向かって駆け上がり、被布は切り離され、太陽電池パネルが無事に展開した。火星へ向かう旅の準備がすべて整ったが、宇宙探査機は自身の位置を手探りし始めた。搭載された誘導システムは、星を利用して探査機を導くようになっている。まずは、目印となる太陽とカノープス〔りゅうこつ座α星〕の両方をしっかり見つけなければならない。カノープスを利用するのは、天球上で二番目に明るく見つけやすいからだ。しかし、探査機の電子機器は明るい星をたくさん見つけすぎてしまった。JPLでは、誘導システムの展開時に飛び散った塗料のかけらを星と混同しているのだと判断した。地上から、技術者たちは誘導システムが間違った星を何度も目標に定めてしまうところを見守っていた。ついにセンサーはカノープスを見つけ出し、マリナー号は赤い惑星へと進路を定めた。だが、無事に到着できるかどうか判明するまであと七ヵ月半待たなければならない。

JPLの関心は火星ミッションのことで占められていたが、月ミッションの重要性もこれまで以上に高まっていた。レインジャー8号機は一九六五年二月二〇日に月へ到着した。探査機は静かの海に近い月の表面に衝突し、数千もの高解像度の月の画像と映像を送ってきた。JPLでは、女性たちが月が近づくにつれてざらついた画像が次第に鮮明になっていくようすを固唾を呑んで見守っていた。観測者たちは、奇妙にうねる丘の連なりとクレーターの上にクレーターが重なってできた滑らかな曲線が作り出す月の信じられないような光景に驚嘆した。

ＪＰＬの地質学者は、月の高地のように科学的探査に適した岩石質の地形を好んでいた。高地は地球からも明るく見えていて、月の興味深い領域となっている。だが、静かの海の近くの着陸地点がアポロ計画にとっては好都合ということで選定された。クルーの乗った宇宙船を安全に着陸させるためには、地面が平らであることが重要だ。レインジャー８号のミッションは大成功だった。写真からアポロ着陸船を支えられるほど十分に平らでしっかりした地面が見つかったからだ。

最後のレインジャー探査機から送られてきた映像がテレビで生中継され、バーバラはテレビに見入っていた。今や一日中、二人の女の子の世話でくたくただ。カレンは四歳、キャシーは一歳の誕生日を迎えようとしていた。二人の子を抱えてバーバラは立っているのもやっとだ。くたびれきってはいたけれど、彼女は無人探査機が月に衝突するようすを信じられない思いで見守った。数百万の他のアメリカ人と同様、彼女は次々と飛び込んでくる月のクレーターの光景に魅了されていた。ＪＰＬの友達のことを思うと、遠くに湧き上がる誇りを感じる。だが、その瞬間はもうバーバラのものではない。ＪＰＬを離れて一年が経ち、家庭と家族の世話で日々の時間が過ぎていく中で、コンピューターとして働いていた時間が遠いものに思えた。

ヘレンも疲れを感じていた。就学前の二人の小さな子供とキャリアを両立させるのは、容易なことではない。マリナー４号が火星に近づくにつれ、彼女の就業時間も長くなっていった。常に軌道を再計算し、計算が正しいことを確認し、探査機の軌道補正の準備を進めた。多くのアメリカ人は、火星は知的生命を育む地球の姉妹惑星であると信じていた。二〇世紀はじめに天文学者のパーシヴァル・ローウェルは、赤い惑星の生命に関する三冊の本を発表し、望遠鏡で火星を観察すると見える〝運河〟を元に結論を下した。ローウェルの前にも、火星の表面を横切る長くて細い運河を発見した天文学者はいたが、ローウェルの記述による運河を作った火星人のイメージは印象的だった。世界中が固唾を呑んで探査機からの最初の画像を待っていた。そして、初めて異星の生命を目撃することになるのだと信じ込んでいた。

一九六五年七月一四日の夕方、マリナー号は火星へとたどり着いた。二二分間、ヘレンは静かすぎて落ち着かない管制室で飛び込んでくるデータを待っていた。レインジャー号のミッションのときとは違って、火星の画像を受信してすぐに見ることはできない。火星は遠く離れすぎているのだ。デジタル画像データは短冊として入ってきて、そこから画像を生成するにはＩＢＭが処理しなければならない。チームメンバーは、もう待ちきれなかった。そこで、自分たちで画像を作ろうと考えた。紙テープにデータの帯を印刷して壁に貼り付けた。データに含まれた数字は「画素」を意味する各ピクセルの明るさを表している。各色は明るさに応じて二五～五〇段階ある。エンジニアのディック・グラムがチョークを買いに走ったが、店員がそんなものはないと言うので、代わりにパステルを手に入れてきた。

茶色と赤、黄色のパステルを使って、エンジニアは数字をどう色付けしていくべきかの対応表を作った。それは巨大なペイント・バイ・ナンバー〔数字に沿って塗りつぶしていく方式の絵画キット〕のようで、ディックは対応表を慎重に追っていった。簡単な作業ではない。画像は二〇〇ピクセルから成る行が二〇〇行あり、圧倒的な量の色で塗りつぶされていった。一方でJPLの広報担当者も緊張していた。報道陣をこの美しい芸術作品から遠ざけて、白黒画像を公式に用意するまで待たせておくことはできるだろうか？　だが、それは無理な相談だった。ヘレンとエンジニアたちが初めて垣間見た火星の画像に興奮していたのと同じく、テレビクルーも興奮しきっていたからだ。報道陣は手描きの写真を撮影し、それを世界に発信した。だから世界初の火星の画像は、赤と茶色のパステルで彩られたものなのだ。

公式の白黒画像の処理が終わったのは、それから数日経ってからだった。画像から明らかになったことは、火星人が築いた運河などなかったということだ。むしろ、火星の表面には月を彷彿とさせるクレーターが散在していた。まるで砂漠のようだった。『ニューヨーク・タイムズ』は「火星はおそらく死んだ惑星だ」との社説を載せた。とはいえ、JPLでは将来のミッションでクレーターの部分に張り付いたり、湧き出る温水の中に生命の痕跡を発見できるかもしれない、という希望を残していた。

火星探査の興奮さめやらぬ中で、バーバラにもう一度ヘレンから電話がかかってきた。JPLはバーバラの力を必要としている。ヘレンは「戻ってきてもらえないかしら？」と頼んできたのだ。

バーバラはこの一年研究所と仲間に会えなくて寂しかったので、喜んで復帰すると伝えた。もう、頭の中ではベビーシッターの当てのことを考え始めていた。二度めの復職で、コンピューターがさらに洗練されていることを実感した。自分のスキルを取り戻すため、バーバラはＪＰＬの支援を受けてカルテクのプログラミングの授業を受けた。研究所と大学とのこの関係は、生きているほうと電気で動くほうのコンピューターの両方が最新の状態でいられるためには好都合だった。コンピューターの女性たちは頻繁にプログラミング言語コースを受講し、研究所に戻って勉強会を開催した。ヘレンは常にプログラムを学び続けていて、教わったことをスタッフに伝えようと心を砕いていた。

バーバラの友人、キャシー・トゥリーンも、子供が生まれた後に同じように復職していた。当時、幼い子供がいて働いている母親は二割しかいなかったため、ＪＰＬの女性たちは昼休みになると子供を持つ同士で集まることになった。話題は自然に月から火星へ、そして〝おちびさん〟たちの初めての言葉や初めての〝あんよ〟へと移っていった。子供が成長していくようすを話題にしながら、母親たちは研究所の雰囲気が変わってきたと感じていた。エンジニアは、より複雑で、より独立性の高い解析の仕事を求めてくるようになってきていた。コンピューター職の責任が増すにつれて、これまで学術雑誌にはほとんど載ることがなかったコンピューティング部門の仕事が多くの出版物に掲載される道が見えてきている。エンジニアのロジャー・バークは、不平等だと感じていた。ロジャーの研究仲間の仕事が表に現れないのがジェンダーのせいだとしか思えないのは、どうすればよいのだろう。

若い母親たちの仕事はこれまで以上に重要になってきているのに、彼女たちは業績に応じて受けて然るべきまっとうな認知を受けていないように思える。

キャシーは、マリナー4号が地球に送ってきたデータの山を分析する仕事でロジャーと緊密に協力していた。JPLではエンジニアリングと科学の世界を行き来しつつ、火星の大気の謎を解明しようとしていた。火星の大気の密度は地球の大気の〇・五パーセントしかないのだが、地球の北極、南極と同じように存在する火星の極冠が凍った二酸化炭素からできていることがわかった。火星は金星と同じように強力な磁場を持っていないと考えられる。だが、自転が遅すぎて磁場を形成できない金星とは異なり、火星は固体の核から生じる弱い磁場を持っている。地球のような荷電粒子が渦巻く液体金属の核はなく、大気による太陽風からの保護もなく火星はとり残されている。

火星の電離層と重力の影響について計算するという責任ある仕事を得て、キャシーは夢中になってこれに取り組んだ。ロジャーは、マリナー5号に搭載する高度維持システムに関する新しい論文に彼女の名前を掲載して、その貢献を認めることにした。キャシーは論文のタイトルページに「キャスリーン・L・トゥリーン、エンジニア」という自分の名前を見つけて息を呑んだ。これまで、キャシーは自分の名前と並べて「エンジニア」と書いてあるのを見たことがなかったのだ。

あるときキャシーが机に向かってマリナー号のデータを計算していると、半狂乱になったベビーシッターから電話がかかってきた。「息子さんが木の上に登ってしまいました。どうしても降りてきてくれないんです」と、シッターは叫んだ。「どうすればいいんですか」。キャシーにだってどうすればいいのかわからなかった。夫は一〇分程度で駆けつけることができる場所にいたので、しばらくなら職場を離れることができるかもしれない。夫婦は、息子の友だちの家に電話してみようと思い付くまで悩み続けた。友だちの少年は、うまいこと言って息子を誘ってくれ、それでやっと何もかも無事に済んだ。それでも、キャシーは働く母親であることについての罪悪感を感じざるを得なかった。「本当に必要なときそこにいることができなかったら?」と思うだけでも恐ろしいことだった。

幸いにも、ＪＰＬはキャシーたち母親の要求を受け入れる意向があった。キャシーやバーバラは早朝に研究所へ出勤して、朝ごはんを探して駐車場をうろうろしている鹿をびっくりさせることがよくあった。ベビーシッターのところへ子供たちを連れて行く役割は、夫が引き受ける。おかげで、鉛筆が紙の上を走る音と隣の部屋のＩＢＭの低いうなりだけが聞こえる静かな時間を活かすことができた。午後遅くになると、子供たちとすごす大切な時間を待ちわびて母親たちは大急ぎで家に帰っていった。必要に応じて勤務時間をずらし、早期に出勤して早上がりすることができたＪＰＬのフレキシブルな勤務体制は本当に貴重なものだった。仕事をするというのは、九時から五時まで机に向かっている、という意味ではない。そうではなく、仕事を終わらせる、という意味なのだ。

＊

女性が職場や家庭で必要な支援を得られるようになった頃、JPLではアポロ計画を支援する新たな「サーベイヤー」計画が始まった。エンジニアたちは、宇宙飛行士が軌道を維持できるように背中に「ついてきて」と看板を背負ったらどうだろう、などと冗談を言っていた。計画の目標は、月の表面に激突するのではなく、静かに着陸できる探査機を開発することだ。月に人を送ろうというのだから、軟着陸の技術は欠かせない。

サーベイヤー号は、長い脚を持つ白い三脚のような形をしていて、上部には二枚の大型太陽電池パネルが取り付けられていた。三脚のすぐ上に載せられた船体には、これまでにない、ノズルの方向を変えられる小型ロケットエンジンが取り付けられている。レーダーと自動操縦システムの指示に従って、小型エンジンが宇宙船をぐっと減速させ、静かに着陸ができるようになっている。船体下部に収納された二台のテレビカメラが撮影し、映像は太陽電池パネルの近くのアンテナから送信される。すでにレインジャー9号を打ち上げて月の表面から映像をリアルタイムで正常に送信した経験はあったのだが、それでもサーベイヤー号の繊細な着陸や画像撮影の伝送にあたっては相当な緊張を強いられた。一九六六年五月三〇日、打ち上げは計画通りに進んだ。二日半後、女性たちが見守る中で着陸機は月に近づいていった。宇宙船に搭載された小型エンジンは計画通りに噴射し、時速約九万七〇〇〇キロメートルから、わずか時速五キロメートルまでの減速に成功した。そして、宇宙船は月面に静かに着陸した。ＪＰＬでは、テレビ局のスタッフの一人がビル・ピッカリングのほうへ乗り出して「ああ、ところでこれ、世界中に生中継されていますからね」と告げていた。宇宙イベントが生放送されていることはよく知っていたはずだが、ピッカリングは動揺してしまい、それでも続けなければならなかった。一時間後、宇宙船は画像の撮影を始めた。ミッションは完璧だった。

次のサーベイヤー号は、同じようにうまくはいかなかった。女性たちが注意深く設定したはずの軌道変更の際に、ロケットエンジンの一基が点火に失敗してしまったのだ。探査機は制御を失った。アポロ計画の最初の打ち上げがあと一ヵ月後に迫る中で、これは手痛い失敗だった。

最初のミッションに向けて、一九六七年一月、アポロのクルーが訓練を実施した。円錐形のアポロ司令船は、人類を宇宙へと送ることができる強力で巨大な二段式のサターン・ロケットの頂上に取り付けられた。この試験は、実際の打ち上げにできるだけ近づけるよう、すべてのコンポーネントが組み立てられ、システムを起動して実行する模擬打ち上げとして行われることになっていた。ガス・グリソム、エド・ホワイト、ロジャー・チャフィーら三人の宇宙飛行士は白と銀の宇宙服を着て、金属製の赤い橋を渡って司令船に搭乗していった。彼らの後ろでハッチが閉められ、宇宙飛行士はほぼ酸素一〇〇パーセントの空気を吸い込んだ。そしてクルーは座席に横たわり、操縦板を見上げた。

それは、窮屈な空間で試験を行う長い一日だった。ほぼ一一時間後、宇宙飛行士は模擬打ち上げの中で最終カウントダウンに向けて準備を整えていた。打ち上げ一〇分前になったとき、通信問題が発生してカウントダウンが止まった。射場防御棟の打ち上げチームが突然の叫び声を聞くまで、すべては正常に動作しているように思えた。「操縦席で火災発生！」クルーが宇宙飛行士を救助するために走っていく中で、次の言葉はよく聞こえない。火災はゆっくりと始まったものの、ハッチドアの下で急に燃え上がった。酸素が豊富な空気のため、火は司令船を焼き尽くした。救助は遅すぎた。宇宙船の中で、宇宙飛行士たちはすでに命を落としていた。

この事故で、アポロ計画はほとんど中止になりかけた。この犠牲の代償として、NASA職員が何人も辞職したため、担っていた仕事を再開できなくなったのだ。議会の調査報告書が、事故の原因の一部はNASAがアポロ計画に関する問題を報告していなかったことにあるとしたため、議会はアポロ計画を中止するかもしれないと懸念する者もいた。NASAと議会による調査では、最終的に司令船内のガス・グリソムの席の近くで、偶発的に火花が散ることが判明した。酸素の多い空気と可燃性の物質が船内に多く存在することから、火災はすぐに制御不能になってしまった。さらに悲劇的なことに、ハッチのドアはあまりにも扱いにくくてすぐに開くことができず、宇宙飛行士の脱出を妨げてしまった。三人のクルーは宇宙服の中で窒息していた。彼らの体は炎に曝されたわけではなかったが、呼吸できる空気が奪われてしまったのだ。

事故のニュースがJPLへ飛び込んできたとき、バーバラと仲間の女性たちは恐怖を感じた。三人の若い宇宙飛行士は、年齢は三〇代から四〇代で家には幼い子供がいる。自分たちの夫とほぼ同じ年齢だと思わずにはいられなかったのだ。あまりにも悲しい出来事だった。アポロ計画は保留になり、月に人が降り立つなどという目標は、はるか遠いという雰囲気が国中に漂っていた。だが、ＪＰＬではこの悲劇は逆の効果をもたらした。次のサーベイヤー号のミッションは成功させなければならない。有人ミッションはもっと自信を高める必要があり、着陸が安全に行われると実証してみせることがＪＰＬの責任だった。

アポロの悲劇を胸に刻み、一九六七年四月、ＪＰＬのチームはサーベイヤー3号がケープ・ケネディから打ち上げられるようすを見守った。計画された軌道に沿って、宇宙船は目的地のクレーターへ着陸する前に月の表面で二回、大きくバウンドした。前回のサーベイヤー号とは違って、3号はシャベルを装備している。宇宙船はシャベルで小さな溝を掘って表土をすくい上げ、カメラの前に置いた。そのようすは三〇万キロメートル以上離れたＪＰＬへと届き、マギー・ベーレンスが夜遅くまで管制室で作業を続けて宇宙船から来たデータを処理していった。一連のデータをアナログからデジタルに変換し、月を構成する物資の粗さや強度を明らかにする作業だった。

マギーとＪＰＬのチームは、デジタル画像処理の先駆けとなった。ＦＯＲＴＲＡＮと後にＶＩＣＡＲと呼ばれるようになったプログラムを使ってＩＢＭｉ７０９４をプログラムし、月に向けられたカメラが撮影した四角形のアナログ画像をそれぞれドット（ピクセル）に変換していった。ＪＰＬではこの処理が必須だ。デジタル処理しなければ、月と惑星の地形は不明瞭でわかりにくい。デジタルデータで歪みを補完することで、きれいで鮮明な画像を生成することができる。

サーベイヤー3号は、初めて月を構成する物質の組成を詳しく調べ、アポロ宇宙船に適した着陸地点を発見することができた。月面着陸機の成功のニュースは、アメリカ人の気分を高揚させ、有人ミッションが成功する望みを与えた。バーバラはこうした新しい技術に驚きはしたものの、自宅で新しい技術の発展の成果を楽しんでいた。机に向かって新しい惑星ミッションの軌道計算をしながら、バーバラはパンティストッキングを指でなでてみた。この靴下は、新しいナイロン繊維を初めてパンティーと組み合わせたものだ。何十年もの間、バーバラは職場に向かうときも、夜の外出のときも女性らしくガーターベルトでストッキングを留めていた。控えめに言っても苦痛でしかなかった。

ガーターベルトは女性の腹部や脚に食い込んで何かと不快感を与えていた。パンティストッキングが登場したのは、一九五〇年代にエセル・ブーン・ガントという女性がいたおかげだ。彼女はニューヨーク市からノースカロライナ州の自宅まで一晩、列車に乗った後に夫に向かって「もう旅行に同行しない」と告げた。そのときエセルは妊娠していて、きついガーターベルトはあまりにも苦しかったのだ。とはいえ、この時代の女性が靴下を履かずに外出することなどできない。繊維会社を経営していた夫のアレン・ガント・シニアは、専門知識を駆使してこの問題を解決できないか考えてみた。後にパンティストッキングと呼ばれるようになるパンティ・レッグスは、一九五九年に生まれ、商店の棚に並ぶようになった。一九六〇年代になると、人気になりつつあったミニスカートではガーターベルトの線が見えてしまう。新しい繊維でできたパンティストッキングは、ガーターベルトよりはるかに快適で便利だった。

バーバラはミニスカートを履いてみるつもりはなかったが、試してみたい新しいスタイルがあった。ショーウインドウで見た美しいパンツスーツが気に入り、スリムフィットのデザインと華やかな色に足を止めて魅了されたのだ。ただ、職場に着ていくにはまだ勇気が足りなかった。

バーバラはマギーとまた会えて嬉しかった。マギーは三年間で三人の子供を産み、日中に子供たちの面倒を見てくれる隣人を見つけて復職していた。二人は子供のことや新しいファッションについてよく話していた。ある日のこと、ビル・ピッカリングの秘書がパンツスーツを着ているではないか。「あら、彼女が着ているなら、私たちが怖がらなくてもいいはずよね？」とバーバラはマギーに言った。そこで、二人はパンツスーツを買って、嬉しくもやや気恥ずかしさを感じつつ、研究所へ身に付けてきた。なにしろ、これまで職場にスラックスを履いてきたことがなかったのだ。

新しい流行のファッションを試しつつ、二人はプログラムのデバッグにも取り組んでいた。コンピューターの〝バグ〟とは、コードの中の問題のことだ。この言葉はトーマス・エジソンによって生み出され、後にハーバード大学の研究員として働いていた海軍少将のグレース・ホッパーが広めた。一九四七年九月九日の夕方、ハーバード大学のＭａｒｋⅡコンピューターのオペレータが機械に問題を抱えていた。調べてみると、パネルの継ぎ目に挟まっていた蛾が見つかった。死んだ虫は冗談交じりに研究ノートにテープで貼り付けられ、「発見された初の実際のバグ」と記された。この日から研究者たちは、自分たちが「コンピューター・プログラムから虫を取り除いている〔デバッグしている〕」と冗談を言うようになり、この言葉が広まっていった。

一九六〇年代のＪＰＬでプログラムの「デバッグ」とは、単に問題について話し合うということだった。マギーはバーバラと一緒に席について、コマンドを一つずつ実行していく。コードの各行で、マギーがその目的を説明する。たとえば「ここで整数の割り算をします」と言うと、続く方程式や文字列が論理的に整合性がとれているか検討される。マギーはプログラムを声に出して説明していくことで、自分で間違いに気づくこともよくあった。彼女が見落としたとしても、聞いているバーバラは確実に見つけ出すことができた。

マギーの仕事仲間への信頼はこれまで通り続いていたが、家では結婚生活が空回りしていた。一〇代の頃感じたロマンスの幻は冷え切っていった。彼女と夫は、うまくやっていくことができない不似合いなカップルだった。マギーは結婚生活が悪化していく中で、もっと仕事をしなくてはならないと感じるようになっていた。離婚は避けられないとすれば、財政的に独立しなければならない。それを可能にするのは、ＪＰＬでの仕事だ。

一日が終わって研究所を出るとき、ほかのコンピューターが「さあ、家に帰って本当の仕事をしなきゃね」と言ったことがある。その冗談に笑いはしたものの、マギーはそれが本当のことだとわかっていた。毎日、研究所から家に帰ると、急いで夕食を作り、子供たちを風呂に入れて寝かしつけ、そして食器を洗って洗濯をしなければならない。夜一〇時にパジャマを着ると、頭から足まで疲れきっていた。働く母親は何かと大変なものだが、バーバラやヘレンとは違って、マギーは家庭内に平等なパートナーがいなかった。一九歳のときに選んだ男は、家のことを手伝おうとまったく思っていなかった。マギーは、あとどのくらい続くのかと考えた。もう、諦めるときなのかもしれない。

＊

一九六八年四月四日の朝、アポロ６号はダークブルーの空へと打ち上げられ、宇宙へ飛び立っていった。人間は乗っていなかった。この打ち上げは、三段型のサターンVロケットの打ち上げ能力と安全性を試験するためのものだ。打ち上げは苦戦を強いられていた。まず、離床のわずか二分後にロケットの構体が危険なほど振動を始めた。一方、構造パネルが宇宙船モジュールから剥がれ落ち、製造上の欠陥が明らかになった。さらに、第二段の五基のエンジンのうち二基が点火せず、第三段にいたってはまったく点火しなかった。それでも、アポロ宇宙船は高度二万二〇〇〇キロメートルの頂点に達し、いつか宇宙飛行士が座ることになる司令船は、大西洋へ安全に帰還した。

だが、お祝いはなかった。無人の宇宙船が海へ着水した一時間後、テネシー州のメンフィスでマーチン・ルーサー・キング・ジュニアが致命的な狙撃を受けた。暗殺は国中に衝撃を与えた。バーバラもマギーも、コンピューターたちも、なぜこの悲劇が起きたのか理解するのに苦労していた。地上の世界がばらばらになっていくときに、自分たちの心を宇宙に集中させるのは難しいことだった。

第10章　最後の宇宙女王

風が吹いてシルヴィア・ランディの髪をなびかせ、フロントガラスで日差しがきらめいた。小さな車がゴロゴロと走り出すとシルヴィアは微笑んだ。夏の探検は大好きだ。この先何が待っているのかはわからないけれど、何もかも後に残してきたのだ。フォルクスワーゲン・ビートルでの小旅行も博打のようなものだが、ニュージャージーからカリフォルニアまでのこの旅こそ本当の冒険だった。生まれて初めて、シルヴィアは家族のもとを離れた。運転中の新婚の夫のほうを見て、そっとその手に触れた。二人は開けた道を行く気楽さを楽しんでいた。ときには迷子になり、埃っぽい道を進み、進むにつれて地図はしわくちゃになっていった。二人は親類に会いにいき、立ち寄る街は気まぐれに決めた。どんなルートをたどっても、西に向かうことができればよかった。

シルヴィアはいつだって旅行が大好きだった。子供のときから、慣れ親しんだ場所を離れるのも魅力的だった。シルヴィアが三歳のとき、家族はリオデジャネイロへと引っ越した。姉たちは言葉や異なる文化で苦労していたが、シルヴィアは新しい生活にすぐ馴染んでしまった。父親はＭＩＴで公衆衛生の博士号を取得し、アメリカ政府に雇われて疫学と衛生に関する教育の仕事についていた。彼女の母親は教育学の学士で、化学と数学を教えることが多かった。シルヴィアの父親がマサチューセッツで博士号を修得する間、母親は学校で教えて家を支えていた。ブラジルで母は家の切り盛りに忙しく、娘たちの教育のことを真剣に考えて、読書家ではなかったシルヴィアの先行きを少し心配していた。

一家はイパネマの浜辺に近い家へと引っ越した。愛情を込めてベルタ、バービー、サリーと呼ばれていた年の近い三姉妹は、一緒に砂の城を作り、海に飛び込んで遊んだ。紺碧の海へと続く白砂の海岸は素晴らしかった。だが、暖かい海は誘惑的でも、危険な強い大波が来ることもあった。ビーチで怖い思いをすると、姉妹はときおり波に引きずり込まれる悪夢を見た。

一家はブラジルが大好きになり、リオのツアーに参加してコルコバード山の頂上の有名なキリストの像を見に行ったりもした。シルヴィアの父親は、家族を首都に残して仕事のためブラジル中を旅行し、姉妹は英語学校に通っていた。父親はインドへの転勤を希望していたが、四年後の転勤先はメキシコシティだった。転勤に伴って、両親は子供たちの教育をより真剣に考えるようになっていた。シルヴィアはいつか、父がたどったのと同じ道を歩み、博士号を取るのだと考えていた。その日に備えて、母親はシルヴィアが夜おとなしくしていられるように数学パズルを与えた。そうすれば、シルヴィアは心の中で数を数えながら眠りにつくようになる。

父親の仕事のためにアメリカに戻ったとき、シルヴィアは九歳になっていた。ニュージャージーに引っ越してからわずか数週間後、父が心臓発作で倒れた。彼の心臓は決して丈夫ではなく、高地のメキシコシティに住んでいたことがさらに負担をかけたのだろう。父の死は悲劇で、姉妹は父が恋しくて仕方なかった。

今や、若い家族たちを支える役目はシルヴィアの母親のものとなった。母はラトガース大学の姉妹校で女子大学であるダグラス・カレッジの副学部長の秘書として就職した。シルヴィアの母親は、自分が手いっぱいの中で三人の娘に教育を受けさせるなら、大学で働けば娘達の授業料免除を受けられるという知恵を使ったのだ。この特権を駆使するため、かつては世界中を旅していた家族は街に落ち着くことになった。姉妹は大学の町であの歌と同じようにどこから見ても優美で美しい〝イパネマの娘〟〔the girls from Ipanema〕として知られるようになった。

シルヴィアは自宅からダグラス・カレッジに通っていた。相変わらず読書家ではなかったが、数学を愛するようになった。微積分学の上級コースを履修し、バスに飛び乗って男子校のラトガース大学まで行き、物理のクラスを受けたりもしていた。最終学年になる頃、ラトガース大学に新しいクラスができた。計算機科学の一年コースだ。シルヴィアはこのコースが大好きだった。ＩＢＭ１１３０で学ぶプログラミングは複雑ではあったが、ゲームや自分にぴったり合った巨大なパズルのように感じられた。教師はミセス・ドロエージュという名のＩＢＭのシステム・エンジニアで、シルヴィアを導いてくれたよい教師だった。

シルヴィアは大学で学位を取得しただけでなく、恋に落ちた。一年生のときからラトガースの学生でエンジニアリング専攻のデイヴィッドとデートをしていたが、彼女が卒業したので結婚することになったのだ。二人の姉も大学卒業のすぐ後に結婚していて、今度は彼女の番だ。シルヴィアとデイヴィッドは一九六八年六月に結婚し、その後デイヴィッドがカルテクで工学を学ぶことにしたため、カリフォルニアへと向かった。

カリフォルニアに落ち着くと、シルヴィアは仕事を探し始めた。教会の友人がJPLにミッション・デザイン室という部門があると教えてくれて、シルヴィアに向いているのではないかと言う。面接の日、ヘレン・リンは不在だったのでバーバラ・ポールソンが代わりを務めた。シルヴィアはバーバラの暖かく親しみやすい態度にすぐ打ち解けた。バーバラのいるグループで働きたいと思った。

バーバラもシルヴィアの数学の学位とFORTRANの知識に感心し、彼女を雇うべきだとヘレンに話した。よくわからない理由でJPLはいったんシルヴィアの正式採用を見送ろうとしたのだが、バーバラは彼女には価値があると主張した。そこで採用されることとなり、シルヴィアは正式にヘレンの部署の一員となった。

一九六八年、女性たちは火星へもう一度行くための準備を整えていた。マリナー6号と7号は、赤い惑星に向かう最新型の探査機だ。コンピューターたちは宇宙探査機の軌道をプロットする作業に真剣に取り組み、惑星の周囲から地球外の生命を探査する機器をプログラムしていた。ヘレンは、探査機に何か問題が生じた場合に備えて、緊急時の計画を立てていた。代わりの経路を星図を使ってプロットする。地球では緯度と経度を用いて地図上の位置を表すが、宇宙では天球座標、赤緯と赤経を用いて位置を表す。ヘレンの作業は実際には使われないほうがよいとはいえ、二八×四三センチの星図上に軌道を描く作業に長い時間を費やすことになった。

マギーも長い時間働いていた。彼女は、探査機と地上との間の信号強度を向上させるために、研究所中からデータをかき集めていた。その役目は研究所の開発の進捗状況を把握するためのメモを作成することだった。彼女がプロジェクトの管理権限を持つのはこれが初めてのことで、研究所で回覧される最新情報に自分の名前が載ったことを誇らしく思っていた。マギーはこのプロジェクトに関わったことで、「デシベル・カウンター」というあだ名を付けられた。これは、信号強度がデシベル単位で測定されているためだ。マギーは新しいあだ名に笑ったが、少なくともこの役割はあぶくのように消えてしまうものではない、と思った。彼女はまた、宇宙機の組立部門とも協力していて、探査機のカメラ機材からテープに書き込まれたデータを画像処理室が映像化するための変換プログラムを書いていた。彼女が作ったソフトウェアはよくできていた。だが、彼女の結婚生活は終わっていた。

ＪＰＬの友人たちの懸念は正しかった。マギーは夫よりも賢すぎたのだ。彼女は最善を尽くしたが、これ以上結婚生活を続けることはできなかった。離婚してからというもの、マギーは孤独と世界から隔絶された感じを抱いていた。これから四人の子供の将来を案じていかなくてはならない。自分がパートナーと別れた世界で唯一の人であるかのように感じてはいたものの、実際には、アメリカで離婚する世帯はほぼ五〇パーセントへと急増していた。一九六九年にカリフォルニア州の家族法が成立し、無過失でも離婚することが可能になった。そしてカリフォルニアだけではなく、全国の夫婦が「和解しがたい不和」を理由に離婚することを認めた法律ができ、結婚に囚われていた女性にも離婚という選択肢が広がったのだ。マギーは決断を下したとき、「私にはまだ子供たちと仕事がある」と思わずにはいられなかった。

一方でスー・フィンレーは魂が抜け出てしまったような空虚さを感じていた。彼女は二人の男の子の世話にあけくれて六年間も家にいた。子供たちのことは愛していたが、気が狂いそうだとも感じていた。何もかもちゃんとしていられるように努めてはいたものの、不安と心配が次々と沸き起こってくる。彼女が通うようになったセラピストは、話に忍耐強く耳を傾けた後に珍しい療法を処方した。彼女には治療は必要ではない、必要なのは仕事に戻ることだ、と言うのだ。「お子さんたちにとってもそのほうが良いですよ」と彼は説いた。スーも頷いた。たしかに仕事に戻るときだ。自信を持てる仕事をし、得意な作業をすることで、自分の強さと決断力を感じられる。何よりも母親であることを愛していたものの、これまでそうした気持ちを忘れていたのだ。

スーが研究所を離れてからの六年間で、多くのことが変わっていた。復帰の準備にスーは何ヵ月もマニュアルを勉強し、新しいコンピューター・プログラミング言語に追いつこうと努力した。今やFORTRAN66が業界標準となっている。ようやくIBMは新しいマシンごとに固有のプログラミング言語を使うのではなく、共通の言語を用いることができるようになったのだ。スーが新しい技術に没頭していると、正気を失ったような感覚は次第に吹き散らされていった。JPLの友人のところに戻っても、ありがたいことにスーは子供を置いてきたという罪の意識を感じなくてすんだ。セラピストは、これは医学的に必要なことなのだからと言ってくれるし、同僚の多くが働く母親だったことも幸いした。彼女は支援が必要になるとヘレンやバーバラ、そして最近になって復帰したメリリン・ギルクリストを頼っていた。

スーが研究所で正気と人生を取り戻していた頃、人類はついに月へと降り立った。一九六九年七月二〇日、ニール・アームストロングとバズ・オルドリンは地球以外の天体に足跡を残した最初の人間となったのだ。この歴史的ミッションのいたるところに、コンピューターたちの業績が残っている。その遺産は、人類を乗せたロケットから数え上げていくことができる。多段式ロケットの技術は、世界初の二段式ロケット、JPLのバンパーWACの開発に参加した女性たちの仕事が実現したものだ。また、ロケットそのものもエクスプローラー衛星を打ち上げたロケットの後継機に当たる。アポロ月着陸船には、点火装置を必要としない特殊な推進剤が燃料として使われている。これも、コンピューターたちがコーポラル・ミサイルの計画の中で開発に関わった自己着火式（ハイパーゴリック）燃料と呼ばれる新しい物質だ。アポロ計画の着陸地点を決めるにあたって、レインジャー号とサーベイヤー号のミッションが重要だったということも言うまでもない。そして、ニール・アームストロングが月面に立って「ひとりの人間にとっては小さな一歩だが、人類にとって偉大な飛躍だ」と言ったその音声を地球へ伝えたのは、コンピューターたちが誠心誠意取り組んできたディープ・スペース・ネットワークのカリフォルニアとオーストラリアの追跡局だった。アポロ11号の成果は、高みへ高みへと登ってきた数多くの成功が築いた頂点なのだ。

何百万人もの他のアメリカ人と同じように、コンピューターたちも驚きと畏敬の念が入り混じった目で月を歩く最初の一歩を見ていた。彼女たちは控えめで、偉業の達成に関わった自分たちの手作業について考えていなかった。むしろ、その瞬間の魔法の中で我を忘れて、テレビの荒い画像に釘付けになっていた。自分の目が信じられなかった。

九日後、今度は火星の番となった。マリナー6号は、赤い惑星へ近づく瞬間——JPLでは惑星接近（planetary encounter）と呼ばれている——を迎えようとしていた。マギーは管制室で緊張しつつ、そのときを待っていた。今回初めて、他の惑星から画像の即時送信を行うことになっていて、この観測データ高速送信システムのプログラミングにはマギーも関わっている。探査機が火星表面からわずか三二〇〇キロメートルの位置から撮影したデータは、地球まで約六四〇〇万キロメートルの距離を旅してゴールドストーン局の巨大アンテナへと流れ込んだ。深夜だったが、マギーは眠気を感じなかった。リアルタイムで飛び込んでくる画像を見ると、興奮が体の中を駆け巡る。画像は新しい火星の詳細な姿を明らかにしていった。地球の北極と南極と同じように両極が白く浮かび上がり、地球に似た外観となっていた。だが、探査機が近づくにつれ、科学者から「カオス地形」と呼ばれている奇妙な地形の画像が明らかになった。クレーターだらけの砂漠、奇妙な形に崩れた尾根、巨大な的のような不思議な同心円などが写っていた。

新たに得たデータは、これまで火星についてわかっていたことをはるかに超えるものだった。カメラは火星の地形を写し、紫外線・赤外線分光計と赤外放射計が火星の大気を分析した。新しい観測装置によって判明したのは、火星は表面にクレーターを持つという点では月に似ているものの、それ以外はまったく異なっているということだ。このミッションによって、火星で複雑な生命を発見するという望みは絶たれたと思われた。気温は凍て付くほど低く、大気中にはほとんど酸素がなく、植生は見られなかった。マリナー6号が明らかにしたのは、ごく薄い大気を持つ老齢の惑星の姿だった。

この発見は、火星で春になると季節の砂嵐によって植生が復活し生命活動が見られる、と誤った説を唱えていた科学者にとっては大打撃だったが、大衆文化をもぶち壊しにした。「火星の植物の王国は、主に緑色ではなく鮮血のような赤みを帯びている」と記したH・G・ウェルズの『宇宙戦争』に逆風が吹き、映画『惑星アドベンチャー・スペース・モンスター襲来！』や『ザ・デイ・マーズ・インベーデッド・アース』に描かれたような魅力的で恐ろしいエイリアンや、レイ・ブラッドベリの

『火星年代記』といった本は絵空事になってしまった。

とはいえ、生命を育むことができる別の星を発見するという夢が、それほど簡単に潰えたわけではなかった。ごく単純な生命体ならば惑星のどこかに潜んでいる可能性はまだあった。地球では微生物が火山の噴火口や南極大陸の氷のような極限環境で生きている。今日でも、それと同じような生命が他の惑星でも見出される可能性はある。それに、JPLには火星にさらに接近し、地表を掘って試料を採取し、分析して見つけなければならないという問題がまだ残っている。このためには、はるかに複雑なアプローチが必要になってくる。火星に生命を発見し、宇宙で生きている仲間を見つけたいという想いは、もはや執念となって何十年も続くことになった。

シルヴィアは火星の美しさを愛でている時間はほとんどなかった。彼女は夜間学校に通い、毎日が仕事と学校、家庭生活で目まぐるしく過ぎていった。ヘレンを筆頭とするJPLの誰もが、シルヴィアがエンジニアリングの修士号を取得するよう奨励していた。週に二回、彼女は三時間のクラスに参加していた。教師の多くがJPLのエンジニアであり、実習はとても楽しかった。クラスがない日の夜は、課題に取り組む。とはいえ、たやすいことではなかった。シルヴィアとデイヴィッドは、家具付きで寝室が一つの、狭くて食器洗い機といった近代的な設備はついていないアパートに住んでいた。狭いので掃除に時間がかからないとは言えたが、食料品の買い物や料理といった家事だけでもシルヴィアは手一杯だ。デイヴィッドはカルテクでの勉強に忙しく、積み重なる日常生活の雑用にどこかが破綻することは避けられそうになかった。

シルヴィアがＪＰＬに入ったのはＩＢＭの時代になってからだが、先輩のコンピューターたちは研究所でいまだに手作業でデータを書き込み、宇宙機の軌道を手計算してからノートに記入していた。シルヴィアはこれまでそんな作業をしたことがなかったので、シャープペンシルで紙に記入するだけでも苦労していたところを笑われてしまった。紙は薄くて、書き間違えないようにしなければならない。消しゴムで間違いを消すといつも紙に穴を空けてしまい、もっと練習しなければならなかった。

シルヴィアは紙に向かって計算するだけではなく、ＪＰＬ史上でも最もエキサイティングな計画となる「グランド・ツアー」のプログラミングに参加していた。この野心的な計画は、一九七〇年代後半に起こる一七六年に一度の〝惑星直列〟という好機を捕らえようとしていた。惑星直列が起きる期間、太陽系の外側の惑星同士がうまいこと近づくため、通常ならば海王星まで航行するのに三〇年かかるところをわずか一三年で行くことができる。ＪＰＬでは、外惑星の中でも木星、土星、天王星、海王星、冥王星へ二機の探査機を送ろうと考えていた。「重力アシスト（スイングバイ）」と呼ばれるこれまでにない航行技術を使えば、太陽系を馬跳び遊びで巡るような探査が可能になる。

かつて管制室にピーナッツを持ち込んだエンジニアのディック・ウォレスが「重力アシスト」の概念をシルヴィアに教えてくれた。「重力を使った大きなぱちんこみたいなものでね」と彼は説明した。探査機が惑星に近づくにつれて、その重力を利用して加速することができる。惑星も太陽のまわりを回っているため、探査機はその軌道角運動量のほんの一部を借りればよいのだ。そうすると、探査機を正しい軌道に乗せれば、惑星の軌道に沿って加速しながらまた飛び出していくことになる。軌道を完璧に計算しておけば、太陽系全体に探査機を送ることができるのだ。重力アシストと来たる惑星直列を利用して、これまで考えられていたものよりはるかに少ない推進剤、つまりより少ないコストでこの探査を達成できる。JPLは計画をNASAに提案し、予算上の利点を強調した。

一九六九年一一月、アポロ12号が月に接近していた。チャールズ・〝ピート〟・コンラッドとアラン・L・ビーンは、宇宙船の窓から近づきつつある月の表面を見ていた。着陸機が大きく旋回したとき、ピートは信じられない思いで機械の先達の姿を見た。二年前にミッションを終えたサーベイヤー3号がある。宇宙飛行士はロボット宇宙船のかけらを拾い上げた。その成果は時間と共に霞んでいたとはいえ、人類が月面を歩く道を切り開いたのだ。宇宙飛行士はJPLで受けた訓練通り正確に部品を梱包し、宇宙船へと運び入れた。サーベイヤー3号は、地球へと帰還した唯一の月探査機である。

一九六〇年代の終わりになって、ホワイトハウスに新しい大統領が登場していた。コンピューターたちの目からすれば、リチャード・ニクソンがNASAを科学的価値という観点ではなく、党派性の強い政治的な駒、とりわけケネディの産物として見ていたことは明らかだった。このことは、就任直後にマサチューセッツ州ケンブリッジにあったNASAの研究所を閉鎖し、宇宙機関の予算を削減したことからもわかる。そして、グランド・ツアーは中止に追い込まれた。

ＪＰＬは、太陽系を探査するという計画をあきらめてはいなかった。惑星直列という稀な機会をみすみす逃すことなどできない。計画中止の後も、幾人かのエンジニアが週末に秘密の会合を重ねていた。なんとかグランド・ツアーを実現する低コストの方法を考え出さなくてはならない。シルヴィアもプログラミングの課題に取り組んだ。ミッションを外惑星ごとに二機の探査機に分けて行うのではなく、探査機と軌道を設計し直せば、一度の大冒険で外惑星をすべて巡回することができる。グループは、週末になると早朝の時間を使って軌道を工夫し、大冒険を可能にするプログラミングを探し求めた。

最大の課題は、土星をフライバイ通過する方法を考え出すことだった。さらなる外惑星へと到達できる航路を確保するには、土星で十分な推進力を得られる軌道を完璧に計算する必要がある。シルヴィアは「ポスト・エンカウンター（接近後）」を縮めた「ポストE」というプログラムを書き始めた。計画がまとめ上げられ、月曜日の朝には、シルヴィアは成功するという確信を抱いていた。野心的だが、コストを大幅に削減する実行可能な計画がわかったのだ。彼女の上司のロジャー・バークがＮＡＳＡの本部に計画を提示することになった。シルヴィアは指を十字に切って会議がうまくいくよう祈った。もっとこの計画に取り組んでいきたい。

シルヴィアが太陽系グランド・ツアー計画に取り組む中、地球上での結婚生活は危機に瀕していた。マギーと同じように、彼女は仕事に打ち込み、宇宙の謎を解き明かすという挑戦の中に慰めを見出していた。夫との退屈な日々の諍いとは対照的に、仕事は順調だ。二人には子供がいないのだから、離婚するつもりなら早くそうしたほうがいい。キャリアと結婚生活を天秤にかけて、両方とも手に入れるなど無理な話だ。シルヴィアは研究所で夜遅くまで仕事をしながら、ほんの数キロメートルしか離れていないカルテクで過ごしているデイヴィッドのことを考えた。家庭と人生を分かち合っている二人なのに、お互いのことをほとんど知らないなんておかしな話だ。ふいに心が決まった。彼とは別れよう。

シルヴィアやマギーの結婚と同じように、ある伝統がJPLで終わりを迎えようとしていた。最後のミス・アウタースペース・コンテストが開催されたのだ。投票、そしてダンスパーティは過去の時代のものだった。ミス誘導ミサイル・コンテスト時代に候補者として参加したことがあるバーバラにとっても、ミスコンテストはもう時代遅れに思われる。最後の宇宙女王に王冠が与えられた頃、国中に男女同権の波が広がっていた。

一九七〇年は、女性に投票権が与えられたアメリカ合衆国憲法修正第一九条の成立から五〇周年に当たる。その認知を広めようとアメリカ女性機構は、平等を求める〝女性ストライキ〟を開催した。ストライキは四〇州で行われ、二万人がニューヨークの五番街で行進した。女性たちは、「私たちは五一パーセントのマイノリティ。主婦は奴隷労働者」というスローガンを掲げた。抗議運動は、女性の平等な権利を保証する憲法改正案を通過させるよう議会に圧力をかけた。女性の役割は急速に変わっていき、当の女性自身も困惑させられることがあった。ある抗議活動を見ていた女性の不動産業者は「ああした女性たちが何を考えているのかわかりません。見た目の素敵な女性に男性の視線が集まるのはいいことでしょう?」と『タイム』誌にコメントした。急速な変化が混乱を招くこともあったにせよ、女性解放運動の影響はどこにでも、JPLのオフィスにも広がっていった。

女性の職種も変わっていった。研究所の開設以来、「コンピューター」と呼ばれていた女性たちは、正式に「エンジニア」となった。それは月面着陸にも匹敵する大きな飛躍だった。何年にもわたって仕事の重要性は着実に上がっており、今やその経験に見合うだけの職種を得たのだ。これまでずっと働いてきたヘレンやバーバラ、マギーたち女性にとっては、美人コンテストの女王となることよりはるかに価値があるものだった。

新しいプロフェッショナルとしての役職名で武装したマギーは、金星と水星を一度に探査するマリナー10号に取り組むことになった。探査機は金星を通過して、太陽系で最も小さな惑星、水星へと向かう。問題は、宇宙探査機が金星の向こう側に入ってしまうと、通信することも軌道を修正することもできないということだ。何かこの解決策を見つけなければならない。マギーは、探査機が地球のほうを向いている限り、探査機からの無線信号が金星の大気によって屈折するという現象を活かすことにした。探査機の位置とアンテナの方向を慎重に計算し、チームと共に、金星の重力をうまく活かす方法も考案した。太陽に向かっていくことはそれほど難しくないにせよ、水星の軌道に入るにはあまり速く突っ込んでいくことができない。金星の重力を利用すれば、探査機を減速して、太陽に最も近い惑星の軌道に入れることができる。これは、重力アシストを利用する初のミッションとなる。プログラムの中で難しい部分があると、マギーはいつも仲間の女性たちに聞きに行った。頼りになる友達がいるというのは嬉しいことだ。DSNの機能を目一杯活かすことで、マギーはマリナー号による初の水星探査を実現する軌道を描いていった。

シルヴィアもこの計画に参加していた。コンピューター・アニメーションを作成して、探査機の航路を視覚化し、この計画を支援していたのだ。探査機は水星の軌道に入った後はどこへ行くのだろうか？　その答えは、イタリア人エンジニアのジュゼッペ・コロンボという意外な方面からもたらされた。一九七〇年にJPLで開催されたマリナー10号に関する会議の席で、コロンボは、水星に二回接近できる方法を提案したのだ。ほかのエンジニアと協力して、シルヴィアはコロンボの提案が正しいということを確かめ、マリナー10号が水星のまわりをもう一度回り、カメラでさらに画像を撮影できる軌道を検証してみせた。

マギーとシルヴィアは、一九七三年一一月三日にケープ・ケネディから水星の大気と表面探査へ向かうマリナー10号機が打ち上げられるところを見送った。計画がうまくいくかどうか判明するのは、数ヵ月後のことだ。

一方でヘレンは自ら計画を立てていた。本来、部門の新規採用者はすべて工学の学位を取得しなければならないのだが、ヘレンも他の女性もそのルールの適応を除外されてエンジニアとして働いている。工学の専攻課程は、女性を学生として受け入れ始めたばかりだった。カルテクは一九七〇年についに門戸を開いたが、この分野へと入ってくる女性はほとんどいない。その年、全国で工学の学位を取得した女性は全体の一パーセントもいなかった。これでは、JPLの新たなルールのもとでは、エンジニアの資格を持つ女性はほぼいないということになってしまう。ヘレンは自分がグループの女性たちの導き手であることを楽しんでいたし、もっとそうでありたいと思っていたので、簡単な計画を思いついた。才能ある女性を見つけて、プログラマーとして雇うことでまず入り口を開く。それから、工学の上級の学位を修得するよう奨励すればいいのだ。そして夜間学校に通っている間に、JPLの枠組みの中での昇進の仕方を教える。適性があって指導を受けられれば、研究所には女性エンジニアの時代が到来するだろう。

暖かく晴れた夏の午後、JPLの女性と家族一二人がマリブ〔カリフォルニア州の太平洋に面した都市。美しい景色で知られる〕のビーチへピクニックに集まってきた。毛布とビーチチェアを広げると、海から吹くそよ風が髪を撫でていった。バッグやバスケットから飲み物にサンドイッチ、フルーツが取り出され、肌に当たる暖かい日差しは天国のようだ。スポーティでスタイリッシュなビキニを着た者もいて、水着でふざけ合い、きゃあきゃあ叫びながら海につま先を浸しては暑い砂浜へ駆け戻った。太陽の熱と水の冷たさが染み渡り、強烈に生きていることを感じた。

皆で自分たちの業績をお祝いする日だった。国中で女性の平等な権利を要求する抗議活動が起きる時代、ＪＰＬの女性は自分たちで平等を勝ち取った。自らの考え方に沿って研究室を作り上げ、女性が歓迎される環境を構築してきた。その仕事と貢献は、一つ一つが男性のそれと同じように価値がある。

カリフォルニアの日差しが髪と肌に染み込むようにベビーオイルを身体にすり込んでいると、ＩＢＭと同じ技術から生まれたトランジスタラジオがビートルズの曲を流した。皆で飲み物を掲げ、最新鋭の宇宙探査機を讃えた。「マリナーに乾杯！」「グランド・ツアーに乾杯！」。探査機は何百万キロも離れたところを旅していて、地球上では小さなパサデナの街の中でも新天地が切り開かれている。それでもまだ征服していない別のフロンティアがある。ＮＡＳＡに認めさせることさえできれば、太陽系は探査を待っているのだ。

第Ⅳ部　1970年代～現代

バーバラ・ポールソン

ヘレン・リン

スーザン・フィンレイ

シルヴィア・ランディ（結婚後はミラー）

第11章　火星から来た男

バーバラ・ポールソンは、台風のようなものすごい勢いで研究所中を巻き込みながらクリスマスの準備をしていた。クリスマスを完璧なものにする、というバーバラの決意の前には、カリフォルニアでは雪が降らないことも、一二月の熱波が来ることも何の障害にもならない。クリスマスの飾り付けをし、クッキーを配りまくり、全員がプレゼント交換の準備が整っているかどうかを確かめた。プレゼントには名前を書いてはいけないことになっている。かわりに、贈り物が誰から誰あてなのかうかがわせる詩を書いておくのだ。この伝統のおかげで、毎年のように苦悶のうめき声が上がったが、スー・フィンレイとバーバラの二人はとても楽しんでいた。

バーバラがオフィスできりきり舞いしていると、シルヴィア・ランディの上司、ディック・ウォレスが大きな金網を一巻き部屋に持ち込んだ。「これをどうするの?」とバーバラが聞いても、ディックは「見ていればわかるよ」としか答えない。そして薄くてしなやかな金網を天井まで届く巨大な円錐形に整えていった。ディックは、昼食時になるといつもピーナッツのほかにもいろんなものを持ってきてくれる。春になれば庭で咲いた椿の花を部屋に飾ってくれるし、冬になればクリスマスの飾り付けを助けてくれた。「君の行くところには、君のクリスマスツリーがある」とディックは満面の笑顔で言い、女性たちもすっかり感心して共に笑った。皆で緑のティッシュペーパーを重ねて金網の穴に通し、色付きの電球でツリーを飾り付けた。研究所で見つけた雑貨から作られた飾り付けもいくつかその上に乗せられた。おかしな形の変わった飾りに皆でまた笑い合った。エンジニアのポール・ミュラーが部屋に顔を出したとき、ツリーを見て「引火しやすいな」と呟いた。彼がいなくなるとすぐに、女性たちは笑い転げた。ミュラーを悩ませることができたのなら、それだけの価値はあったというものだ。

なにしろミュラーは不平が多い。日頃から彼は、女性たちがコーラことＩＢＭ１６２０を独占しているとこぼしていた。この頃になるとコンピューター・プログラムが手計算より重要とされているようになっていたので、コーラを使える時間は貴重なのだ。ミュラーにとっては悔しいことに、研究所のプログラミングの九割は女性たちが担当していたため、コーラを使う優先権がある。男性エンジニアはやっと計算機の技術に踏み入ってきたばかりで、女性の同僚よりはるかに遅れをとっていた。

ＪＰＬの人々が新しい技術に熱中していた頃、アポロ計画のミッションは世間の注目を失い始めていた。一九七〇年四月一〇日、ビートルズ解散のニュースで翌日に予定されていたアポロの打ち上げは霞んでしまった。注目は集まらなかったにせよ、アポロ13号は順調に地球を飛び立って月に向かった。だがそのわずか二日後、地球から約三二万キロメートル離れたところで宇宙船に積み込まれていた酸素タンクが爆発した。ジム・ラヴェル船長から「ヒューストン、問題が発生した」と通信が入るやいなや、アポロ13号は世界中の注目の的になった。

ヒューストンのミッション・コントロール・センターでは、NASAの飛行管制官たちが英雄的な決断を下し、月に着陸するという本来の任務を放棄して月着陸船を救命艇に作り変える努力を続けた。本来なら有人ミッションには参加していないJPLでさえ、この危機で通常の業務は止まった。女性たちは気をもみながら三人の宇宙飛行士が太平洋へ安全に着水したというニュースを待っていた。四月一七日、オレンジと白の縞模様のパラシュートがゆっくりと着陸船を海の上に降ろし、パサデナの研究所も歓声と抱擁に包まれた。宇宙飛行士の無事な帰還は「成功した失敗」と言われ、NASAは再び注目されたが、これは宇宙機関が求めていたものとは違っていた。事故以来、有人宇宙探査に対する認識は変わり、アポロ計画は危険だという評判が立った。

バーバラは宇宙飛行士の勇敢さのことを考えながら、研究所で一番高層の一八〇号棟に向かっていた。最上階の九階にはビル・ピッカリングのオフィスがあり、バーバラと仲間たちは三階にオフィスを構えている。バーバラたちは女性の昇進の草分けとなりはしたが、それでも、男性と女性の間にはまだ超えがたい溝が残っていた。男性のほうが賃金の水準が高いというだけではなく、物理的な溝もある。男性エンジニアのほとんどは二三〇号棟で働いていた。彼らは毎日のように会い、問題に取り組み、一緒に昼食をとっていたが、お互いにメッセンジャー係を送って二つの建物の間でデータをやりとりしていた。女性たちはメッセージで遊ぶようになっていた。子供が教室でノートの切れ端を回すように、男性と女性との間に行き来する文書の中に戯れに思わせぶりなことを書き始めたのだ。

ほとんどの女の子はふざけているだけで、実際に同僚とデートするつもりなどなかった。しかし、マギーの手紙はだんだんと真剣味を増していった。マギーがエンジニアのデリー・リー・ブルンに夢中になりデートするようになったとき、女性たちはあきれて頭を振った。最悪の結果に終わったＪＰＬエンジニアとの最初の結婚を忘れたわけではなかったが、マギーはもう一度やり直すつもりもあったのだ。

もちろん、マギーもただ恋におぼれていたというわけではない。彼女の関心は惑星にあった。一九七四年二月はじめ、マリナー10号は予定通りに金星の軌道に沿ってその側を通過していった。探査機が金星の近傍を飛行したときに撮影したクローズアップ画像が送られてきた。マギーは「探査機からの信号を見失って再び捕まえることができなかったらどうしよう」と案じていた。だが、計画通りマリナー10号は分厚い大気の金星近傍を通過して、一ヵ月後に水星へと到達する軌道に入っていった。いわゆる太陽系最小の惑星から届いた最初の画像は、クレーターだらけの死の星の表面を見せてくれた。いわゆる大気と言えるようなものは、まったく存在しない。探査機に搭載された観測機器は、水星が高密度で鉄の豊富な核を持っていることを確かめたが、さらに驚いたことに磁場の存在をも明らかにした。これまで、科学的にはこの惑星は磁場を持つには小さすぎると考えられていたのだ。巨大なパズルを組み立てるかのように、探査機から送られてきた一八枚の画像をつなぎ合わせて水星表面の鮮明な画像が作成された。モノクロ画像は鮮明で、クレーターとクレーターが重なり合っていることもわかる。水星は何度も砲撃にあって傷だらけのように見えた。大気が十分にない場合、惑星の表面には隕石などの大きな天体の破片が飛び込んでくる。マギーにとってそのようすは美しいもののように思えた。推進剤を使い果たし、通信機からの信号が途絶えて探査機が太陽のまわりを回り続ける存在になったとき、ミッションに対するこの上ない誇りを感じた。

マリナー10号のおかげで、惑星の重力をぱちんこのゴムのように使って宇宙機を別の惑星に送る航行技術は確かなものとなった。これは、グランド・ツアーにとって重要な足がかりとなる。シルヴィアと同僚たちは、一年前に中止されてしまった計画をなんとか当初の四分の一の予算で復活させようとしていた。計画は「マリナー・ジュピター・サターン77」を縮めて「ＭＪＳ77」と呼ばれていた。ミッションにかける夢はまだ壮大なものだった。計画の公式な目標は土星への接近だが、チームは旅をそれだけで終わらせるつもりなどない。探査機の航路をできる限り長く引き伸ばし、太陽系を探検しようと計画していたのだ。夢を実現するには、土星接近後に探査機を天王星、海王星へと向かわせるポストＥプログラムをシルヴィアが書き上げなくてはならない。このプログラムを書くことは心底楽しくて、シルヴィアはそれを〝仕事〟だと思っていなかった。毎朝、わくわくしながら研究所へ来ては作業を始めていた。

そこで考案された航路は、惑星を巡るワルツだった。探査機は、ダンスの相手の中でも最大の木星のまわりを回り、その衛星の間をくぐって次のパートナーである土星へ向けて飛び去っていく。それから、天王星のそばでくるりと輪を描き、海王星へ投げ渡される。だが、気の毒な冥王星は遠く離れすぎていて、この舞踏会では誰からも誘われない〝壁の花〟となってしまっていた。シルヴィアのプログラムでは、探査機は通過していく惑星の動きに沿って、その重力圏から次の惑星へと投げ渡されていくので、推進剤は最小限ですむ。優美なダンスのステップが注意深く振り付けられていった。

コンピューター・プログラムが軌道をプロットできるようになったとはいえ、無事に宇宙を航行するには依然として人間の力が必要だ。JPL管制センターの飛行管制官は、ディープ・スペース・ネットワークを通じて特定の中間地点ごとに探査機にコマンドを送信する必要がある。こうした軌道修正のときに必要な、プルトニウム238を使った原子力電池と小型エンジン噴射のための推進剤も積み込まなければならない。もっとも、軌道修正をするとき以外の航路では、重力アシストこそが推進力の源となる。チームは一九七二年にこの大胆な飛行計画を発表し、ミッションの全容を明らかにした。公開された論文を見て、シルヴィアは自分の目を信じることができず卒倒しそうになった。「マリナー・ジュピター／サターン1977――ミッション概要」と題された論文は、アーサー・C・クラークの『2001年宇宙の旅』からの引用が最初と最後を飾っており、計画の壮大な志を示していた。だが、シルヴィアが最高に興奮したのは、著者名一覧に自分の名前が載っていたことだ。これは彼女にとって初めての論文発表であり、チームの一員としてグランド・ツアーに捧げた努力の賜物だ。シルヴィアはこの飛行計画を誇りに思った。彼女の名前と共に、チームの写真も添えられていた。白い服を着て際立つ姿のシルヴィアは、共著者の四人の男性エンジニアと共にほほ笑みを浮かべて座っていた。

*

シルヴィアが宇宙を駆けるコースを描いていた時期、ヘレンはもう少し故郷の地球に近いところで仕事をしていた。彼女が手にしていたのは、宇宙から撮影された地球の写真だ。一九七二年、アポロ計画の最後の有人月探査機、アポロ17号のクルーが撮影した「ブルー・マーブル」だ。

アポロ計画は大きな業績を上げたにもかかわらず、大衆の支持は失われていた。一九六〇年代の多くのアメリカ人は、アポロ11号の直後に行われた一回の投票を除いて、有人月面探査にかけた費用に見合った価値があるとは考えていない。一九六五年の時点でも、「アメリカ合衆国が月面に到達する世界で最初の国となるためには、それがどれほどであろうとコストをかけるべきだ」と考えていたアメリカ人は三九パーセントしかいなかった。一九七〇年代に入り、宇宙競争の勝利から時間が経つとさらに支持は衰えていった。とりわけ、ベトナム戦争の深みに陥り負担が重くなりつつある中で、アポロ計画は高コストの上に必要性も低いと見なされていた。一九七〇年、宇宙競争で勝利したことに対する負の報いとして、NASAの予算は一七パーセント削減された。翌年、アポロ14号打ち上げの直後に、二〇〇人のアフリカ系アメリカ人による「月の石に反対する大行進」と呼ばれる抗議デモ行進がフロリダのデイトナ・ビーチからケープ・ケネディに向かって行われた。指導者の一人、ホセア・ウィリアムズはジョージア州の『ローム・ニュース・トリビューン』紙に「人道的な優先事項を選択できないという国の無能力に抗議しているのだ」と述べている。アポロ13号の事故が起きた後となっては、その言葉は多くの人々の共感を呼んだ。

NASAでは、アポロ計画はアポロ20号まで継続されるものと期待していたが、その希望はすぐに潰えた。初めて月面に三日間滞在し、月面車を走らせたアポロ15号の成功の後、ニクソン大統領は計画中止の検討を始めた。ニクソンはアポロ13号のような事故がまた起きて、一九七二年の大統領選挙での再選に影響があるのではないかと恐れたのだ。最終的に大統領はアポロ16号と17号を進めることは承諾した。だが、間違いなくその先はない。アポロ計画は全六回のミッションで一二人の男性を月面へと送り込んだ。多くの成功を収めたとはいえ、一九七九年の時点でアポロ計画がその費用に見合った成果を上げたと考えていたのはアメリカ人のわずか四一パーセントにすぎなかった。次の段階へと進むべき時期だった。

アポロ計画の終了と共に、ニクソン政権はＮＡＳＡの将来について検討を始めた。空へ向かって二度と戻ってこない高価なロケットを発射することは受け入れがたい。そんな空気が漂う中、スペース・タスク・グループは、スペースシャトルと宇宙ステーション、月・火星への有人ミッションからなる野心的な計画を提案した。だが、あまりにも盛り込みすぎだった。こんな提案は、ＮＡＳＡがまだ拡大を続けていた時期でなければ難しい。とはいえ、その中でスペースシャトルのアイディアはニクソンにとっても魅力的に映った。宇宙ステーションや有人探査とは違って、スペースシャトルは何か実用的になりそうな匂いがする。宇宙探査から宇宙利用へと向かっていく時期のことだった。再利用可能なロケットがあって地球低軌道の範囲でならば、誰もが宇宙旅行に行くことができるかもしれない。その背後にあるアイディアは一九五〇年代のはじめにウェルナー・フォン・ブラウンが提唱した宇宙開発のビジョンに含まれており、「フォン・ブラウン・パラダイム」と呼ばれている。皮肉なことに、このビジョンはフォン・ブラウンが第二次世界大戦の頃に考え出したものだ。スペースシャトルの設計の元になったのは、有翼ロケットが弾道飛行の後にニューヨーク市に爆弾を投下するという「ナチ・アメリカ爆撃機」計画である。

おそらく実現はしないだろうという見通しのもとに、ホワイトハウスはスペース・タスク・グループの提案を検討した。予算が縮小する中では費用対効果の高い計画が優先される。ニクソンが承認した最初の計画は、ＮＡＳＡ初の宇宙ステーションとなる「スカイラブ」計画だった。この計画は比較

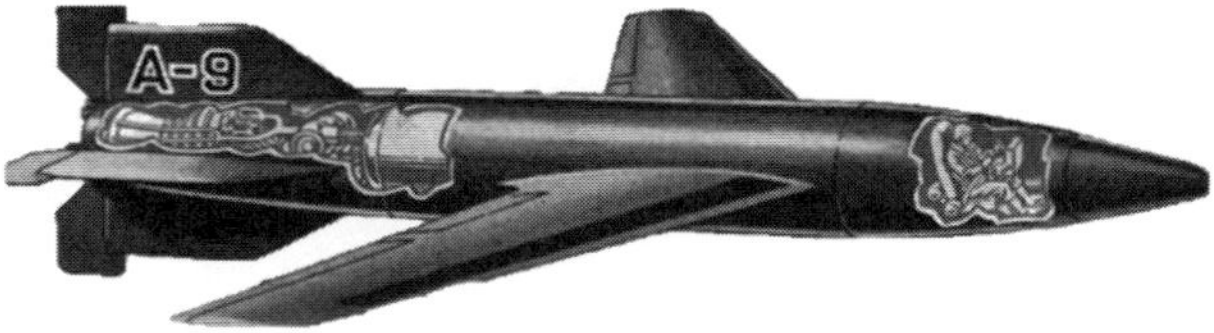

1947年にフォン・ブラウンが構想したアメリカ爆撃機（Popular Mechanics）

的コストが低い上に、要素となる技術はすでに開発済みという二つの点で好都合だった。その運用に当たっては、NASAで「アポロ応用計画」と呼ばれるアポロ計画で残ったハードウェアを新しいミッションに利用する計画が立てられた。一九七三年に打ち上げられたスカイラブは、アポロ計画で未使用だったサターンVロケットの第三段を改造し、実験施設や太陽観測望遠鏡などの機能を備えていた。実行に当たったのは、以前からフォン・ブラウンの拠点だったハンツビルのマーシャル宇宙飛行センターだ。だが、引退したロケット工学者はそのときもうアラバマにはいなかった。六一歳を迎えたフォン・ブラウンは癌の診断を受けていたのだ。

NASAの計画では、クルー一人が宇宙ステーションに滞在して宇宙で八四日間生活するという初の宇宙滞在実験を行うことになっていた。だが、このスカイラブは世界初の宇宙ステーション打ち上げというわけではない。実際にはソ連が二年前に「サリュート1号」を打ち上げているのだが、このミッションは悲劇的な結末を迎えている。一九七一年六月、宇宙で二三日間過ごすという記録を達成し、三人のクルーが地球へ帰還しようと再突入カプセルの速度が増していたときのことだった。地球に帰還したソユーズ11号のカプセルは外見上は問題なかったが、救助隊がハッチを開けて三人の宇宙飛行士が全員が死亡していることが判明したとき衝撃が走った。その後の調査では、カプセル内の気圧調整バルブが早く開き、内部の空気が吸い出されてしまったと結論づけられた。歴史上、地球の大気の外側で真空に曝されて亡くなった人物は、この三人の宇宙飛行士、ゲオルギー・ドブロヴォルスキー、ウラジスラフ・ヴォルコフ、ヴィクトール・パツアエフのみである。

これは機械の誤動作によって引き起こされた不運な事故だったが、ソ連は死因をなかなか明らかにしなかった。ソ連側は事故が「調査中」であるとしか述べず、詳細は公表していない。スカイラブの打ち上げが迫る中で、NASAは宇宙での長期滞在による人体への危険を懸念していた。宇宙が安全であることを事前に確かめる方法はない。西側世界にソ連のミッションの結末に関する情報がもたらされるまでに二年を要した。

スカイラブに続いて、政治家はスペースシャトル計画を費用対効果の高いものと考えるようになった。再利用可能な〝宇宙バス〟ならば、宇宙飛行士や機材を宇宙空間に安全に運び、帰還することができる。一九七二年、民間事業者へプロジェクト案の募集が開始され、集められた案から最良と思われるものをニクソンが承認した。検討の対象になったのは主としてコストであり、安全面での配慮は後回しだった。うまみのある二六億ドルの契約がカリフォルニア州に本拠を置くノース・アメリカン・ロックウェル社へと流れ込んでいった。この決定を、当時のジーン・ウェストウッド民主党全国委員会委員長は「ニクソン自身の選挙対策として、アメリカの納税者の金でそろばんを弾いた」と非難している。ロックウェルが最低価格で入札したのだとしても、カリフォルニア州に雇用を生み出したことで、ニクソンが五五人の選挙人を獲得する後押しにはなるはずだった。

NASAは大慌てでスペースシャトルの打ち上げを一九七八年と決めた。スペースシャトルは、オービター、巨大な外部燃料タンク、固体ロケットブースターで構成される。オービターは外部燃料タンクの背中に乗るように設計されていた。打ち上げはロケットと同じように行うが、燃料タンクが分離された後、オービターは滑空して地球に帰還する。馴染みやすいその姿は普通の飛行機と同じように見え、スペースシャトルがいつの日か商用航空機に乗るのと同じように快適に楽々と宇宙飛行士を運ぶのだ、という期待を抱かせた。打ち上げ後、固体ロケットブースターはシャトルから分離されて海に落下し、船で回収される。外部燃料タンクは回収されず、分離後は大気圏で燃え尽きる。

スカイラブとスペースシャトルにはゴーサインが出されたものの、そのほかのプロジェクトはなかなか承認を得られずにいた。一九七三年、ニクソン大統領は地球軌道を周回する巨大な宇宙望遠鏡の建造計画を打ち切った。後に「ハッブル宇宙望遠鏡」と呼ばれることになるこの観測施設はまだ開発中で、スペースシャトルからの打ち上げを見込んでいた。天文学者は長年にわたって地球大気によるゆらぎの影響を受けず、これまでにない解像度での観測が可能になる望遠鏡を切望していた。宇宙望遠鏡はまだ具体的な段階には入っておらず、構想図が存在する程度だったのだが、計画中止は猛反発を招いた。天文学者だけにとどまらない大規模なロビー活動が展開され、中止の決定を覆した。宇宙望遠鏡はマーシャル宇宙飛行センターが本体の組み立てを、ゴダード宇宙飛行センターが観測機器の開発を担当することになった。

この頃提案されたプロジェクトはどれもNASAの新時代を担うものであったが、その中でもスペースシャトルの予算規模は突出していた。JPLからすれば、これは競争相手にほかならない。NASAの予算が縮小する中で、シャトルの予算が一ドル増えるということは太陽系探査の予算が一ドル少なくなるということを意味する。予算獲得は厳しくなり、エンジニアたちはグランド・ツアーは脇に押しやられてしまうのではないかと案じていた。

JPLが太陽系の惑星探査に重点を置いているにしても、地球を写した「ブルー・マーブル」の写真は研究所のいたるところに掲げられていた。漆黒の宇宙を背景に青い地球は輝き、白い雲が渦を巻くその下に、アフリカ大陸と南極の氷冠がはっきりと見える。有名な写真だが、同時に地球という惑星のはかなさを思い起こさせた。一九七〇年、地球の環境について考え、行動する「アースデイ」が開催され、宇宙から地球を眺めた写真は環境問題に関する関心を呼び起こした。ヘレンはそのとき海の環境に関わる仕事に取り組んでいて、写真を眺めては地球の大部分を覆う群青色の海に引き付けられた。

ヘレンが取り組んでいたのは、地球の海洋観測を行う「シーサット（SEASAT）」計画だ。

シーサット衛星は一九七八年六月にカリフォルニアのヴァンデンバーグ空軍基地から打ち上げられた。この衛星はレーダー高度計、マイクロ波散乱計、それに初の合成開口レーダーなど最新の観測機器を搭載し、海面の風や気温、波高、海面地形を観測するものだった。シーサットは宇宙から三六時間ごとに地球表面の九五パーセントを観測できるリモートセンシング衛星で、海洋に関する期待以上の詳細なデータを送ってきた。高感度の衛星観測機器は、潜水艦が移動するときに起こす海面の動きから、その位置を知ることもできるのだ。だが、およそ四ヵ月後の一〇月に衛星内部で大規模なショートが起き、動作不能に陥ってしまった。これは打撃ではあったが、ヘレンは衛星が集めた大規模なデータにわくわくしていた。このミッションは、地球観測レーダー衛星の分野に扉を開いた先駆けだ。シーサットが実現した合成開口レーダーのシステムは、後にスペースシャトルにも搭載されることになる。

その頃バーバラは「バイキング」と呼ばれる計画に参加していた。これは火星に初めて探査機を着陸させる計画だ。マリナー計画によって、火星に複雑な生命を見つける可能性はないとされていたものの、地球上に極限環境微生物と呼ばれる生命力の強いバクテリアがいるように、ごく単純な生命形態ならば赤い惑星に生息しているかもしれないという希望がまだあった。そうした生命を探し出すため、この探査機はロボットアームを備え、土壌を掘り起こして搭載された実験設備で分析するようになっていた。分析データは地球へと送られる。これまでのＪＰＬの流儀と同じく、このミッションでも宇宙機はペアで設計され、二刀流で成功を狙うようになっていた。

バイキング探査機は、軌道周回機と着陸機の二つから成り立つ。まず、軌道周回機が火星の軌道を回りながら調査を行い、着陸地点を探して着陸機を切り離す。着陸機はパラシュートを開き、安全に火星の表面へと降りる。軌道周回機はそのまま火星の大気を調査しつつ、活動中の着陸機との通信を中継する役割も果たすのだ。

バーバラはバイキング探査機による火星への飛行計画を立案し、どのルートならば最も成功の見込みが高いのかを検討していた。ミッション期間は、火星が三億三二〇〇万キロメートルと地球から最も遠くなる時期に設定されている。この点では、六ヵ月の旅となったマリナー号による火星ミッションとは大きく異なる。バイキング探査機は一一ヵ月にわたる壮大な旅をするのだ。このとてつもない距離を超えて通信を維持できるように、探査機の軌道とディープ・スペース・ネットワーク（DSN）の六つの局の巨大なパラボラアンテナとがすべて合うように慎重に計画が練り上げられた。約三億キロメートル彼方のバイキング号と通信するには、メッセージの送信に二〇分、返信にさらに二〇分かかる。バーバラは、バイキング号が太陽を周回しつつ、どのルートを通ったとしてもDSNが追える範囲から出ないようにするコンピュータープログラムを書いた。その航路図は貝殻の繊細な螺旋のように、地球の軌道を出て太陽のまわりを回り、火星の軌道へと入っていく航路を描いていた。

探査機が無事に火星に着いたとしても、これで安心、というわけにはいかない。軌道周回機が着陸地点候補の写真を撮っておいたとしても、着陸の段階ではどうしても小さなロボット着陸機がいったいどうなったのかわからなくなる瞬間がある。着陸機が平坦でない地面に墜落して、これまで積み上げてきたものが潰えてしまうかもしれない、と考えるのはなんとも辛いことだった。一九七五年八月、九月に相次いで二機のバイキング探査機がフロリダの射場から一ヵ月の間を置いて打ち上げられ、バーバラはカリフォルニアでそのようすを見守った。

バーバラはバイキングを見守る一方、ヘレンはプールで夜を過ごしていた。彼女はベンチに座って、娘のイヴが泳ぐところを見守る時間を大切にしていた。ヘレンの隣には仕事の山が積み重なっている。イヴがチームと一緒に水泳の練習を重ねる傍ら、ヘレンはプログラムの不具合を片付けていた。時折、顔を上げて娘の力強いキックを眺める。イヴは強くて美しく、ヘレンは娘を誇りにしていた。ヘレンの子供たちはときには辛い思いをすることもあった。母親のしている仕事は、もう一人手のかかる子がいるようなものだからだ。ヘレンがいつでも子供たちを見守ることができたわけではないにせよ、その存在は常に人生の中で最も大切だった。

子供たちが学校へ通うようになり、しかもアーサーが妻と共にJPLで働くようになったので、家庭生活はこれまでのようなややこしいものではなくなった。アーサーは研究所で技術職員と一緒に仕事をしていて、夫婦は必要に応じて子供たちの都合に合わせてスケジュールを調整できる。とりわけ、イヴは非凡な水泳の選手だったので、できるだけ支援してやりたい。幸いにも、ヘレンは研究所を出るときに一緒にプリントアウトを携えていくことができた。ヘレンはほぼすべてのプロジェクトに関わっていたので、プログラムが関連する範囲も幅広い。自分でプログラムを書いていないときでも、仲間のミスをチェックする仕事がある。ヘレンの仕事はすみずみまで行き届いていて、彼女は優秀な監督だった。

キャシー・トゥリーンはそんなヘレンに会えなくて寂しがっていた。彼女は三人目の子を妊娠中で研究所を離れていた。彼女はエンジニアであることを愛していたし、この二年間はキャリアの中でも最高の責任ある仕事を任されており、そのことに喜びを感じていた。プログラミングは彼女にとってこの上なく大切な仕事だ。すでに二人の小さな息子がいて、三人目が生まれたら復帰したいと希望していたが、夫がサンディエゴに移動することになり、家族で引っ越しせざるを得なかった。研究所の職に匹敵するような仕事はほかには見つからない。涙のお別れ昼食会には皆で集まって、キャシーの今後の幸せを祈ったのだった。

キャシーの出産が迫る頃、女性たちはバイキング号の火星接近に備えていた。探査機は一九七六年六月一九日に火星に到着し、周回機が計画通りに撮影を開始した。この日の午後六時ごろ、ヘレンとチームは着陸地点の選定に必要な画像を待ちわびていた。画像データはモニター画面に一行一行時間をかけて映し出され、もっと詳しく見ようとやっきになった人々で周囲には人だかりができていた。最初の写真が映し出されると、興奮と歓声が湧き起こった。人の手で描いたパステル塗り絵で初めて火星の風景を見たときとは違い、今回送られてきた画像ははるかに鮮明で精細だ。だがすぐに、湧き上がった興奮は衝撃へと取って代わられていった。これまで知っていた火星とは違う。写真に映っていたのは、溶岩流の痕跡と深いクレーターが火星の表面いっぱいに広がっているようすだ。マリナー号の観測から予測していたものよりはるかにクレーターだらけだ。岩場の地形は近づきがたく、ロボット探査機が着陸できる場所はほとんどなかった。チームの一人がヘレンを振り返って「ヘレン、これはあなたでなきゃ」と声をかけた。探査機を安全に着陸させるための新しいコンピューター・プログラムが必要だ。そして時間はほとんどない。

当初の予定では、バイキング1号は一九七六年七月四日に火星へ着陸するはずだった。予定通りならアメリカ建国二〇〇周年を祝う壮大な祝賀となっただろう。だが、こうなっては延期するしかない。とはいえあまり後回しにもできない。二機目のバイキング号が火星に到着したら、そちらの運用もしなくてはならないし、DSNの通信も二機目に切り替える必要がある。火星の複雑な地形を理解しようと、誰もが一日一六時間から一八時間も働いた。エンジニアと科学者は、着陸できる十分な広さで、かつ水が流れていたと思われる地形に十分近い場所を見つけようと協議を重ねた。カルテクの学生とインターンも参加して、新しいコンピューター・プログラムに生の数字を入力してはクレーターを一つずつ数えていった。科学者はコンピューター分析を何度も詳細に検討してその意味を理解しようと奮闘していた。人力でやらなければならない作業がどうしてこんなに多いのか、と驚いていた学生もいた。そうした作業は人力ではなく、スーパーコンピューターに取って代わられているものと思っていたのだ。サイエンスチームのリーダー、ハロルド・マサースキーは、「コンピューターを使うというのは靴を履くようなものでね。砂利道の上を歩くときには確かに靴が必要だけれど、砂利道の向こうまで靴が連れて行ってくれるわけじゃないんだよ」と述べている。

ナンシー・キーも砂利道を渡ろうとしていた一人だった。独立記念日を迎えたのも研究所の中だ。バイキング号の作業には、コンピューター・プログラマーの女性たちもJPLスタッフも総出で取り掛かっており、記念日の休暇を取れた者はほとんどいなかったのだ。七月四日恒例の花火大会が開かれ、遠くから祝賀行事の始まりを告げる声が聞こえてきた。暗い夜空は鮮やかな花火と煙でいっぱいになった。窓が開いて、少しの間花火を眺めようとそばへ寄ってきた者もいたが、しばらくすると仕事に戻っていった。

開いた窓から夜の熱気が吹き抜けていった。ナンシーは、風と共に黒っぽい灰がふわふわと部屋を漂っていったことに気づいた。「何かあったの?」と彼女が聞くと、女性たちは外を見て丘の中腹に火の手が上がっているのを見つけた。花火が乾燥した峡谷の灌木に燃え移ったのだ。皆でどうしようかと相談してみる。「まあ、あまり大きな火じゃなさそうだし」と一人が言うと、ナンシーも頷いた。何億キロも離れた火星では大切なロボットが軌道を回り続けていて、火事のことを心配するには誰もがあまりにも計算しすぎて疲れ切っていたのだ。誰も避難しようともしなかったが、幸いにも火はすぐに消された。

コンピューターによる分析も利用して、科学者は見つけられる限り最も安全な場所を選び出した。一九七六年七月二〇日午前五時に、ついに着陸機へ降下の指令が送られた。研究所には緊張が漂っていた。着陸機が切り離され、パラシュートが開く。だが、リアルタイム映像があるわけではないので、着陸機が安全な場所に降り立ったのか、何もかも破壊してしまうギザギザの岩に当たってしまったのかはわからない。ロボットがゆっくりと火星の表面へ降りて行く間、待つしかない。そして、ついに待ちわびていた言葉が聞こえた。「タッチダウン。タッチダウン成功です」。部屋中が歓喜に湧いた。ナンシーは自分たちがやり遂げたのだとまだ信じられなかった。抱擁とキスの中、火星の表面で撮影された最初の画像がJPLに届いた。岩だらけの地表から見ても、着陸地点の危険はよくわかる。次の日になって、火星初のカラー画像が届いたとき、どれほどの幸運に支えられていたのかが判明した。探査機からわずか九〇センチのところに大きな岩塊があり、着陸機をひっくり返して転がり落としてしまいかねなかったのだ。

火星の表面で撮影された最初のカラー画像は岩だらけで赤かった。空は不思議な濁ったサーモンピンクだった。赤い惑星の名の通りだ。着陸機は写真を撮るだけでなく、生命が存在する化学的証拠を探す役目がある。二ヵ月後には、もう一機の着陸機も探査に加わる。バイキング探査機による火星表面の探査から、答えよりもさらに多くの疑問がもたらされた。火星の土壌に生息する微生物の代謝物を検出しようと行われた一連の実験は、あるときは陽性だったが、あるときは陰性で、論争に火を付けた。土壌中に顕著に有機化合物が存在しないことから、火星にはまったく生命がないのではないかとも考えられた。

ある日、バーバラたちが火星のミッションの将来について考えながら昼食をとっていたとき、黒い髪を耳にかけた男性が近くのテーブルに座っていた。研究所を訪れていた高名な科学者、カール・セーガンはマリナー、パイオニア、バイキング探査機のミッションにこれまで何年もＪＰＬと協力してきて、ミッションのことを知り抜いていた。誰に対しても朗らかで親しみやすい人柄で、バーバラは部屋の向こう側のカール・セーガンに微笑みかけた。

スーも昼食の席に加わっていた。もうすっかり、研究所の仕事に復帰している。スーは仕事と友達を愛していて、職場に戻れたことは自分にとってよいことだった。問題は家庭生活だ。幼い息子たちのことは愛していたものの、夫とはうまくいっていなかった。結婚して一五年が経ち、スーは結婚生活の岐路に立っていた。心を決めようと悩み続けながらも気にかけていたのは、息子たちが結婚とはこういうものだ、と考えてしまわないようにということだった。今大切なことは、安定性よりも息子たちに諍いのない家庭を与えることだ。決断を下すことは辛かったものの、スーは離婚を決めて前に進み、それが最善だと考えることにした。

家庭での心配事がありつつも、そのときスーはグランド・ツアー計画のためのコンピューター・プログラムに取り組んでいた。スーとバーバラが使っていたのは、Ｅｘｅｃ８オペレーティングシステムを搭載したＵＮＩＶＡＣコンピューターで、プログラミング言語はＦＯＲＴＲＡＮ５だ。当時としては最新の計算機だった。一緒に仕事をしているボイジャーのミッション・デザイン・マネージャーでエンジニアのチャーリー・コールハーゼは、マリナー計画が始まった頃からの古い友人だ。コールハーゼとプロジェクトマネージャーのジョン・カサニは、グランド・ツアーのミッションの名前として、元の「ＭＪＳ77」ではどうにも格好悪いと思っていた。「ノマド（放浪者）」、「ピルグリム（巡礼）」、「アンタレス（さそり座の一等星）」と新しい名前を黒板に書き並べてみたものの、どうもしっくりこない。最後に、実現しなかった過去の火星探査ミッションから、「ボイジャー」という名前を掘り起こしてみた。これなら合っている感じがする。

チームは、ボイジャーが宇宙を航行する経路を決定しようと、何千通りもの航路の候補を分析した。このとき、残念ながら冥王星は航路で訪れる候補には入っていなかった。一七六年に一度の惑星直列は木星、土星、天王星、海王星を探査するにはうってつけなのだが、冥王星への旅を含めようとすると六〇〇年に一度しか機会がない。そしてこの旅では、土星を通過するところが最大の挑戦になる。実は、エンジニアたちは研究所の外では天王星と海王星を訪問する計画について言及しないように、慎重な態度をとっていた。議会はこのミッションをかろうじて承認していたものの、もしも旅の延長を提案すればミッション全体が危うくなる。そこで計画を秘密裏に進め、土星を離れたところで承認を得ようと目論んでいたのだ。

ボイジャーの作業は、総力をあげて取り組まなければならない大規模なものだった。作業量が多すぎて、ミスを犯す懸念が拭いきれない。ジェントリー・リー部門長は「偏執狂的正確さ」（proper paranoia）という言葉を導入し、仕事をチェックすることが重要だと強調していた。バーバラはＪＰＬ創設時で実験を繰り返していた頃、コンピューターたちが先を争って、ノートからロケット発射試験を行う試験ピットまでの計算に明け暮れていたときの激しい興奮を覚えていた。今でも、プログラムを実行する前には方程式を確認し、そして再確認している。それで女性たちは「偏執狂的正確さ」と繰り返し、それは計算結果を精査するときに注意深さを喚起する唱え言葉となっていった。

急ぎの仕事でただちにプログラムを作成しなければならないとき、コールハーゼは決まってオフィスへ飛び込んできてはヘレンを探した。彼にとって、速さと正確さを兼ね備えているという点でヘレン以上の存在はいなかった。

女性たちが太陽系の辺縁を目指していた頃、母なる地球の側では問題が発生し、最初の宇宙ステーションであるスカイラブが苦闘を続けていた。二基の小型ロケットエンジンに推進剤漏れが発生し、しかも太陽活動が著しく活発になったために修復できなくなった。六年にわたって地球を周回した後、スカイラブ宇宙ステーションは廃棄されることになった。スカイラブ最後のミッションの宇宙飛行士、ジェリー・カー船長は、宇宙実験室を去ったときのことを悲しみ、後に「スカイラブと私たちは美しい絆で結ばれていて、離れるのが辛くて仕方なかった」と語っている。一九七九年七月一一日、スカイラブに運命のときが訪れ、宇宙実験室はインド洋からオーストラリア上空で大気圏に再突入し分解していった。予定よりも早い終焉を迎えたとはいえ、スカイラブは人間が宇宙で生活し、働くことができることを証明してみせた。スカイラブは、今日の国際宇宙ステーション（ＩＳＳ）の開発における重要な足がかりとなった。

天空から高価な実験機器が落下した頃、シルヴィアはウェスト・コースト大学で工学修士号を取得しようとしていて、研究所では〝スター〟になっていた。ヘレンのグループから引き抜かれ、ディック・ウォレスのところで働いていたシルヴィアは、きわめて才能あるエンジニアという高い評価を得ていた。ボイジャーのミッションで彼女が作成したプログラムは細部まで考え抜かれたもので、双子の探査機のためにエレガントな航路を描き出した。シルヴィアが担当したのは、惑星の重力を利用して木星の衛星と土星の輪にうまく接近しつつ、探査機が天王星と海王星に向かえるだけの適切な位置を保つ経路を設計する、というとりわけ難しい部分だった。無理な賭けになってしまわないように、ボイジャー１号は太陽系を近道して木星と土星に近づいていき、一方でボイジャー２号はそれよりもゆっくりと飛行して天王星と海王星のかたわらを通り抜けていくという航路をとることになった。この計画を実現するべく、ボイジャー２号が先に打ち上げられることになった。

一九七七年五月の終わり頃、シルヴィアは映画館デートで大ヒット作『スター・ウォーズ』を観ていた。シルヴィアは疲れていて、うまく動作しなかったコンピュータープログラムのことをぼんやりと考えていた。コードのことを忘れてリラックスするのは難しく、うまく動かないコマンドを何度も何度も確認してみる。突然、画面いっぱいに星の世界が広がった。ジョージ・ルーカスが描き出した宇宙の素晴らしさに、シルヴィアも魅了されていった。映画に登場するロボット、R2‐D2と研究所のロボットの違いに笑い転げ、酒場のシーンでは珍妙なやりとりを大いに楽しんだ。いつしか他の観客と一緒にシルヴィアは物語に夢中になり、映画館の暗がりから明るい外に出る頃には、すっかり元気を取り戻していた。彼女はJPLの者だけが知っている秘密を持っている。シルヴィアはハリウッドの特殊効果の助けを借りずに、本物の宇宙空間を見ようとしているのだ。

NASAを代表するロケット工学者であったウェルナー・フォン・ブラウンは、ボイジャーの栄光を目撃することなく、一九七七年六月一六日に六五歳で膵臓癌のためこの世を去った。その二ヵ月後、ボイジャー2号がケープ・カナヴェラルの射場からフォン・ブラウンの遺産である力強いタイタン‐セントール・ロケットに乗って、太陽系の探査へと飛び出していった。早朝の打ち上げで、JPLには高揚した空気が満ちていた。これは、グランド・ツアーへ向かうたった一度の機会だ。惑星がこんなにうまく整列するチャンスは、遠い子孫の代まで訪れないのだ。

しかし、いきなり問題が次々と発生した。まず、搭載コンピューターが射点で故障した。幸いなことにこれはすぐに修復でき、再び打ち上げ準備が整った。ケネディ宇宙センターの有名な打ち上げカウントダウン時計は、地上一二〇センチの高さでゼロまでカウントダウンを続けた。ロケットが地面からゆっくり離れ、白い煙の渦が見えた。まるで空の雲が地上まで降りてきたかのように、射点はなにもかも排気ガスの雲に飲み込まれていった。ロケットブースターから酸化アルミニウムを含んだ煙が噴き出して白く明るく輝き、見る者の目をくらませた。そして、ほんの数分でロケットは視界から消えていった。

ロケットに乗って晴れたフロリダ上空を進む中、探査機に混乱が起きていた。激しく振り回された人間が混乱してしまうのと同じように、ボイジャー号も自分自身の挙動がわからず、機械的なめまいに苦しめられていた。新任のJPL所長、ブルース・マレーはこの状態を「不安発作」と呼んでいる。JPLのエンジニアたちは、なすすべもなくそのようすを見守った。システムを再起動したとしても、コンピューターは二度と自分を再調整できなくなってしまうかもしれない。宇宙のとてつもない広がりの中で、探査機は永遠に自分の方向を求めようとしてミッションすべてが終わってしまうかもしれない。チームは、コンピューターシステムが自分で自分を取り戻すことを期待して待ち続けた。間もなく、故障回復プログラムがスタートし、探査機を正しい状態に戻した。かと思えば、わずか一時間後にまた「しゃっくり」が始まった。半自律型ロボットであるボイジャー号がまたもや姿勢制御に失敗して、地球との通信を中止してしまったのだ。JPLの管制室は緊張していた。ロボット探査機は自分自身の心を持っていると言ってもよい。そして七九分後、ボイジャーは自分自身を取り戻し、通信が復活した。探査機はついに木星に向かって旅を始めた。

二度目のボイジャーの打ち上げは、さらにやきもきさせられることになった。ボイジャー2号の打ち上げからわずか一六日後、九月五日のことだった。後から打ち上げられたほうが宇宙空間で双子の兄弟を追い越して先に土星に到達するため、ボイジャー1号と呼ばれている。その日は幸先がよく、カリフォルニアで夜が明ける前にはもうフロリダの空は群青色に晴れわたっていた。JPLのチームはそんなことにおかまいなくぞろぞろ集まってきて、カウントダウンを待っている。フロリダの午前八時五八分、燃え上がる閃光と噴煙の中、探査機を乗せたロケットが離床した。最初はのろのろと、だが着実に上昇し、すぐに消えていった。雲一つない空に残った煙の渦だけがロケット打ち上げの痕跡だった。

だが、何かがおかしい。大陸の西と東で、ロケットが大気中をゆっくりと少しずつ上昇していくようすを見守っていた人々は、少し遅すぎると思った。JPLからケープ・カナヴェラルに来ていたチャーリー・コールハーゼとジョン・カサニには心配するだけの理由があった。「まずいことになりそうだ。速度が足りないかもしれないんだ」とチャーリーは懸念を口にした。もし探査機が十分な脱出速度に到達できていないのであれば、太陽系探査は始まる前に終わってしまう。重力に捕まって地球の軌道から抜け出せず、それより遠くへは行けなくなってしまうのだ。推進剤も時間も尽きようとしていた。すでに、使ってはならないはずの推進剤を約五四〇キログラムも失っていた。原因は、推進系の小さな燃料漏れだった。カリフォルニアのチームには緊張と無力感が漂っていた。できること はなにもない。そして、残りわずか三・四秒分の推進剤を使って、ロケットはタイタン第一段の燃料タンク切り離し前に重力を振り切った。安堵感がチームに押し寄せた。ボイジャー1号は十分な高度に達することができた。

これで、エンジニアとコンピューターたちの注目は、第二段のセントール・ロケットへと移った。推進剤には余裕があるので、これが十分な量であれば探査機を木星へ向かわせてやれる。だが、タンクが空になるまで推進剤を消費してしまうことには危険も伴う。燃料タンクの壁は一〇セント硬貨より薄いステンレス鋼の板だ。タンクは風船のような構造になっていて、中に推進剤が入ることで膨らんだ形状を保っている。この設計を取り入れることでロケットの重量を抑えられるのだが、タンクが空っぽになると、その壁は形状を維持できずに潰れ、継ぎ目から裂けてしまう可能性があった。もしそうなると、破裂して飛び散ったかけらが探査機を破壊してしまう恐れもある。

管制室の飛行管制官は、ロケットが慣性飛行で予定の位置まで到達するのを待ってから、再びセントール・ロケットのエンジンを点火した。今回も運が良かった。タンクが完全に空になるほんの数秒前に、探査機は木星へと向かう正しい軌道に乗り、空っぽのタンクが切り離されていった。

惑星を超える究極の星間空間への旅がついに始まった。カール・セーガンたち科学者が作り上げた金メッキの銅盤レコードやカメラなどの観測機器を載せ、ボイジャーは旅立っていった。銅盤レコードは大海へ流した瓶入りの手紙のようなもので、波の音、鳥の歌声、五五の言語による挨拶の言葉、世界中から選び抜かれた九〇分の音楽など、さまざまな音から成るメッセージとなっている。ヘレンたちは、宇宙を探検する探査機がこれからどんな神秘を明らかにしてくれるのか、思いを馳せていた。

第12章　少女のように

息を呑むほど巨大な嵐だった。最も目立つ大赤斑は、地球三つ分くらいの大きさがあり、鮮やかに赤く渦を巻いている。まるで巨大な目のようで、映像を観ているＪＰＬの面々を見つめ返しているかのようだ。バーバラ・ポールソン、ヘレン・リン、シルヴィア・ランディの三人も研究所の講堂で映像を見て落ち着かない気持ちを抱いた。本当にこれは木星なのだろうか？　惑星の大気は、柔らかな青と象牙色が暗い赤の縞で縁取られた帯となっていて、印象派の絵画の淡い柔らかな筆づかいのようだ。この帯が時速六四〇キロメートルで巨大な惑星を取り巻いている大気なのだとは信じがたい。木星の衛星もまた、際立つ壮大さを持っていた。イオでは、人類がこれまで見たこともないような、地球の一〇倍もある巨大な火山が硫黄の柱を噴き上げている。一九七九年三月五日から四月一三日まで、ボイジャー1号は木星圏に飛び込み、一万九〇〇〇点にも及ぶ画像と膨大な量のデータを収集した。たった一回の接近に一〇年分もの発見が詰まっていた。

翌年、ＪＰＬの面々は何度も寝袋を引きずっては講堂に集まってきた。独身の若いエンジニアたちは研究所に泊まり込んでは、スクリーンに映し出される数千枚の画像に夢中になっていた。目の前には美しい土星の環がくっきりと鮮明に見え、手を伸ばせば触れられそうだった。ボイジャー2号は土星の環の上を通過して、通り抜けてくる光を捕らえ、それがこれまで考えられていたものよりずっとまばゆい氷と塵、岩でできていることを明らかにした。土星の環の中には、金のイヤリングのようにリング状になっていて、馬車の車輪のような奇妙なスポークが突き出し、重なり合っている部分もあった。あまりにも多くの環が重なりあっているので、JPLの画像解析チームのリーダー、ブラッドフォード・スミスは、詰めかけた記者たちのために何もかも説明するのは無理だとあきらめた。彼は憤慨しつつ記者団に向かって「ご自分で数えたらどうですか」と言い放った。

二機のボイジャーは九ヵ月の間隔を開けて一九八〇年一一月と一九八一年八月に土星を去っていった。JPLでは、NASAが土星以遠でもミッションの支援を続けることがわかって大いに勇気づけられていた。秘密の計画はうまくいったのだ。ボイジャーはこれからも太陽系探査を続けることができる。まず、ボイジャー1号はまっすぐに太陽系の外縁部へと向かい、そしてボイジャー2号は、五年かけて天王星を探査してから双子の片方を追ってさらなる深宇宙へと進んでいく。だが、その後に事故が発生した。ボイジャー2号の架台に取り付けられた二台のカメラが故障したのだ。カメラは写真を撮ることはできたものの、延々と夜の暗がりばかりを撮影していて、目標にレンズを向けることができなくなってしまった。ミッションに必要な画像を取得できなくなってしまう危機が訪れた。ボイジャーのチームのエンジニアたちは、カメラを惑星のほうへ向けようとむなしい努力を続けていた。そして、幸運なアクシデントが起きた。飛行管制官の一人がボイジャー2号の動かなくなった架台を回転させるために、誤って通常の一〇倍もの力をかけるコマンドを送ったのだ。強い力がかかったことで、ようやくカメラはゆっくり少しずつ動き出した。どうやら、次から次へと写真を撮っていた最中にエンジニアが誤ってシステムをロックしてしまったようだった。ゆっくりと慎重に動かすようにすれば、天王星と海王星の美しさと謎を画像に収めることができる。もうあと二七億キロメートルばかりの旅をして、天王星に到着するのを待つだけだ。

ボイジャーのミッションを通じて、ＪＰＬのスタッフはこれまでよりもはるかに親しくなった。一緒に講堂で上映された画像にうっとりと見入り、共にソフトボールやボウリングをしたり、ハイキングに出かけた。スタッフはボイジャーのことをこの上なく誇りに思っていた。信じがたいほど美しい映像は、彼らの勤勉さと熱心さの賜物だ。そして、探査機が明らかにした太陽系の姿を見るにつけ、地球がどれほどかけがえのない星であったのかという思いを新たにせざるを得なかった。二一〇億キロメートルにものぼる旅ではっきりしたのは、青い海の上に白い雲が渦を巻く地球は、太陽系内で生命を育むことができるたった一つの惑星だということだ。そしてＪＰＬのチームは、太陽系の九つの惑星を越えた先、未踏のはるか彼方の銀河の中には、地球という青い大理石を凌駕する生命の可能性があり、次第にそこへ迫りつつあるのだと考えるようになっていった。探査機は進み続け、データを地球に送り、太陽の光が届く領域を離れて星々の間へと入っていく。最初に恒星空間に入っていくのはボイジャー1号で、ボイジャー2号がその後に続く。ボイジャーに搭載された、プルトニウム238が崩壊する熱を利用した三個の原子力電池から供給される電力は、二〇二五年頃に尽きる。それでも、探査機は静かに旅を続けるだろう。ＪＰＬの一員となった幸運な者にとって、ボイジャーは最も美しく重要な成果として、生涯をかけた仕事の頂点となって輝いている。

ボイジャーが太陽系の新たな姿を見せてくれる中で、ヘレンはＮＡＳＡの予算の気まぐれをよそに矢継ぎ早に女性の採用を進めていた。メリリン・ギルクリストは新人を歓迎して「私たちは姉妹だからね」と冗談を言っていた。姉妹たちは研究所の内外で友情を深め、数え切れないほどの時間を共に過ごした。

メイシー・ロバーツが女性を雇うという方針をとり始めてから三〇年が過ぎ、ヘレンもためらうことなくその方針を引き継いでいる。メイシーが新たに女性を雇ったときには、よく「この仕事では、あなたの見た目が少女だとしても、淑女のように振る舞い、男性のように考え、そして犬みたいに働くのですよ」と言ったものだった。この言葉はいろいろな意味で生き続けていて、そしてヘレンのチームに加わった者は詰まるところ女性として生きる、ということになった。

メイシーがバーバラやヘレン、スーを雇うことにしたとき、科学の分野における女性の役割に対して、メイシーとて限られた物の見方しかもっていなかった。当時、ＪＰＬが挑もうとしていた宇宙の果てと同じで、将来にこれほど女性が重要な役割を担うとは予見できなかったし、夢にも思っていなかった。コンピューターたちの地位が向上し、月震を調査する計画に参加して後にミッション・デザイン・マネージャーを務めたフィリス・バウォルダや、宇宙探査で自身のチームを率いたシルヴィアのような存在となっていくとも考えていなかった。

ヘレンは、数学とコンピューター・サイエンスの教育を受け、経験を持つ聡明な女性を雇うというメイシーの方針を尊重していた。彼女は高い学位を重んじただけでなく、女性が子供を育てながら働くことのバランスについても導き手となった。ヘレンは一〇年にわたってこの方針を守り続け、女性の地位が上がっていくようすを見守り、さらに雇用を増やしていった。エンジニアとしての職種を得るに当たってヘレンは学位を免除されたのだが、雇用したすべての女性に対しては学位取得を奨励していた。

一方で、スー・フィンレイのように学位取得を目指さなかった者もいる。彼女は大学を中退して以来、学校が好きではなく、復学したいとも思っていなかった。だからある日、自分の机の上に置かれた封筒（そのとき取り組んでいたミッションに関する連絡が入っていた）の宛名が「スー・フィンレイ博士」の称号で飾られていたときにはずいぶん驚いたものだ。スーはそれを手にとってそっと触れてみた。もちろん博士号を取得したわけではなかったけれど、この封筒はスーにとって大切なものだ。「仲間のみんなは私のことをそう思ってくれている」と、彼女は誇りを抱いた。尊敬を受けたしるとして、大切に封筒をしまい込んだ。落ち込んだとき、スーはそれを取り出して、研究所での自分の価値を確かめられる。

スーは、ＣＮＥＳ（フランス国立宇宙研究センター）と共に、ソ連の宇宙計画に参加する新たなミッションに取り組むことになった。ＮＡＳＡの役割は、観測機器を吊り下げた二つの気球で金星の大気を観測することだ。気球による大気探査モジュールが活動する時間はわずか四六時間。およそ二日間の探査の間に、気球モジュールは高度数キロメートルの高さから金星の表面の三分の一程度を飛行することになっていた。気球から吊り下げられたゴンドラには、温度、大気圧、風速、雲粒密度、落雷の頻度などを測定する観測機器や、大気を通過する光の量を測定する比濁計などが搭載されていた。金星の大気には腐食性を持つ硫酸が含まれているため、搭載機器を保護するために全体に白色の塗装が施されていた。気球と観測装置を積んだゴンドラは、ハレー彗星とのランデブー探査を目指すソ連のヴェガ探査機に相乗りしていた。

一九八五年六月、数日の間隔を開けて二つの気球は、マーメイド渓谷と呼ばれる場所から金星の夜の側で放たれた。この場所が選ばれたのは、摂氏四〇〇度と比較的気温が低かったからだ。地表から約五三キロメートルのところでテフロン・コーティングされた樹脂製の気球に取り付けられたパラシュートが開き、気球はすぐにヘリウムガスで満たされた。エンジニアたちは、気球に直射日光が当たるようなことがあれば、内部のヘリウムが爆発する恐れがあると気をもんでいた。ともあれ暗闇で金星の風が気球を上へ下へと揺らす中で、データの送信が始まった。

この計画はソ連の探査機にフランスの観測機器が載っていて、スーのディープ・スペース・ネットワーク（ＤＳＮ）に関する専門知識が鍵だった。ＤＳＮは、うまく配置された数ヵ所のアンテナ局という規模から、世界中を結ぶアンテナ網にまで拡張されていた。三〇年前、スーがＪＰＬで仕事を始めた冷戦時代の真っ只中では、ロシア人と協力関係を結ぶなど想像することもできなかった。だが一九八五年の今では、一度は敵対した国々がお互いに協力して気球から送られてくるかすかな信号を追跡している。スーはソフトウェアをアップデートして、世界規模のアンテナ網が気球に追随して巨大なパラボラアンテナの向きを自動的に変えられるようにしていた。残念ながら、プログラムはうまく動かないことがよくあった。スーは、昔やっていたのと同じように手作業でコマンドを書き加えていった。「手が覚えているのよね」と思いながら一人で微笑んだ。

それから数時間後、管制室でスーと三人の男性チームメンバーはミッション成功の知らせを待っていた。薄暗い部屋で音を立てる者もいなかった。全員の視線はモニターを見つめている。真っ暗なモニターには何の活動のようすも表示されていなかった。だが突然、輝く点が現れた。ゴールドストーン局のアンテナが気球からの信号を捕らえたのだ。スーは自分のお手製プログラムがうまく動いたことが信じられず飛び上がった。興奮と長い苦労の後の喜びが疲れを消し去った。世界で最高の気分だ。大興奮の瞬間が過ぎてあたりを見回してみると、喜びで飛び跳ねていたのはスー一人だけだ。自分だけ興奮して決まりが悪かったのだが、すぐにスーの気持ちが伝わってその場の誰もが笑顔になった。

成功もあったが、悲しい出来事もあった。マギーが研究所を退職することになったのだ。マギーの二回めの結婚は危機に瀕していて、彼女は夫婦の脆い絆をつなぎとめようとできる限りのことをしようとしていた。まだまだ手のかかる六人の子供たちのためにも、家庭に入らなくてはならないと考えたのだ。マギーは研究所で大人になったようなもので、その退職を誰もが悲しんだ。バーバラは今でも計算のコツを覚え始めたばかりの一八歳の頃のマギーの姿を覚えている。メイシーはずっと彼女の素質を信じていて、歴史的なエクスプローラー1号の打ち上げに参加させ、貴重な機会を与えようと心を砕いていた。三〇年経って、マギーが去ることになると、女性たちはお別れのパーティーを開いてこれからも連絡を取り合おうと約束した。

ヘレンとスー、バーバラはといえば、退職のことはまったく考えてもいなかった。なにしろ新しいミッション「ガリレオ」探査機のことであまりにも忙しく、頭がいっぱいだったからだ。ボイジャーから送られてきた画像のおかげで、ＪＰＬは木星とその神秘的な衛星のことをもっと知りたいという思いをかき立てられていた。そこで、衛星の重力を利用して木星の軌道を回る探査機の軌道を描いてみることになった。なおかつ、約四八億キロメートルを旅した探査機との通信を維持する方法も研究しなくてはならない。圧倒的なまでの仕事の量のため、バーバラは昼食を食べる時間もほとんどなかった。カフェテリアに駆け込んではチョコレートシェイクとクロワッサンサンドイッチを持って仕事に戻るという毎日だ。不健康な食事のせいで体重が増えてしまったが、ほかにしようがないのだ。

一九八六年一月二八日の朝、バーバラは早朝から仕事をしようと朝食を抜いてきた。午前中の研究所は静かだった。ほぼ全員がテレビで二五回めのスペースシャトル打ち上げを見ていたからだ。スペースシャトル計画は、一九七二年の当初提案された一年間に六〇回の打ち上げという目標よりははるかに少ない回数にとどまっていたものの、宇宙旅行は安全なものという印象を確かに与えていた。研究所のいたるところでスタッフがテレビのまわりに集まっていて、チャレンジャーに搭乗して宇宙へ向かう最初の民間人で教師であるクリスタ・マコーリフを見ようと盛り上がっていた。同じチャレンジャー号には、三年前に史上初のアメリカ人女性宇宙飛行士サリー・ライドが搭乗したばかりだ。JPLが取り組んでいるのは無人のミッションだけなので、スペースシャトルとはほとんど関係がなかったが、ヘレンとミッションデザイン室の女性たちはマコーリフに夢中だった。彼女は自分たちと同じだ。十分な経験と業績を持ち、かつ幼い子供の母親でもあるマコーリフは、アメリカ全土で女性の共感を集めていた。

その日、パサデナの天気は穏やかだったが、フロリダは異常なほど寒かった。だが、六回の打ち上げ遅延の後で、誰もが打ち上げ実施を熱望していた。次のスペースシャトルの打ち上げでは、木星への旅へ向かうガリレオ探査機を乗せることになりそうだという期待もあって、JPLの人々は熱い視線を送っていた。ガリレオは知らず知らずのうちにチャレンジャー号のスケジュールに圧力をかけていた。惑星直列という紛れもない好機を迎えるため、ガリレオの打ち上げミッションは四ヵ月後に迫っており、ＮＡＳＡは何としてでもシャトルを打ち上げようとしていたのだ。さらにハッブル宇宙望遠鏡も開発が何度も遅れたことから一九八六年に打ち上げ予定となり、そのときを待っていた。シャトルのスケジュールはいっぱいだった。

ＪＰＬの人々は壮大なスペースシャトルを賞賛していた。シャトルの固体ロケットブースターの中には、第二次世界大戦中のイギリスの科学者の夢でもあり、一九五〇年代のＪＰＬでコンピューターたちによって研究された美しい十一芒星が隠れている。この星はスペースシャトルの巨大なロケットブースターにとって、そもそもの始まりから重要な部分だった。

七人のクルーを乗せて晴れた青い空へ向かう打ち上げは、当初はいつも通りに見えた。巨大なロケットは、シャトルが上昇するにつれてノズルから長く続く白い雲の尾を引いていた。だが、ほんの一分後に悲劇が起きた。シャトルが爆発して壊れ、天空でロケット・ブースターから噴き出す白い煙が捻れていくようすを全国の人々が生中継で目撃した。クリスタ・マコーリフ、グレゴリー・ジャービス、ジュディス・Ａ・レズニク、フランシス・Ｒ・スコービー、ロナルド・Ｅ・マクネア、マイケル・Ｊ・スミス、エリソン・Ｓ・オニヅカ。七人のクルーが犠牲となった。

悲劇を引き起こしたのは、ゴム製の輪だ。右の固体ロケットブースターのＯリングによる密閉に問題があったのだ。事故調査のためレーガン大統領が任命したロジャーズ委員会は、マーシャル宇宙飛行センターのエンジニアたちが何年も前からOリングに懸念を持っていたことを突き止めた。一九七八年一月、マーシャル宇宙飛行センターの固体ロケットモーター部門長から上司あてに送られたメモの中で、Oリングに関する問題は具体的に指摘されており、Oリングにかかる圧力によって接合部の適度な密閉状態を維持するには、「高温のガス漏れによる壊滅的な破損を防ぐことが必須である」としている。だが、多くの反対意見にもかかわらず、設計変更は行われなかった。NASAはこの問題を矮小化し、メーカーのサイオコール社は「条件は望ましくないが許容できる」とした。

それでも、一九八六年一月二七日には気温が低かったため、サイオコール社の中で懸念を感じた者もいた。エンジニアのアラン・マクドナルドとロジャー・ボジョレーは、翌日の午後まで打ち上げを延期するよう提案していた。低い気温のためにOリングが固くなって劣化し、固体ロケットモーターの各部をつなぐ接合部が密閉できなくなると懸念していたのだ。ボジョレーはこの一年間、サイオコール社の密閉部専門委員会における立場でOリング問題に苦しめられていた。一九八五年七月三一日、彼はOリング劣化の懸念について覚書を記している。「即刻行動を取らなければ、射点設備もろとも飛行能力を失う危機に立たされる、という率直かつ非常に現実的な恐怖を抱いています」。よく知られていることだが、Oリングに関する懸念があったことから、マクドナルドとボジョレーは一九八六年一月の打ち上げ前夜に打ち上げ勧告書への署名を拒否した。だが、NASAの責任者は提案を却下して打ち上げを承認した。エンジニアが予期していたにもかかわらず、災害が起こると彼らは衝撃を受けた。その弁明は苦痛しかもたらさなかった。

研究所で事故を見ていたスーは、泣いてもう二度と打ち上げなど見たくないと思った。ガリレオの作業に集中していたバーバラはまだ事故のことを知らず、仲間の女性が伝えに行った。女性たちは衝撃と悲しみの中で、アポロ1号が射点で炎に包まれた恐ろしい日のことを思い出していた。時刻は午前九時になり、いつもなら忙しい一日が始まる頃だ。だが誰も作業などできなかった。事故のことで頭がいっぱいになり、プログラミングなど些末なことのように思えた。感情があふれるままに女性たちは講堂に集まっていった。そこには、惑星を飛び抜けていくボイジャーが送ってきた映像が常に流れ続けている。ボイジャー2号はほんの数日前に天王星に接近したばかりだ。その場所がまるで教会であるかのように、皆で静かな講堂に座って手を握り合い、画面いっぱいに広がる天王星とその衛星の姿を見て衝撃と心の傷に慰めを見出そうとしていた。

天王星は荘厳な三日月として表れ、その雲の下には沸騰した海が隠れている。小さな衛星ミランダの表面には、縦横に走るV字型の切り立った崖が形作る興味深い模様が浮かび上がっていた。エンジニアと科学者たちはこの衛星をひと目見て驚愕に打たれた。予測していたクレーターだらけの静まり返った表面ではなかったからだ。ボイジャー2号がミランダの周囲を五時間半にわたって飛行しただけで、地球上のグランドキャニオンの一〇倍も深い谷の存在が明らかになった。

ボイジャー2号が海王星に到達するまでそれから三年以上かかった。一九八九年八月二五日、グランド・ツアーの最後の停車駅を祝う会が開かれ、チャック・ベリーがJPLの中庭で、ボイジャーの銅盤レコードに収録された「ジョニー・B・グッド」を演奏した。夏の暑い夕方、JPLの職員もその家族や友人たちも野外で踊った。グランド・ツアーの最後の道標への到達を祝い、誰ものんびりとした気分だった。二日前に、ボイジャーからはくっきりと青く輝く海王星の最後の画像を受け取ったばかりだ。せわしない研究所の喧騒の中で、海王星の姿は静かで澄み切っているように見える。だが、穏やかな青い外見とは裏腹に、時速約二〇〇〇キロメートルという人類が知る限り最速の風が吹き荒れているのだ。

チャレンジャー号の事故以来、スペースシャトルのミッションは中断となり、そのため、ガリレオ探査機の計画も延期となった。延期のため軌道を大きく変更しなくてはならない。探査機の航路は、ある時期の木星の位置と一致するように計画を練り上げられていて、チームは新しい航路への変更を余儀なくされた。それだけでなく、スペースシャトルからガリレオ探査機を宇宙空間に送り出すために使用することになっていた従来の上段ロケットは、安全上の問題があると見なされた。別の打ち上げ能力が劣るロケットに置き換えることになったため、ガリレオ探査機の航路はさらに変更する必要があり、一直線に木星を目指すのではなく重力アシストに頼ることになる。幸いJPLは重力アシストを利用した経験なら豊富だ。地球のまわりで二回、金星で一回の加速をすれば、探査機を木星に送る十分な推進力を得ることができる。元は三年間だった旅は、六年間に延長されることとなった。

ガリレオ計画でのバーバラの上司、ジョニー・ドライバーは、名前の通りプロジェクトを強力に引っ張っていた。長時間働く姿勢に他のエンジニアたちも触発され、バーバラはガリレオのプログラミングのやっかいな部分の修正に取り組んでいた。ＪＰＬの多くのミッションでは探査機は二機のペアで製造されたが、ガリレオは一人っ子だ。たった一機の探査機にすべてがかかっている。相互に通信するコンピューターシステムの数が多く、計画全体の作業負担を増していた。プログラムの修正だけでなく、大量のコードの中から問題がある部分を探し出すことも大変なのだ。バーバラはついに問題を探し当てると、勝利の短い叫びを上げた。だが喜びに湧いていたのもつかの間、バーバラがやり遂げたと見るやドライバーはさらに難しい作業を持ち込んできた。コンピューターのコードを構築する上での最優先事項は、単純明快なものにすることだ。これまでになく洗練された目的を持ったコードを書くとしても、その作法は以前からほとんど変わらない。できる限り短く、バグを見つけやすい明快なコードを書かなくてはならない。

もちろん、プログラミングは以前よりずっと複雑になっていた。ＦＯＲＴＲＡＮは二〇年前よりもはるかに複雑なことをこなせるようになっている。コンピューター言語は、さらに大きな容量で大規模なプログラムを扱えるようになっていて、コード内のエラーもより柔軟に処理できるようになっていた。さらに、ミッション・デザイン室の女性たちは「ＨＡＬ」という新しい言語も学んでいた。名前は「高次アセンブリ言語」（High-Order Assembly Language）の略称で、NASA全体で使われていた。女性たちはその名前に笑い、一九六八年の映画『2001年宇宙の旅』に登場する悪意を持ったコンピューター「HAL9000」の単調な話し方を真似てはふざけあった。HALとFORTRANを使った作業は難しく、二つのコンピュータープログラムを使用するだけで、ガリレオのソフトウェアの複雑さは増していった。

コンピューターのハードウェアにも変化があった。わずか一〇年前、女性たちは苦労して大型IBMの使用時間を確保していたし、ヘレンは、ピンボードの穴にピンを差し込んでプログラムする「バロースE101」のことを今でも覚えている。それが今では、ヘレンも含めてどのスタッフも自分用のパーソナル・コンピューターを持っている。これはヘレンの髪の毛よりも細い金属の線からできたマイクロ・プロセッサーの登場によって起きた革命だ。

マイクロ・プロセッサーはコンピューター技術に革命をもたらした。マイクロ・プロセッサーの起源には諸説あるが、インテルのエンジニア、マーシャン・〝テッド〟・ホフが発明者とされている。ホフは卓上計算機の開発に取り組んでおり、設計上はそれぞれ個別のタスクがプログラムされた八つのチップが必要だった。ホフは「チップ」という言葉を「マイクロチップ」の略語として使い始めたことでも知られている。マイクロチップは、電子計算機の中で真空管に代わって使われるようになった小型の複雑なモジュールのことだ。一九五八年の夏、テキサス・インスツルメンツ社の新人ジャック・キルビーはゲルマニウムの薄片にトランジスタとそのすべての構成要素をエッチングする設計を考案し、チップが生まれた。ゲルマニウムが選ばれたのは、特定の条件の下で電気を通すことができる半導体の性質を持っていたからだ。後にチップメーカーは珪砂の主成分であり、豊富で安価という利点を持ったシリコンをゲルマニウムの代わりに使用するようになった。

コンピューター・チップは進歩を続けていたが、ホフからすればまだまだ改善の余地があった。個別のチップにコンピューターの各機能を持たせるのではなく、一つですべてを実行できるマルチタスク機能を持ったチップが必要だと考えた。そこでホフは、プログラム可能で不要になったら消去できるメモリーを持った汎用チップを考案した。インテル初の４００４チップは、三×四ミリメートルのサイズのシリコン基板に二三〇〇個のトランジスタがエッチングされていて、それはＪＰＬにあったコーラことＩＢＭ１６２０（一九八〇年代にはほとんど使われずに放置されていた）と同じ計算能力を持っていた。ミッション・デザイン室の女性たちは、かつてコーラに抱いたような愛着を新しいコンピューターに感じることはもうなかった。そんなに長いこと同じ計算機が傍らにいることがないからだ。テクノロジーの移り変わりは速すぎて、立ち止まって〝友情〟を感じるほどではなくなった。

４００４チップ（Intel 4004）はその後に多数登場するマイクロ・プロセッサーの先駆けとなった。一九七一年にインテルはこの新技術を「チップ上のマイクロ・プログラマブル・コンピューター（チップ上でプログラム可能な極小コンピューター）」として売り出した。だが、当初インテルはチップが産業界に顧客を得ることになるだろうとは考えていたものの、コンピューター産業の未来を変革しようとしているとまでは思ってもいなかった。そして間もなく、チップは電卓にも、ラジオやおもちゃにも、一九七〇年代半ばまでにはパーソナル・コンピューターにも使われることになった。

マイクロ・プロセッサーは、コンピューターをむやみに大きくて高価な機械から小型で手頃な価格の機器へと変えていった。一九七四年、MITS（マイクロ・インスツルメンテーション・アンド・テレメトリー・システムズ）社は、個人で組み立て可能なコンピューターキット「アルテア8800」を発表した。キーボードも表示装置もなく、点滅するLEDライトしかついていなかった。トグルスイッチ（つまみを上下に動かしてオンオフするスイッチ）を使用してデータを入力し、出力は機械の前面にある赤色LEDの点滅パターンで判別できるというものだ。MITS社は三九五ドルのキットが数百個ほど売れる程度だろうと予想していたのだが、蓋を開けてみると三ヵ月も経たないうちに四〇〇〇個の注文がたまった。

マイクロコンピューターが人気になる中で、一九七五年にMITS社は二人の若者に賭けた。二人は幼馴染みで、一人はハーバード大学に在学中の二十歳の学生でビル・ゲイツといい、もう一人はハネウェル社の二十二歳の社員、ポール・G・アレンという。二人は「BASIC」というプログラミング言語をアルテアに移植し、これまでより使いやすく改良した。最初のプログラムは紙テープで販売され、間もなくテレタイプ端末が接続できるようになった。アレンが「PRINT 2＋2」と端末にタイプすると、あっという間に「4」と答が紙に出力される。新しいソフトウェアはすぐに大人気となり、ユーザー同士で広くそれをコピーして配布するようになった。このためゲイツとアレンは期待していたほどの利益を得ることができなかった。対抗措置としてゲイツは一九七六年初頭、ホームブリュー・コンピューター・クラブというユーザー団体の会報にホビイストへの公開状を執筆し、「あなたがたのほとんどはソフトウェアを盗んでいる……ソフトウェア開発に取り組み、その対価を得ようとする人がいても、誰もそのことに見向きもしない」と非難している。ゲイツとアレンはほとんど資金のないまま自分たちの会社を設立し、やがて会社はマイクロソフトという名の帝国になった。

アルテアのデモ活動では、ホームブリュー・コンピューター・クラブの会員だった二人のコンピューター・エンジニアが活躍していた。二人の名は、スティーヴ・ウォズニアックとスティーヴ・ジョブズという。ウォズニアックは初めてアルテアを見て啓示を受けたと言い「パーソナル・コンピューターというものの全体像が頭に浮かんだ。その夜、後に〝アップルI〟と呼ばれるようになったものを紙に描き始めたんだ」と述べている。

アップルやIBM、ゼロックス、タンディ、コモドールがこぞってパーソナル・コンピューターまたはPCと呼ばれる新型の製品を投入し、すぐに革命が始まった。一九八〇年代までに、パーソナル・コンピューターはJPLにも入り込んできたものの、当初は抵抗もあった。管理部は当初、メインフレーム・コンピューターで構成される強力な中央コンピューターがあれば研究所の業務は事足りると考えており、個人のコンピューターがほしいという要求は拒否していた。

だがすぐに、ＰＣの使いやすさと能力は魅力を増していった。ヒューレット・パッカードのＰＣがすべての技術スタッフの机の上に置かれるようになった。同時に、新しいコンピューターがオフィスのレイアウトも変えていった。一九八四年、個人用オフィスの壁は形を変え、恐ろしい仕切り付き小部屋の時代がやってきた。新しいオフィスの形は従業員の反乱にさえつながりかねなかった。多くのエンジニアがプライバシーの欠如や他人のたてる騒音、流れてくるタバコの煙に不満を募らせている。ヘレンは監督としてかろうじて専用のオフィスを維持したものの、バーバラは新しい四人用の小部屋を割り当てられた。とはいえ、バーバラはあまりその変化を気にしていなかった。彼女と四人用の仕切りを共有していたのは、大学を卒業したばかりの二人の新人エンジニアだった。バーバラは熱意あふれる二人のことが好きだった。

新しいＰＣは一台ごとにシリコンの薄片の上に中央演算処理装置の機能をすべて載せたマイクロ・プロセッサーを内蔵していて、バーバラはすっかり感心した。それはもう、毎秒一〇〇万回の演算、つまり一メガヘルツの速度で動いていたコーラとはほど遠い。一九八〇年代後半に使われていたコンピューターは、毎秒二五〇〇万回の演算が可能だった。研究所で最初のコンピューター・プログラムと、それを書いた女性たちはすっかり初期の開拓者となっていた。今や、驚異的なスピードとパワーを持つ計算機の新しい時代に向かって進んでいるのだ。

この素晴らしい新技術の恩恵を最初に受けたのは木星の研究だった。ボイジャー探査機が木星を飛び去っていき、今度はガリレオ探査機がＪＰＬの科学者たちのやむにやまれぬ疑問に答えるために惑星へと向かっていく。木星の衛星には、活火山を持っているものもあれば、氷に覆われているものもあるのはなぜなのか？　木星とその多様な衛星の形成を研究することで、太陽系の他の部分がどのように形成されたのかをもっと理解できるのではないかと期待していたのだ。

一九八九年一〇月、ガリレオは太陽系最大の惑星へと飛び立つため、スペースシャトル・アトランティス号に乗る準備を整えた。ディスカバリー号が前年の秋に飛行を再開していて、チャレンジャー号の事故以来、初めてのスペースシャトル打ち上げというわけではなかったのだが、過去の悲劇は依然として女性たちの懸念だった。スペースシャトルがケープ・カナヴェラルから打ち上げられるようすを見た者はいなかった。誰もが安堵したことに、打ち上げは何の問題も起きず、ガリレオの宇宙へと旅立ちは完璧なものとなった。女性たちは成功のお祝いをした。ガリレオのミッションでソフトウェア・アーキテクチャを作成したことは、バーバラのキャリアの中でも最も大変なプロジェクトとなった。だが、さらなる課題が到来することになる。

一八ヵ月後、ガリレオは災厄に見舞われた。ガリレオの上に取り付けられた二トントラックほどもある巨大パラボラアンテナが開かなかったのだ。探査機は地球に続いて金星を周回する軌道を描いているところで、これから木星に向かって飛び出そうとしていた。チームはアンテナを形作っている骨組みを開こうと試みたが、蝶番は動かなかった。エンジニアたちは、この問題はチャレンジャー号の事故による打ち上げ中断が原因となった可能性が高いと確信した。探査機は五年間も保管されたままだったのだが、誰もアンテナの骨組み展開部分で潤滑剤や表面塗装を確認しようと考えなかったのだ。アンテナが機能しなければ、一五億ドルもの費用をかけた探査機のデータをほとんど失ってしまう危機に立たされることになる。ミッションは完全に失敗だ。

チームに残されたのは、ガリレオに搭載された通信性能では大幅に劣る低利得アンテナだけだ。低利得アンテナは、信号強度が高利得アンテナの一万分の一しかない。ガリレオが地球上のアンテナのほうを向いても、消防ホースの代わりに水鉄砲で遠くの的を狙うようなものだ。探査機側のアンテナはこれ以上改善しようがないため、ＪＰＬはＤＳＮの感度を上げてはるか遠くから届く弱い信号を捕まえようとしていた。スー・フィンレイはＤＳＮのアンテナ群を電子的に結合し、アレイ・アンテナとして機能させるためのプログラムを書いた。六年前に書かれた探査機側のコードとぴったり適合するよう、注意深く書いた。こんな機能を持つソフトウェアを作成したのは初めてのことであり、ＤＳＮの能力をこれまでにない方法で最大限に活かしたアレイ・アンテナの能力に誰もが驚嘆した。探査機からデータが送られてくるのを待つ間、皆息を潜めていた。信じられないことに、アレイ・アンテナが機能した。スーのプログラムがミッションを救ったのだ。ガリレオは旅を続けられる。

ガリレオは、火星と木星の間で、巨大な岩石が無数に存在する小惑星帯を飛行するという記録を作った。アレイ・アンテナはここでも大活躍だった。ガリレオの航路をうまく通り抜けていった小惑星の一つ、「イダ」はなんと自身の衛星を持っており、ＪＰＬの研究者は度肝を抜かれた。小惑星帯を安全に通過すると、ガリレオは次に彗星に遭遇した。レインジャー計画に参加したあのユージーン・シューメイカーが共同発見者となって命名された「シューメイカー・レヴィー第九彗星」が分裂し木星の大気へと衝突する光景を観測したのだ。この驚くべき衝突を記録した動画や画像を見ると、惑星が一連の爆弾で揺れ動いているかのように見える。衝撃を受けた部分は激しく燃え立つようなオレンジ色に輝き、そして雲の上の巨大な黒い傷跡となっていった。

一九九五年一二月、ついに巨大惑星に到達したガリレオは、木星とその衛星の画像データを送ってきた。搭載されていた木星大気探査モジュールがパラシュートを展開し、時速一七万キロメートルから減速しつつ木星の大気へと落ちていった。五八分間、モジュールは気象データを送信し続け、時速約七二〇キロメートルの風が吹く暑く乾燥した気候を調査した。そして、モジュールは木星の大気の中へと沈んでいった。木星の衛星「エウロパ」の表面を覗き込んで見ると、巨大な氷塊の下に海水が隠れているというはっきりした証拠が認められた。同じような海水の痕跡が他の衛星「ガニメデ」と「カリスト」にも見つかった。木星の大気では雷雨が轟いている一方で、「イオ」では火山が噴火している。スーはミッションで得られた驚くべき写真や科学的データを誇らしげに見守った。二〇〇三年九月二一日、ガリレオは八年間の惑星探査を含む一四年の宇宙の旅を終え、時速一六万キロメートルを超える速度で木星の大気に突っ込んでミッションは終了した。

ガリレオのように救済できるミッションばかりではない。シルヴィアは一晩中眠れずにある美しいプロジェクトが失敗したときのことを考えて、そう思って自分を慰めた。彼女は、「彗星ランデブー小惑星フライバイ（ＣＲＡＦ）」計画のミッション・デザイン・マネージャーを務めていた。シルヴィアが数年かけて立案した探査計画は、小惑星「ハンブルガ」（449 Hamburga）の地質学的構造を調査し、次いで三年にわたってコプフ彗星（22P/Kopff）の組成、大気、尾を調べてその形成を調査するというものだった。友人のスーとバーバラも応援に呼んだ。だが、計画は終了だ。彗星や小惑星はＮＡＳＡが予算を付けようと考えるほど魅力的なものではなかったらしい。ベッドに横たわると、何年にもわたる仕事が無になってしまったように思えた。

ＣＲＡＦは予算不足の犠牲者となったのだった。一九九〇年、ホワイトハウスの予算総会で大枠が示された新しい予算ルールでは、すべての国防、国内および国際支出に上限を設定することとなった。この新しい予算削減にしたがって下院小委員会は、住宅政策と退役軍人向けプログラム、あるいはＮＡＳＡの宇宙ステーション計画のどちらに予算を増強するのか決定を下さなければならなかった。論議の末に小委員会が選んだのは前者だった。その後に下院は決定を破棄し、小委員会は住宅政策の資金も削減し、ＮＡＳＡ支出を凍結してさらに妥協を迫られた。宇宙ステーション計画はかろうじて救済されたものの、他のＮＡＳＡの計画はすべて予算問題に苦しめられることになったのだ。Ｎ

ＡＳＡは無人探査と有人探査のどちらを優先すべきか、という古傷がＪＰＬでまたもや疼き始めた。だが、ＮＡＳＡが「より良く、より速く、より安く」という方針を打ち出したとしても、ＪＰＬは科学の追求を続けようとしていた。

シルヴィアのプロジェクトは終わってしまったが、その成果は他のミッションへと波及していった。それにシルヴィアは人生で二度目の愛を見つけた。彼女はカフェテリアの昼食の席で、ＪＰＬエンジニアのラニー・ミラーと出会った。ミラーは原子核物理学の博士号を取得していて、明敏な思考を持つシルヴィアとは完璧にうまくいく相手だった。二人は同じプロジェクトに参加したわけではなかったが、共通する部分は多くあり、間もなく結婚することになった。二人のどちらも子供がいなかったので、結婚後すぐに夫婦は子供を持つことを考え始めた。シルヴィアは姉妹と幸せに育ってきたので、いつかは自分の子供を持つのだとずっと思っていた。だが、タイミングを逸していた。二人は子供を持つには年を取っているし、仕事は過酷だった。二人は夫婦だけで結婚生活を続けようと決めた。

ＮＡＳＡに予算上の問題があったとはいえ、ＣＲＡＦの終焉は新たな機会をもたらすことになった。ＪＰＬは再び土星へ旅するという新たなミッションを手に残したのだった。生き残ったプロジェクトは「土星周回タイタン探査機（ＳＯＴＰ）」と命名され、土星の環を探査して大気を観測し、土星の衛星の探査も行ってその組成を調べることになった。ミッションはヨーロッパ宇宙機関（ＥＳ

A）と共同で行う。一九七五年に設立されたＥＳＡは、パリに本部を構え、一二の加盟国〔設立当初は一〇ヵ国〕が参加していた。ソ連がＥＳＡと多くの協力関係を築くことになり、古い競争が激しく再燃した。合衆国は単なるパートナーや二番手であってはならない。ＥＳＡが着陸機を開発するのなら、ＮＡＳＡは周回衛星の開発だ。

ＳＯＴＰ探査機はミッション・デザイン室の女性からすると馴染みのある形状をしていた。三軸衛星はこれまでうまくいったマリナー号やボイジャー号を思わせるものだ。だが探査機の規模は比較にならないほど大きかった。ボイジャーの約四倍もあり、これまでＮＡＳＡが開発した中でも最大の惑星探査機となった。アンテナは長さ六・七メートル、高さ四メートルもある。エンジニアたちもＪＰＬの衛星組み立て棟に集まっては、巨大な探査機を目を丸くして眺めた。それからすぐ、このミッションの周回衛星は「カッシーニ」、ＥＳＡの探査機は「ホイヘンス」と正式に命名された。

シルヴィアは、自分の彗星・小惑星ミッションを失った痛みを抱えたままカッシーニに取り組むことになった。エンジニアたちは、重力アシストを使って探査機が環を持つ惑星へと向かう航路を描いた。まず、金星のまわりを二回回ってから地球で一回、木星のまわりでもう一回加速し、土星に向かって飛び出していく。

ＮＡＳＡとＥＳＡの協力関係はこれだけではなかった。何年ものスケジュールの遅れと予算問題、そしてチャレンジャー号の事故を経て、ハッブル宇宙望遠鏡が一九九〇年四月二四日にスペースシャトル・ディスカバリー号の背中に乗って宇宙へと飛び立っていった。その一ヵ月後、宇宙望遠鏡は目を開け、初めての画像を送ってきた。ハッブル宇宙望遠鏡は地上の望遠鏡よりも優れた解像度を持つはずだが、初画像は期待はずれに終わった。ジョンズ・ホプキンス大学、宇宙望遠鏡科学研究所の天文学者は、何か不具合があることにすぐに気がついた。間もなく望遠鏡の口径約二・四メートルの主鏡に欠陥があることが判明した。宇宙飛行士が宇宙で望遠鏡を修理してこの問題を解決し、それから宇宙望遠鏡は息を呑むような画像を送ってくるようになった。画像の中には、以前にマリナー号のミッションが撮影したものと同じ惑星の姿を示しているものが含まれていて、JPLのコンピュータ－たちにも馴染みのあるものだった。ヘレンとバーバラは、ハッブルが撮影した金星の厚い硫酸の雲を見て、一九六二年にマリナー2号が初めて地球以外の惑星の上を飛行し、垣間見せたその姿を目の当たりにしたときの興奮を思い出したのだった。

バーバラはその頃、「マゼラン」というミッションでもう一度金星探査に取り組んでいた。JPLの科学者たちは、太陽からの距離を考えれば地球に最も似ているはずの惑星が不毛の荒れ地となった理由を理解したかったのだ。最後の惑星探査機「ボイジャー」の打ち上げから一〇年が経過していた。NASAの予算がなかなか付かなかったことから、これまでのミッションで研究所に残されていたものを寄せ集めてマゼランは作られた。その目標は、できる限り詳しい金星の地図を作成することだ。飛行経路計画作成チームの一員として、バーバラは探査機のソフトウェアを作成した。彼女が取り組んでいたのは、飛行中にDSNに接続しつつ金星を周回するためのプログラムだ。

バーバラのプログラムは細部までよくできているという評判を勝ち得ていた。彼女がマゼランのプログラムをもっと効率よくしようとすると、監督のボブ・ウィルソンは「もうこれ以上磨き上げなくてもいいよ。このプログラムならうまく動くよ」と評した。長年の経験が彼女を完璧主義にしていたのだ。ヘレンはバーバラと共に、スペースシャトルで打ち上げた探査機を惑星へと送るソフトウェアの開発に携わっていた。このときヘレンが仕事用に持ってきた新しいコンピューターに驚かされるばかりだった。IBM・PC互換機のラップトップ・コンピューターは信じられないほどスリムで軽い。わずか五・九キログラムで、どこへでも持って行って仕事をすることができた。

一九八九年四月二八日、チームは打ち上げのために集まった。シャトル打ち上げのカウントダウンが始まると、皆きょろきょろしていた。ピーナッツがない。レインジャー7号のときにピーナッツを回す伝統を始めたエンジニアのディック・ウォレスが、このときばかりはピーナッツを忘れてきてしまったのだ。皆科学者であり、つとめて迷信深くならないようにしてはいたものの、この見落としには慌てさせられた。一九六四年以来、ピーナッツなしの打ち上げはまず経験がない。そして、打ち上げ三一秒前にカウントダウンが止まった。電気系統に問題が発生して打ち上げ延期となったのだ。部屋中が揃って深呼吸をした。一週間後の五月四日に打ち上げは再び実施され、このときはウォレスもピーナッツを最優先にしてくれた。御利益があってバーバラとエンジニアたちは無事にロケット打ち上げを見守り、一同は金星ミッションへと復帰したのだった。

マゼランは一九九〇年八月に金星へ到着した。チームの協力は完璧でミッションは計画通りに進行している。探査機は金星を周回して、レーダー画像によって可能な限り金星の表面を地図に描こうとしていた。バーバラの願いはプログラミングがうまく動作し、これまでにない精細な金星の姿を得られることだった。

一九九一年四月の穏やかな一日、陽はまだ高い時間だったが明かりが消された。バーバラはミッション・マネージャーのアル・ナカタに微笑みかけ、マゼランチームが彼女のために「ハッピーバースデー」を歌った。バーバラの前に置かれたケーキは星で飾られ、ロウソクが赤く灯っている。バーバラは目を閉じて心の中で願いごとを思い描き、そしてロウソクを吹き消して「願いがかないますように」と祈った。ＪＰＬの規模はますます拡大し、今や五〇〇〇人以上とパサデナ最大の雇用を抱えるまでに成長していたが、今でも研究所は固い結束を誇っていた。

マゼランチームの一員でいることはバーバラの喜びだった。お互いに親切にし合い、友情は誕生日のケーキのアイシングのように甘く固かった。誕生日を覚えているというのは小さなことのように思えるが、何十年にもわたるミッションを共にした強力なチームと素晴らしいプロジェクト・マネージャーのしるしなのだ。長い年月、バーバラは関わったミッションを愛し、その運命を確かなものにしようと誕生日のたびに願ってきた。すべてうまくいったというわけではない。次のプロジェクト

「マーズ・オブザーバー」は最も苦痛に満ちた経験となった。ミッションはあらゆる点で成功が約束されていると思われた——ピーナッツを回すことを忘れたという点を除けば。探査機は一九九二年九月にケープ・カナヴェラルから打ち上げられた。打ち上げを見守りつつ、バーバラはこうした日々が終わりつつあることを感じていた。彼女は年を取り、退職について考えるようになっていたのだ。バイキング号で火星ミッションに取り組んでからもう一七年が経っていて、新たな火星探査を誰もが切望していた。ヘレンとバーバラは、共にミッションのための画像表示ソフトウェアを開発していた。火星について知りたいことはまだまだたくさんある。マーズ・オブザーバーは火星の気候と地質、重力場について調査するはずだった。

マーズ・オブザーバーの成果が出る頃、バーバラはもう研究所にはいない。激務のプログラムを仕上げた後、彼女は有能なメンバーにプロジェクトを引き継いでいった。一九九三年四月、JPLで働き始めてから四五年後、バーバラは引退した。オフィスの荷物を整理してみると、タイムカプセルを開いたようだった。JPLのあらゆるミッションの記念品が壁に並んでいる。ボイジャーが送ってきた写真、マゼランが撮影した金星の姿、数々の貢献を讃えた賞をバーバラは一つ一つ箱に詰めていった。お別れの昼食会には友達が全員集まっていた。これが最後となる皆の顔を見ると、涙が込み上げてきた。「だけどこれから二度と会えなくなるわけじゃない」と自分自身に言い聞かせた。「きっと戻ってくる」。退職したとしても、ヘレンやスー、シルヴィアとの絆が切れるわけではないのだから。

それから四ヵ月後、バーバラは悲しい知らせを受け取った。マーズ・オブザーバーが姿を消してしまったのだ。赤い惑星の軌道に入る予定の二日前に、探査機はいきなり行方不明になってしまった。推進剤の配管に破損が起きて探査機が回転を始め、「非常事態モード」と呼ばれる状態で通信が途絶えてしまったのだろう、というのが最も考えられる原因だが、その答が判明することはない。探査機は行方不明となり、ミッションは完全な失敗だ。新聞の見出しには「NASAは八億一三〇〇万ドルもする金属のかたまりを無駄にした」という非難の言葉が踊り、バーバラはチームが精魂傾けてきた時間を思って涙をこぼした。

翌年、今度はヘレンが退職する番だった。彼女は研究所を去る支度を整えていて、悔いはなかった。一九五〇年代から何十年もJPLのエンジニアとして貢献してきた年月の中で、オフィスは分かち合ってきた思い出でいっぱいだ。ヘレンは誰からも愛されていた。彼女は集まってきた馴染みの人々に微笑みかけ、元JPLのエンジニアのデニス・チトーを優しく抱きしめた。今は億万長者で宇宙旅行者〔世界で初めて自費で国際宇宙ステーションに滞在した〕となったチトーは、最も信頼していた〝人間コンピューター〟を送るために駆けつけたのだ。まだ暑さが残る夕方、二人は晴れやかな顔で思い出話に花を咲かせた。これまで育んできた友情は、長い研究所でのキャリアにも増して長く続く。

バーバラやヘレンよりも若いシルヴィアは、二人の退職祝いに出席しつつも心が沈んでいた。これから寂しくなる。だが、ＪＰＬでシルヴィアの仕事はさらに変わっていこうとしていた。シルヴィアは研究所で新たな地位を目指し、夢の仕事に向かって期待と興奮を抱いていた。それは、火星探査計画のプロジェクト・マネージャーの仕事だった。

シルヴィアは計画の規模が拡大となって大喜びだった。彼女が計画の中で正式な地位を得たのは一九九八年の「マーズ・サーベイヤー」ミッションの後だが、それまでの間も忙しく働いていた。計画では、まず火星に衛星通信ネットワークを構築し、次いで探査ローバーを火星の地表に送り込むことになっていた。シルヴィアは研究所で作られたローバーが火星探査のための厳しい訓練プログラムを通過する様子を見守った。火星の表面を模して作られた、岩だらけの埃っぽい砂場で、小さなロボットたちは自分の元いた場所から出て、体の高さを約三〇センチまで進展させる動作を学ぶ。火星の表面に安全に着陸するために、ロケットエンジンの逆噴射ではなくパラシュートとエアバッグを使ったまったく新しいシステムが考案された。ローバーが一〇階建てのビルほどの高さまで跳ね上がって無事に生き残ってみせたときには歓声が上がった。

一九九六年一二月、エアバッグを備えた「マーズ・パスファインダー」探査機が打ち上げられた。ＪＰＬには緊張が漂っていた。なにしろ、この前に成功した火星ミッションから二〇年も経っているのだ。マーズ・オブザーバーを失ったことで、火星探査には長い空白が生じてしまっている。ロシアも赤い惑星に行こうと同じように奮闘していた。一九八八年に火星とその衛星を探査する「フォボス」計画が失敗していた。火星探査は挫折の歴史でもある。今日までに探査機の約三分の二は失敗に終わっているのだ。

一九九七年七月、NASAの探査機は火星へ到着した。シルヴィアは息を殺して、パラシュートが展開され、火星着陸機とローバーが静々と火星の表面へ降りていく様子を見守った。着陸のわずか八秒前にエアバッグが幅五メートル以上に膨らんだ。着陸機は遠い惑星の表面に衝突して一二メートルも跳ね上がり、エアバッグがそれを包み込んだ。さらに一五回も跳ねた後、着陸機はついに停止した。エアバッグがしぼみ、太陽電池パネルが花びらのように開いた。シルヴィアはローバーの巨大なエアバッグの複製と一緒に、誇らしげに撮影した自分の写真を持って祝賀の席についた。

マーズ・パスファインダーの着陸機は「カール・セーガン記念基地」と名付けられ、移動を開始したローバーの中継地点となって画像を地球へと送ってきた。火星初の探査ローバーは奴隷制廃止のために活動した女性ソジャーナ・トゥルースの名にちなんで「ソジャーナ」と命名された。一一キログラムほどの小さなロボットは火星の表面を駆け巡り、エックス線分光計で岩石の分析を始めた。この観測から、火星の岩石には予想よりも高いレベルのシリカ（二酸化ケイ素）が含まれていることがわかった。これまで地球に届いた火星の岩石のわずかな手がかりとなっていた火星隕石は、ケイ素の量が比較的低く、鉄とマグネシウムが多い火山岩の一種の玄武岩だった。玄武岩は地球や月、火星由来の隕石にも普遍的に存在する岩石であり、地質学者はマーズ・パスファインダーが見つけるのも玄武岩だろうと予測していた。意外にも高かったシリカの含量は、火星の表面上で異なるタイプの火山活動が起きた可能性を示唆している。しかもそうした火山活動は、水が存在する地球でも一般的に起きる性質のものだ。この発見からもっと多くのデータを持ち帰りたいという欲求は高まるばかりだった。

ソジャーナは火星で八五ソルにわたって活動を続けた。ソルとは「太陽日」〔火星で太陽が子午線を通過してから次に通過するまでの時間〕を略した言葉で、地球の一日よりもわずかに長く二四時間三九分ある。もともとミッションが予定していた七ソルよりもはるかに長く活躍したのだ。そしてついに、おそらくバッテリーの消耗からソジャーナと地球との通信は途絶えた。

嬉しいことに、ＪＰＬチームは次なるミッションを控えていた。一九九八年一二月、次いで一九九九年一月に新たなサーベイヤー計画の探査機が打ち上げられた。今度は二機の探査機がペアになっており、「マーズ・クライメート・オービター」と「マーズ・ポーラー・ランダー」という。クライメート・オービターは火星の気象を観測し、火星表面にいる新たなローバーへ通信を中継する通信衛星として活動することになっていた。翌月に打ち上げられたポーラー・ランダーは火星の南極に着陸し、その組成を観測することになっていた。白い極冠のある火星の南極は、水が見つける有望な場所と考えられていたのだ。

エンジニアはオービターの航路を注意深く監視し、宇宙を行く探査機の軌道を修正した。それからトラブルが始まった。地上から計測した数値と探査機側の数値が一致しないのだ。理由はすぐに判明した。探査機側のソフトウェアはメートル法を使用していたが、地上のコンピューターは大幅に数値が変わってしまう英国ポンドを単位として使用するようにプログラムされていた。NASAは一九九〇年以来、度量衡にメートル法のみを使っていた。だが、オービターの小型エンジンに関する航法コマンドを送信した地上コンピューターは、民間事業者のロッキード・マーティン社のものだったのだ。JPLがプログラムを作成した探査機がニュートン秒を使っているにもかかわらず、ロッキード・マーティン社は一般的ではない英国系の単位でコマンドを送ってしまった。そのため、探査機のエンジンへの影響は四・四五倍にもなった。エンジニアたちは、なんとも恥ずかしい理由から計測値を白紙に戻し、計画した航路をはるかに逸れてしまった探査機を少しでも元に戻そうと試みた。火星に到達した後、探査機はエンジンを始動して周回軌道に入り、それからブレーキをかけて徐々に減速していくという計画だった。シルヴィアは緊張しながら探査機がエンジンを始動するときを待っていた。だが速度はあまりにも速く、高度は低すぎた。そして、マーズ・オブザーバーのときと同じように、探査機は消えた。おそらくは火星の周回軌道に入る前に大気に突入してしまったのだろう。

　ポーラー・ランダーも同じ運命を強いられた。探査機からの通信は赤い惑星に到着した直後に消えてしまった。一日が過ぎて、シルヴィアは着陸機の居場所が判明するのではないかという希望を捨てざるを得なかった。原因は、ソフトウェアのバグによるエンジンの早すぎる停止だと考えられている。シルヴィアの衝撃は悲しみへと変わっていった。ミッションは完全な失敗だ。しかも、この事故が火星ミッションの将来に不安を投げかけた。未知の要素が多すぎるとして、NASAは二〇〇一年に予定されていた火星着陸機の計画を中止した。JPLが火星ミッションを増やそうとしていたときからマネージャー職についていたシルヴィアは神経質になってしまった。火星へ探査機を送り込む条件はおよそ二年ごとに整う。そのチャンスをつかむためには、火星探査機にせよローバーにせよ、探査の方法論を確実にし、限られた予算の中で科学的目標を達成する方法を考えなければならなかった。

問題を引き起こした事故の原因調査にはシルヴィアとそのチームが当たることになった。任務遂行のためにはさらなるテストとチームワークが必要であり、シルヴィアは研究所でそうした文化が生まれるように力を尽くしていた。チームは新型ローバーを中心に据えた将来の火星探査を計画していた。一連の会議の席で、あるとき火星探査計画の責任者であり、シルヴィアの上司でもあるドナ・シャーリーが参加者を見渡してみた。席に着いていたエンジニアは全員女性で、ドナにとってもこれは初めてのことであり、「変革の時代なのだ」とドナは考えた。エンジニアは将来、火星表面を掘り起こしてサンプルを収集し、それらを地球へと持ち帰る機敏なロボットの使用を検討していた。そうすれば地質的な歴史を探査し、いつかは火星に生命が存在した証拠を発見できるかもしれない。

シルヴィアが中心となった火星探査計画は再び成功をつかんだ。二〇〇四年、「スピリット」「オポチュニティ」の二機のローバーがエアバッグに守られつつ火星に降り立った。着陸後にエアバッグがスピリットに引っかかってしまい、可哀想なローバーはなかなか厄介者を振り払うことができず、サイドランプを回転させて跳ねよけなければならなかった。ようやく解放されたスピリットは、火星の表土を掘り起こし、地球以外の惑星の表面で初となる顕微鏡画像を撮影した。

双子の兄弟のオポチュニティはといえば、スタート時から素晴らしい幸運に恵まれていた。着陸してすぐに探査機が遭遇した岩の中には、かつて相当な量の塩水に覆われていたことを示す証拠が含まれていたのだ。ローバーはアームの先端に取り付けられた顕微鏡で、「ブルーベリー」と呼ばれることになった小さな丸い球の画像を撮影した。この球には「ヘマタイト」と呼ばれる鉱物が多く含まれており、地球ではこうした結晶パターンは水中でのみ形成される。ローバーが進んでいくようすを見ていると、シルヴィアはまるで自分も火星の泥の中を進んでいるかのように思えた。二機のローバーは素晴らしい火星のパノラマ画像を数多く送ってきた。もともとの目標ではローバーのミッション期間は一年間の予定だったが、それでもソジャーナの三ヵ月間の探査よりもはるかに長いのだ。だが、ローバーはシルヴィアたちの目標をはるかに超えて生き続けた。スピリットは五年にわたって火星の表面を探査し、ついに柔らかい砂に車輪を取られて動けなくなった。そしてオポチュニティはといえば、火星に着いてから一〇年の年月を超え、なんと今でも活躍している。そして二〇一二年、新たな仲間が火星に降り立った。その名を「キュリオシティ」〔好奇心〕という。

火星ロボットの時代になると、ＪＰＬの女性エンジニアも新たな時代を迎えていた。かつてヘレンやバーバラ、スーが雇用し、訓練した女性たちが研究所中でそれぞれの役職につき、今度は自分たちが女性の人材を雇用する側になっていたのだ。ＪＰＬにおける女性エンジニアの割合は、一九八四年の九パーセントから一九九四年には一五パーセントに増加していた。今日ではすべてのポジションで、ＮＡＳＡの他の研究センターよりもＪＰＬに雇われている女性の数が勝っている。これは、メイシーとヘレンが五〇年にわたって女性を雇うという活動をたゆまず続けてきた成果によるものだ。ＪＰＬにおける女性の役割の拡大は、アメリカ合衆国の他の分野の動向とは明らかに対照的だ。一九八四年にコンピューターサイエンスの学科の卒業生に占める女性の割合は三七パーセントだったが、今日では一八パーセントにまで落ち込んでいる。

五〇年間で、どれほどのプログラムが書かれたことだろうか。シルヴィアやヘレン、マギー、スー、バーバラ、そして彼女たちの仲間が書いたコードは、人工衛星や宇宙航行システム、気象研究、火星探査機と共に活躍を続けている。コードは引き継がれ、再利用され、新たなミッションで使われて、宇宙へと送り出され、遠く離れた惑星を駆け回る。いつか生み出した女性たちがこの世を去った後にもコードは生き続け、いずれは地球へと戻ってくるものもあるだろう。コードは、二〇一二年以来、火星を探検しているキュリオシティ・ローバーでも、二〇〇四年から土星を探査しているカッシーニの周回機でも、私たちの地球を研究するためにこれから生み出される人工衛星の機器でもミッションを遂行し続ける。

ヘレンの引退により、かつて「コンピューター」と呼ばれていた女性のグループはＪＰＬでその役割を終えた。代わって、さらに高い力と責任を持つ新世代の女性たちが自分たちの場所を勝ち得た。バーバラやヘレンたち女性だけのチームが、自らのキャリアを作り上げていった一二二号棟の日当たりの良い部屋は、今は使われていない。古い木製の机は、合板とプラスチックでできたオフィス用品に取って代わられている。

女性コンピューターの最後の一人であり、新世代のエンジニアの始まりでもあったシルヴィアは、四〇年活躍した後に二〇〇八年に研究所を引退した。甥や姪たちにとても慕われているシルヴィアだが、自身の子供はいない。シルヴィアが手がけ、心の底から愛していた彗星探査ミッションの一部は、彗星探査機「ロゼッタ」と呼ばれる計画の中に蘇った。ロゼッタ計画は天を駆け抜けていく彗星を捕まえようという試みであり、シルヴィアがＪＰＬに残した財産の一部だった。二〇〇四年、ＪＰＬとＥＳＡの協力によりミッションは始まった。二〇一四年一一月一二日、ロゼッタ探査機に搭載されていた着陸機「フィラエ」は、チュリュモフ・ゲラシメンコ彗星（67P/Churyumov-Gerasimenko）の表面へと降り立った。彗星が太陽に近づくにつれてその活動は活発になり、記録されたデータはＤＳＮを通じて送られてきている。

スーは今でもＪＰＬで現役だ。スーは五八年間働き続け、現在関わっている最新のミッション、木星探査機「ジュノー」が二〇一六年七月の木星周回軌道投入に成功するまで引退しないと決めている。〔スー・フィンレイはジュノーの軌道投入後に引退を撤回。二〇一八年二月現在でもジェット推進研究所で活躍している〕

*

柔らかな光がカルテク研究所のアーチの続く小道と豪華な飾り柱に輝いていた。ＪＰＬにとっても関わりの深い、エクスプローラー1号打ち上げから五〇周年を迎えた記念の日だ。二〇〇八年一月の夜、アメリカ初の衛星が地球の大気圏から飛び出した重要な日の祝賀行事が催された。だが、残念なことに記念日の招待客リストには大事な名前が抜けていた。五〇年前、バーバラとマギーは管制室で天を駆け抜けていく衛星を追跡する仕事を共にしたはずなのだが、二〇〇八年の祝賀行事では会場から数キロメートル離れたパサデナの自宅にいた。本来ならば、二人は運命の夜のＪＰＬの管制室を経験した今では数少ない人物であり、宇宙への第一歩を踏み出す仕事に携わっていたのだが。

女性たちの作り上げた成果は、未知の領域へも踏み込んでいる。ボイジャー探査機は、今ではさらなる深宇宙へと到達した。一九九〇年二月一四日、ボイジャー1号は「ファミリー・ポートレート」と呼ばれる太陽系の家族写真を撮影しようと肩越しに振り返った。これは、カール・セーガンの提案による、太陽と太陽系の六つの惑星を撮影した一連の写真だ。その中の三枚の画像を組み合わせた一点は「ペール・ブルー・ドット」といい、約六四億キロメートル離れて見る地球の姿だ。地球は巨大な虚空の中でわずか一ピクセル程度の青い点にすぎない。だが、太陽の光の中を回り続けるその小さな点の中に、生命と呼ばれている存在のすべてがある。最後に故郷を振り返り、小さな探査機は太陽系を離れて恒星間宇宙へと入っていった。ボイジャーはあらゆる人工物の中で何よりも遠くまで到達するという偉業を成し遂げた。そして、それを作り上げた「人」は男性だけではなかった。

ボイジャーの記憶装置には、アルミの殻に包まれた宝が収められている。わずか四〇キロバイトのメモリーは現在のiフォーンの数千分の一の容量しかない。だが、これはもともと素晴らしい才能を持った女性たちが鉛筆と紙に手で書きつけたものだった。このプログラムは、彼女たちのキャリアの頂点に輝く仕事のほんの一部分だ。たくさんのプログラムが宇宙の塵の中に今でも残っている。それは、星に記された彼女たちの宝なのだ。

エピローグ

守衛所を通り抜け、来客用駐車場を歩いていくと、草を食んでいる鹿は人間が近くを歩いても怖がるようすもなかった。バーバラが話してくれた通りだ。けれども、研究所は私が想像していたところとは少し違っていた。建物はもっと身を寄せ合うように建っていて、中庭にはカリフォルニアの日差しを楽しむ若者が大勢いた。政府機関というよりは大学のキャンパスに近かった。

ただ、それは見た目だけの話だ。中に入れば科学の複雑な営みが姿を現す。一七人の女性たちと一緒に、私は岩だらけの遊び場で鬼ごっこをするローバーや、巨大でちり一つない開発棟で組み立てられている人工衛星を見学した。聞いたところでは、こうした光景は何十年もあまり変わっていないそうだ。私は、研究所を勝手知ったるようすで歩く女性たちについていった。彼女たちこそがコンピューター、JPLの始まりとなった女性たちだ。バーバラ・ポールソン、ジョアニー・ジョーダン、キャスリーン・トゥリーン、ジョージア・ドヴォニチェンコ、バージニア・アンダーソン、ジャネット・デイヴィス、ヘレン・リン、シルヴィア・ミラー、ビクトリア・ワン、マギー・ブルン、キャロライン・ノーマン、リディア・シェン、リンダー・リー、マリー・クローリー、ナンシー・キー、スー・フィンレイ。彼女たちは再び会うために、アメリカ合衆国の各地から集まってきてくれたのだ。

彼女たちが単なる昔の同僚ではなく、親友であることは一目見れば明らかだ。一一号棟を指差すと、皆で暖房もエアコンもないコンクリート壁の計算室がどれほどひどかったのかうんざりした様子で教えてくれた。それから、今では使われていない旧式の試験ピットを見渡して、凄まじい音をたてた小さなエンジンの試験の思い出を語ってくれた。バーバラとヘレンはといえば、これまで仕事でもプライベートでも何万回も話してきた二人とはいえ、今日は特別なようだった。二人が最後に会ったのは何年も前のことだったのだ。

ヘレンは近隣の介護施設に住んでいて、娘のイヴが面倒を見ている。夫のアーサーはヘレンの五年前に引退し、孫の世話をしていた。夫婦の息子のパトリックは、ヘレンからBASICとFORTRANなどのプログラミングを学び、コンピューター・サイエンスを学ぶ道へ進んだ。イヴは水泳の才能を発揮し、オリンピックの水泳代表候補として予選を勝ち抜いた。アーサーが亡くなった後、優しく愛情のこもったイヴの手がヘレンを助けている。

二〇〇三年、バーバラの夫のハリーは癌を患っていた。ある日突然、バーバラもめまいに苦しみ、自分がどこで何をしているのかもわからなくなってしまった。こんなことは今までなかったことだ。

なんとか意識をはっきりさせることができたものの、医師はバーバラが脳卒中を起こした可能性があると案じている。夫婦の娘、カレンとキャシーは知らせを受けて、当時住んでいたアイオワから両親の家へと駆けつけた。バーバラはもう元気になっていたのだが、ハリーは弱っていて、娘たちは父と最後の一週間を共に過ごすことができた。娘たちを毛布でくるみ、おむつを換え、愛情を注いでいた父はこの世を去っていった。バーバラの突然のめまいは、二人の娘が父と最後の時間を共に過ごすきっかけとなったのだった。ハリーが亡くなった後、バーバラはキャシーとカレンが住むアイオワへと引っ越し、教会や友人とつきあい、家族と共に忙しく過ごしている。つい最近、バーバラはひいおばあさん（曾祖母）になった。

マギーは今でも、このグループの中では子供のようだ。ＪＰＬで過ごした日々を思い出すとき、彼女の目は二〇歳の娘のようにきらめく。マギーは独身だが、実に幅広い年齢の人たちと共に過ごしている。七七歳の母を世話し、ときには幼い子供の面倒も見ている。マギーは自分が仕事を持っていたとき、良いベビーシッターにどれほど助けられたのか決して忘れていない。

シルヴィアは退職後も活発な生活を送っていて、夫のラニーとあちこち旅行もしている。シルヴィアの退職お別れ会で友人たちが彼女を讃えて歌うと「私、そんなに奇跡を起こしてきたの？」と驚いていた。シルヴィアは実に控えめだが、彼女がＪＰＬで成し遂げた仕事は今でも火星のロボット探査に不可欠な部分となっている。

スーも何かと旅行しているが、これは彼女の仕事の一部だ。ＤＳＮでの仕事の一環として、オーストラリア、スペイン、グリーンランドなど世界中に赴かなくてはならないのだ。ミッションがマスコミから注目を集めているようなとき、スーは研究施設へ出かけているので不在だ。「メディアはいつもＪＰＬの管制室にばかり集まってくるのよね。実際に仕事をしている人たちはテレビには出てこないけどね」と彼女は言う。スーは研究所が誰にとっても嬉しくない、おかしなほうへと変わったのも経験してきている。二〇〇八年、スーがＪＰＬに入って五〇周年を迎えたとき、規則が変わってすべてのエンジニアは大学院以上の学位を取得しなければならないことになった。スーは大学を卒業していなかったため、常勤職員から時給制の勤務へと変更された。だが、管理部がスーの時間外労働時間の総計を知ると、慌てて規則に例外を設けて彼女を元のポジションに戻したのだった。スーはＮＡＳＡで最も長い間働いている女性だ。ＪＰＬのソフトウェア試験官であり、サブシステムのエンジニアでもある。今でも仕事を愛し、方眼紙に描いた昔の軌道を大事に取ってある。この先いつ必要になるかわからないからだ。

　ＪＰＬを巡る中で、エクスプローラー1号の模型の前に差しかかった。バーバラとマギーは嬉しそうに模型を眺めていた。実物の衛星は二人がまだＪＰＬで働いていた一九七〇年三月三一日に太平洋へと沈んでいる。二人の視線はスリムで長い衛星に集まり、急激に蘇ってくる記憶を感じていた。その話を聞くことができるのはなんと光栄なことだろう。

週末旅行が終わり、満月の下で彼女たちはさよならの挨拶を交わした。抱擁とキスの中で、数十年の歳月を経てもなお親しい友達の幸せをお互いに祈った。「私たちが会えるのもこれで最後かもしれないものね」。悲しみと厳粛さの入り混じった言葉が聞こえた。最後の挨拶には、どんなロケットエンジンよりもはるかに力強い友情が込められていた。

謝辞

過去に、また現在もジェット推進研究所（ＪＰＬ）に勤務し、この本のために語ってくれた多くの女性に言葉に尽くせないほど感謝している。彼女たちは表に出ることのなかったヒーローであり、彼女たちの存在なくしてアメリカの宇宙計画は実現しなかった。彼女たちとその人生の物語を共有し、記録してくれたその家族にも感謝したい。彼女たちの物語をすべて載せるだけの紙幅を割くことはかなわなかったが、それでもどのインタビューもこの物語に欠くことのできない部分であり、計り知れない価値ある情報を提供してもらった。

その中でも何人かの女性には、とてつもないほどの時間を割いていただき、本書の完成を助けてもらった。うち一人はバーバラ・ポールソンだ。その名を知ってから実際に会えるまで一二回ものコンタクトを要したが、最終的に対面できたことは素晴らしい幸運だった。彼女の鮮明な記憶と気さくな態度なくして本書を完成させることはできなかった。バーバラとその家族、とりわけ娘のカレン・ビショップとキャサリン・ナッツソンによるかけがえのない支援に感謝したい。同じく、本書の完成にあたり、シルヴィア・ミラーとラニー・ミラーのご夫妻にも感謝する。シルヴィアは私との面談、必要な相手へのコンタクトの支援、重要な資料となる記事や写真の送付に多大な時間を割いてくれた。さらにスー・フィンレイの知識は欠かすことができない。スーは対面でも電話でも多くの時間を費やして私を助けてくれた。ヘレン・リンとイヴ・リンの母娘の支援にも感謝を申し述べたい。イヴが本書にとって重要な資料を提供してくれた上に、多大なる尽力を差し出してくれた。

「ロケット・ボーイズ」たち、とりわけロジャー・バーク、チャーリー・コールハーゼ、ビル・マクラフリン、ディック・ウォレス、フランク・ジョーダン、そしてJPLを引退したエンジニアに感謝を送る。彼らの歴史を変えた仕事は、これまで受けてきたものよりももっと多くの人に知られるべきだろう。そして彼らの記憶と援助は非常に貴重なものとなった。

私の素晴らしいエージェント、ローリー・アブカミアの支援なくして本書は出版できなかっただろう。彼女のサポート、知恵、巧みな編集にとても感謝している。何を質問しても、ローリーは常に的確に答えてくれた。

最高の編集者であるアシヤ・マクニックにとても感謝している。繰り返しと誤りでいっぱいだった私の原稿を特別なものに整えてくれた。彼女の科学に対する熱意と、言葉を書き記す技能は不可欠のものだった。かけがえのない技能を発揮して、原稿を大幅に改善してくれたジェイン・ヤッフェ・ケンプとデボラ・ジェイコブスにも感謝する。ジュヌビエーブ・ニールマンの重要な貢献にもお礼を述べたい。欠かすことのできない専門知識を持ったリトル・ブラウン社の素晴らしく情熱的なチームと出会うことができ、私は幸運だった。

ほかにも多くの方々に本書にご尽力いただいている。カリフォルニア工科大学およびＪＰＬの公文書係からは、お願いしたものを遥かに超える支援をいただいた。実に多くの時間を費やし、精力的に調査を支援し、写真を見つけ、ツアーを手配してくれたジュリー・クーパーに感謝する。公文書係のドゥーディー・チャンと歴史家のエリック・コンウェイも私の調査を大いに支援してくれた。ＪＰＬでコンピュータとして働いていた女性のたちの特別な夜の集いを支援してくれたサラ・トンプソンにも感謝する。Ｐ・トーマス・キャロルの調査と個人的な援助も本書にとって非常に重要だった。

本書のプロジェクトにあたり、知的で洞察力に富む読者に恵まれた。とりわけ惑星科学のスーパースターであり、歴史家で有能な作家兼編集者でもあるメグ・ローゼンバーグ博士、オーストラリアのスウィンバーン工科大学の天体物理学・スーパーコンピューティングセンターの超銀河観測天文学者である、ジェフリー・クック博士、ＪＰＬの才能ある歴史家ジュリー・クーパー。彼らの洞察力と知性は、本書の原稿を形作るのに大いに役立っている。

ありがとう〝リトル・ターキー〟たち。エリカ・ヒルデン、オータム・ブルチャ、シェリー・マッギル、エイミー・ブラックウェル、クリスティン・ラスコン、ヴァレリー・リービット・ハルシー、クレア・ライス、ラケル・ネルソン、ローリー・ウィークス、マンディ・ノーマン、エイミー・マケイン、キエスティ・ピロン、カリン・グッドマン、アマンダ・シュスター、リサ・ブリンクス・フナリ、エリカ・ヴァージニア・ヨハンセン、ロージー・フォーブ、カーリー・スラマ、アンドレア・アレキサンダーとホリー・バットンに。

マルコ・カッツとベッツィ・ブーンを始め多くの友人と家族がこの仕事を助けてくれた。ジョイス・ブーンと心の底から懐かしいジョン・ブーン。エヴァ・グランドガイガー、ルビー・フランシス・ホルト、シェルドン・カッツ、ローズ・グランドガイガー、レイチェルとゲリー・コカリー。エリザベス・キーンとショーン・キャッシュマン、シンシア・ボイル、サラ・エリオット、ジル・ルビンスタイン、クリッシー・グラント、ミセス・ジェローム、ミセス・クロニン。J・Aとジョリー・マクファーランド、エリザベス・ショウ、エムリン・ジョーンズ、ティム・フラナガン、エイミー・カンターとスコット・アムブスター、ジェニファーとペイソン・トンプソン、スコットとシア・ホルト。クレアとジェリー・マクレーリーが重要な調査旅行の中で与えてくれた支援と愛なくして本書を書くことはできなかった。同じく私の素晴らしい義理の父、ケン・ホルトが特別な支援を与えてくれたこと、そしてその励ましが支えとなってくれたことに感謝する。

私の人生で最も大切な家族である夫のラーキン・ホルト、そして霊感を与えてくれる二人の娘たち、エレノア・フランシスとフィリッパ・ジェーンに。

訳者あとがき

宇宙探査という言葉を聞くと胸が躍るみなさんへ、アメリカ初期のロケット開発と太陽系探査を支えた女性たちの物語『ロケットガールの誕生』をお届けします。本書は、ナタリア・ホルト（Nathalia Holt）著 ***Rise of the Rocket Girls: The Women Who Plopelled Us, From Missiles to the Moon to Mars*** (Little, Brown and Company, 2016) 全訳です。

訳者の私も子供のころ、カール・セーガン博士の『ＣＯＳＭＯＳ』を読んで育ちました。読んで、というのは、昭和の子供は、科学番組であっても夜九時以降はＴＶ番組を見せてもらえないので、画像で構成されたビジュアル版を繰り返し眺めていたからです。その中で、ボイジャー探査機はヒーローでした。億・兆・京といった大きな数字がたくさん出てくるだけでも子供には嬉しくてたまらないのに、ボイジャー1号、2号はその数字の距離を旅して、地球まで写真を送って来るのです。火星に降り立ったバイキング探査機もすごい。ロボット探査機、カッコイイ！

人生の中で「宇宙すごい」を何がきっかけで刷り込まれるか、それは人によってアポロ計画であったり、スペースシャトルだったり、小惑星探査機「はやぶさ」であったり彗星探査機ロゼッタだったりしますが、私は圧倒的に太陽系探査機だったのです。

長じてパソコン雑誌の編集者からライターになり、あるときＪＡＸＡの小惑星探査機「はやぶさ」取材がきっかけで、ふたたび宇宙探査や人工衛星の世界について記事を書くようになりました。すると、火星探査機「のぞみ」の前にはバイキング探査機やフェニックス探査機が、金星探査機「あかつき」の前にはマリナー2号やマリナー10号といった先達がいたことに気づかされます。火星ローバー「キュリオシティ」の無事な着陸を祝い、双子の火星ローバーのひとつ「オポチュニティ」が一〇年を越えて今でも元気に活躍していることに驚嘆すると、そこにはいつも「ジェット推進研究所（ＪＰＬ）」の名前がありました。太陽系探査を牽引しつづけている存在としてＪＰＬの名前を口に出すたびに喜びがあります。

二〇一六年の春、たまたま目にした『ロサンゼルス・タイムズ』の書評記事で、そのＪＰＬの太陽系探査を支えてきた女性のコンピューターがいたことを知りました。「コンピューター」という言葉がもともとは人間を指すということは聞いたことがありましたが、実際にその職業についた女性が宇宙探査に関わっていたとは。しかも、計算機の歴史とも深く関わっています。これは読まなくてはならない、とさっそく手に入れました。

「ソ連が『スプートニク1号』を打ち上げる一年前の一九五六年九月、JPLはウェルナー・フォン・ブラウンらと共にジュピターCロケットで人工衛星を軌道投入する打ち上げ試験を行っていた」、「ドイツのロケット工学者をアメリカに亡命させた〝ペーパークリップ作戦〟に銭学森が協力しており、フォン・ブラウンのインタビューを最初に担当した」、「一九五〇年代にはJPLでミスコンテストが開催されていた！」など、当時のツイッターには、読みながら少しでもこの興奮を伝えようとした痕跡が残っています。JAXA宇宙科学研究所、的川泰宣教授の『月をめざした二人の科学者』に描かれた、スプートニク・ショックの場面をJPLの側からもう一度見ることで歴史を多面的に知る楽しみを味わうことができました。ガガーリン・ショックやルナ1号の追い打ちもあり、ソ連に遅れを取っていると感じていたアメリカが威信を取り戻したと感じたのは、一九六九年のアポロ11号よりも前に一九六二年のマリナー2号による金星探査だったということも、これまで宇宙開発の歴史に対して抱いていた通念を覆すものでした。

そして肝心な、その中で女性たちが紙と鉛筆で手計算するコンピューターから、電子計算機のプログラミングの能力を身に着け、時代に対応していったことです。「コンピューター」から「エンジニア」へと職種が変化していくにつれて、NASAの規定によって「工学の学位を有すること」という条件が課せられます。ミッション・デザイン室長となったヘレン・リンさんが編み出した、はじめはコンピューターとして仕事をしながら、カリフォルニア工科大学に通って学位を取得し、そしてエンジニアというキャリアパス。これはJPLがNASAの一部でありながら、運営はカリフォルニア工科大学というNASAセンターの中でも少し特殊な位置づけにあるからこそ可能なルートかもしれません。ですが、一八歳までに大学院へ進学する計画を立てておかなければ、どんな成果を上げてもエンジニア職にはつけない、と人生の早くからキャリアパスが固定化してしまうよりは、はるかに柔軟に人の能力を活かすことができる方法なのではないかと思います。

とはいえ、高い能力を持った女性であっても、家庭生活との両立がままならないことがある例も本書にはしっかり描かれています。離婚や夫の転勤に伴う退職、子供を持たない選択など、半世紀近く前から、現代の日本でも大きく変わってはいないことかもしれません。その中で、バーバラ・ポールソンさんの夫のハリー・ポールソンさんや、ヘレン・リンさんの夫のアーサー・リンさんのように妻の人格と能力に敬意を抱き、共に家庭を支えてくれる男性がいたことは、本書の一読者としてとても嬉しいことでした。

本書の前半の白眉は、世界初の人工衛星「スプートニク1号」とそれを追って打ち上げられたアメリカ初の人工衛星「エクスプローラー1号」の成功ではないでしょうか。二〇一七年はスプートニク1号から六〇周年にあたります。二〇一七年のスプートニク打ち上げ記念日の直前に、アメリカ中央情報局（CIA）は、女性が東西冷戦下の宇宙競争の中で重要な役割を果たしていたことを公表しました。バーバラさんやヘレンさんを悔しがらせたスプートニク打ち上げの影で、アメリカ政府の側に何があったのか少しご紹介したいと思います。

一九五七年一〇月四日のスプートニク1号打ち上げはアメリカにとっては予想外の出来事で、本書の第6章にはJPLのビル・ピッカリング所長がワシントンDCで突然の「ソ連が人工衛星打ち上げに成功」との報道を突きつけられ、驚愕する場面があります。ですが、CIAの報告書によると、当時あるCIA女性分析官がスプートニクの打ち上げを「九月二〇日から一〇月四日の範囲内」と予測しており、衛星の性能や当時はまだ秘密だったロケット射場「バイコヌール宇宙基地」（現カザフスタン共和国）の場所も掴んでいたというのです。

この情報を探り出したのは、女性で初めてCIAの要職につき、後に「トレイルブレイザー（先駆者）」として表彰されたエロイーズ・ペイジさんという分析官です。スプートニク1号に関するインタビューで、ペイジさんは「一九五七年の五月までに、我々はスプートニクに関することはすべて把握していました。打ち上げの角度やその日付もわかっていました。打ち上げは九月二〇日から一〇月四日の間に行われるでしょう。九月二〇日はソ連ロケット工学の父の生誕から一〇〇周年にあたり、一〇月四日は打ち上げが可能な期間の最終日です」と述べています。「ソ連ロケット工学の父」とは一九世紀から二〇世紀にかけてロケット推進の基礎理論を研究したコンスタンチン・ツィオルコフスキーのこと。実際にはツィオルコフスキーの誕生日は九月二〇日ではなく一七日なのですが、それをのぞけばペイジさんの分析はほぼ完璧といえます。

元三菱重工業のロケット技術者、冨田信之氏の『ロシア宇宙開発史』によると、当時のソ連は宇宙計画の詳細を秘匿しており、IGY（国際地球観測年）の国際会議にも宇宙開発で要職についていたセルゲイ・コロリョフら主要人物は出席させず、実務に疎い人物ばかりが顔を出していたといいます。衛星の名前が「スプートニク」であることも直前の九月三〇日になってようやく明かしたことが、NASAのヴァンガード計画に関する資料に記されています。そんな中で、ペイジさんはカウンターインテリジェンスの専門家としてアメリカの地球物理学者たちとの間にしっかりした親交を持ち、情報を丹念に収集し、分析して打ち上げ日の結論にたどり着いたというから驚きです。

ですが、この詳細な報告がアイゼンハワー大統領の元に届くことはありませんでした。ペイジさんの報告はCIA内部の「科学技術情報委員会」と呼ばれる小委員会を通じて政府へと送られることになっていました。ところが、委員長であったホワイト大佐は「ソ連側から得た公式発言に基づく情報は信用できない」と報告の送付を拒否しました。結局、スプートニク1号打ち上げが「いつ」なのかという具体的な情報は公にならず、大統領がスプートニク・ショックを見越して先手を打つことは、ついにありませんでした。

後になって、ペイジさんCIAの科学情報部門から情報の正確さに対する賞賛の手紙を受け取ったといいます。スプートニク打ち上げ前、世の中に「人工衛星」という存在はなかった時代にその機能を正しく理解し、打ち上げを予測してみせたペイジさんの知的能力は大変なものであったはずです。ですが、大切な情報が活かされることなく握りつぶされてしまった背景に「女性であった」ということが影を落としているのではと思ってしまいます。一九六〇年代にマーキュリー計画とアメリカ初の有人宇宙飛行を支えたＮＡＳＡラングレー研究所の黒人女性コンピューターを描いた映画『ドリーム』が二〇一七年に公開され話題となりましたが、ペイジさんの存在は映画の原題と同じくHidden Figures（隠された姿）だったのではないでしょうか。

現在では、ＮＡＳＡを始めアメリカの宇宙業界では多数の女性が要職についています。二〇〇九年から二〇一三年まで、オバマ政権下でＮＡＳＡ副長官を務めたローリー・ガーバーさんを始め、連続して四人の女性がＮＡＳＡ副長官となっていますし、昨年はついにＮＡＳＡ長官の候補にアメリカ初の女性スペースシャトル・コマンダーとなったアイリーン・コリンズ宇宙飛行士の名が上がりました（これは実現しませんでしたが）。二〇一五年、史上初の冥王星フライバイ観測を行ったニューホライズンズの運用では、ジョンズ・ホプキンス大学応用物理学研究所のミッション運用マネージャー、アリス・ボーマンさんが活躍しています。民間では、国際宇宙ステーションへの輸送任務を担うロケット企業スペース・エックス（SpaceX）社でエンジニア出身のグウェン・ショットウェル社長が経営手腕を発揮し、アメリカの人工衛星打ち上げを支えています。

ただ、著者のナタリア・ホルトさんは、女性の活躍を過度に〝女性が〟活躍しているという文脈で捉えないように注意を促しているようにも思えます。これは、本書の冒頭に引用されているサリー・ライド宇宙飛行士の言葉「私は歴史を作るためにNASAへ来たのではありません」からうかがえます。ライド宇宙飛行士は、あくまでもその能力と受けた訓練によって宇宙飛行士に選抜されたのであり、「アメリカ初の女性宇宙飛行士」ということばかり注目されるのを好まなかったといいます。これは意欲と能力を持った人にとっては当然のことで、マーキュリー計画の七人の宇宙飛行士を「ただ、工学上のテストパイロットではなく、人間モルモット扱いすると、ものすごく憤慨するよ」とフォン・ブラウンが評したことと同じなのだと思います。見てほしいのはあくまでも能力とその結果である業績です。「女性はエンジニアになれない」、「家事・育児に専念するべき」といったハンディキャップを課されながらも、今でも宇宙探査機を動かし続けている貢献をしたという点では女性であることを称賛されるべきと思いますが、「女性ならではのしなやかな感性」といった手垢のついた言葉を使うべきではないのでしょう。第一、それで探査機が飛ぶほど宇宙は甘くないはず。

『COSMOS』の最終巻に、「ひたすら飛行するボイジャー号の姿を見た者は、だれもいない」と書かれています。その姿を見ることはできませんが、ボイジャーが今も飛び続けていることは確かですし、スー・フィンレイさんが全力を傾けたディープ・スペース・ネットワーク（DSN）のアンテナを介して今でも地上と繋がっています。同じように、ボイジャーを飛ばした女性たちは、あるときまで「隠された姿」だったかもしれませんが、ナタリア・ホルトさんが六年もの時間をかけて、いかにしてそれが成し遂げられたのか教えてくれたので、宇宙探査は才能と意欲があれば入っていける世界なのだということが明らかになりました。

NASAのDSN NOWというサイトを見ると、ボイジャーを始めたくさんの宇宙探査機とDSNの大口径アンテナがリアルタイムで通信している様子を観ることができます。同じように、言葉を介して探査機が大好きな人たちとそれを宇宙に送り出した人たちに繋がりができたらいいなと思っています。

最後に、思いつくままひたすら本を読んではツイートしていた私に、本書の翻訳というかけがえのない機会を与えてくださった地人書館の柏井勇魚さんに御礼申し上げます。

二〇一八年四月

秋山文野

Science Laboratory Critical Events," Aerospace Conference, Institute of Electrical and Electronics Engineers, Big Sky, Montana, 2012.

ボイジャー探査機の原子力電池とその寿命については、下記を参照している。William J. Broad, "Voyager 's Heartbeat Is Nuclear Battery," *New York Times*, August 26, 1989.

カール・セーガンは自身の発案によりボイジャー1号が最後の画像を撮影した後、著書のタイトルを『ペール・ブルー・ドット』とした。*Pale Blue Dot: A Vision of the Human Future in Space*（New York: Random House, 1994）

エピローグ

個人および家族に関する逸話はすべて著者によるインタビューより。

コンピューターとしてJPLで働いていた女性たちの再会は2012年10月に開催された。

アルテア8800の歴史については、下記を参照している。Robert M. Collins, *Transforming America: Politics and Culture During the Reagan Years* (New York: Columbia University Press, 2009).

スティーブ・ウォズニアックの「パーソナルコンピューターというものの全体像が頭に浮かんだ」との発言については、下記を参照している。Walter Isaacson, *Steve Jobs* (Simon and Schuster, 2011).

ガリレオ探査機におけるアンテナ展開の失敗については、下記を参照している。J. George et al., "Galileo System Design for Orbital Operations," Digital Avionics Systems Conference, Phoenix, Arizona, 1994, and Jean H. Aichele, ed., "Galileo, the Tour Guide: A Summary of the Mission to Date," JPL Progress Report D-13554, 1996.

ガリレオミッションの詳細は下記を参照している。David M. Harland, *Jupiter Odyssey: The Story of NASA's Galileo Mission* (London: Springer 2000), and Daniel Fischer, Mission Jupiter: The Spectacular journey of the Galileo Spacecraft (New York: Springer-Verlag, 2001).

CRAF計画とその予算問題については、下記を参照している。Roger D. Launius, ed., *Exploring the Solar System: The History and Science of Planetary Exploration* (New York: Palgrave Macmillan, 2013), and Peter J. Westwick, *Into the Black:JPL and the American Space Program, 1976- 2004* (New Haven, CT: Yale University Press, 2007).

カッシーニ探査機については、下記を参照している。Michael Meltzer, *The Cassini-Huygens Visit to Saturn: An Historic Mission to the Ringed Planet* (Cham, Switzerland: Springer International Publishing, 2015).

マゼラン探査機については、下記を参照している。Westwick, *Into the Black*.

火星探査ミッションについては、下記を参照している。Erik M. Conway, *Exploration and Engineering: The Jet Propulsion Laboratory and the Quest for Mars* (Baltimore: Johns Hopkins University Press, 2015).

マーズ・クライメート・オービターを破壊した度量衡の混乱については、下記を参照している。"Mars Climate Mishap Investigation Board Phase I Report," November 10, 1999, and "Report on the Loss of the Mars Climate Orbiter Mission ," EDS-D 18411, November 11, 1999.

マーズ・ポーラー・ランダーの消失については、下記を参照している。Bruce Moomaw and Cameron Park, "Was Polar Lander Doomed by Fatal Design Flaw ? ," *SpaceDaily*, February 16, 2000.

火星ローバーの詳細については、下記を参照している。Stephen Squyres, *Roving Mars: Spirit, Opportunity, and the Exploration of the Red Planet* (New York: Hyperion, 2005), and Rod Pyle, *Curiosity: An Inside Look at the Mars Rover Mission and the People Who Made It Happen* (Amherst, NY: Prometheus Books, 2014).

ドナ・シャーリーの「すべてが順調に進んで、まったく突然に『ここにいるのは全員女性だ』ということに気がついたのです」との言葉は、追加インタビューと下記を参照している。Kenneth Change, "Making Science Fact, Now Chronicling Science Fiction," *New York Times*, June 15, 2004.

ジュノー・ミッションにおけるスーの業績は、M.ソリアーノらとの共著による下記の論文を参照している。"Spacecraft-to-Earth Communications for Juno and Mars

32-1526, 1976.
バイキング2号の火星着陸については下記を参照している。Nalter Sullivan, "Viking 2 Lander Settles on Mars and Sends Signal," *New York Times*, September 4, 1976.
DSNによるバイキング探査機の追跡については、下記を参照している。F.H.J. Taylor, "Deep Space Network to Viking Orbiter Telecommunications Performance During the Viking Extended Mission, November 1976 through February 1978," JPL DSN Progress Report 42-25, 1978.
チャーリー・コールハーゼによるボイジャー計画の命名の由来については、下記を参照している。David W. Swift, *Voyager Tales: Personal Views of the Grand Tour* (Reston, VA: American Institute of Aeronautics and Astronautics, 1997).
ボイジャー1号の「不安発作」と打ち上げ時の不具合については、下記を参照している。Bruce Murray, *Journey into Space: The First Thirty Years of Space Exploration* (New York: W. W. Norton, 1990).

第12章　少女のように

個人および家族に関する逸話はすべて著者によるインタビューより。
ボイジャーのミッションおよび、記者説明会でのブラッドフォード・スミス「ご自分で数えたらどうですか」との発言については、下記を参照している。Stephen J. Pyne, *Voyager: Exploration, Space, and the Third Great Age of Discovery* (New York: Viking, 2010), and Dan Vergano, "Voyager," National Geographic, August 18, 2014.
ボイジャー2号のカメラ架台のトラブルとフライトエンジニアによるコマンド誤送信後の問題解決については、下記を参照している。Associated Press, Accident Frees Voyager 2 Camera; Now, Will It Work？" *Miami News*, August 27, 1981.
チャレンジャー号の事故詳細については、下記を参照している。Diane Vaughan, *The Challenger Launch Decision: Risky Technology, Culture and Deviance at NASA* (Chicago: University of Chicago Press, 1997), and "Report to the President by the Presidential Commission on the Space Shuttle Challenger Accident," June 6, 1986.
1985年7月31日付のNational Archives, identifier 596263によると、ロジャー・ボジョレーは下記のメモを残している。「最も優先順位が高いフィールド・ジョイントの問題を解決するためにチームが一丸となって即刻行動を取らなければ、射点設備もろとも飛行能力を失う危機に立たされる、という率直かつ非常に現実的な恐怖を抱いています」。
チャレンジャー号の事故の際にアランJ.マクドナルドとロジャー・ボジョレーが果たした役割については、下記を参照している。David E. Sanger, "A Year Later, Two Engineers Cope with Challenger Horror," *New York Times*, January 28, 1987.
マイクロプロセッサーの歴史については、下記を参照している。Robert Slater, Portraits in Silicon (Cambridge, MA: MIT Press, 1989).
マイクロチップの発展におけるジャック・キルビーの役割については、下記を参照している。T. R. Reid, *The Chip: How Two Americans Invented the Microchip and Launched a Revolution* (New York: Simon and Schuster, 1985).

Burgess, *The Voyage of Mariner 10: Mission to Venus and Mercury* (Washington, DC: National Aeronautics and Space Administration, 1978).

「マリナー 金星/水星 1973」から得られた観測データについては、下記を参照している。J. T. Hatch and J. W. Capps, "Real-Time High-Rate Telemetry Support of Mariner10 Operations," JPL DSN Progress Report 42-23, 1974, and Bruce Murray and Eric Burgess, *Flight to Mercury* (New York: Columbia University Press, 1977).

マリナー 10 号は、典型的な濃い惑星大気とは異なる希薄な火星の大気を検出した。また、水星の大気の状態は、気体の密度が非常に低いため、分子がガスとして振る舞うことができない外気圏にあたると考えられている。詳しくは下記を参照。A. L. Broadfoot et al., "Mariner 10： Mercury Atmosphere," *Geophysical Research Letters*, 3 (10) (1976).

シルヴィアの論文、「マリナー・ジュピター／サターン 1977：ミッション概要」には、共著者ロジャー・バーク、ラルフ F. マイルズ・ジュニア、ポール A. ペンゾ、リチャード A. ウォレスと共にシルヴィア・ランヴィ、ヴァン・ディレンの名が掲載され、1972 年 11 月 1 日に出版された。"Mariner Jupiter/Saturn 1977: The Mission Frame," *Astronautics and Aeronautics*, November 1, 1972.

アポロ 17 号のミッションで撮影された写真「ブルー・マーブル」については、下記を参照している。Don Nardo, *The Blue Marble: How a Photo Revealed Earth's Fragile Beauty* (Mankato, MN: Capstone), 2014.

NASA においてニクソン大統領が果たした役割については、下記を参照している。John M. Logsdon, *After Apollo?: Richard Nixon and the American Space Program* (New York: Palgrave Macmillan, 2015).

ドイツによるアメリカ爆撃機案に対する視点は、下記を参照している。Alan Axelrod, *Lost Destiny: Joe Kennedy Jr. and the Doomed WWⅡ Mission to Save London* (New York: St. Martin's, 2015).

スカイラブ計画の詳細については、下記を参照している。Pamela E. Mack, ed., *From Engineering Science to Big Science: The NACA and NASA Collier Trophy Research Project Winners* (Washington, DC: National Aeronautics and Space Administration History Division, 1998).

ソユーズ 11 号の事故については、下記を参照している。John F. Burns, "Emerging New Details Indicate Soyuz Trouble," *New York Times*, December 14, 1982, and "The Crew That Never Came Home: The Misfortunes of Soyuz 11," *Space Safety*, April 28, 2013.

海面下を観測可能な SEASAT の能力については、下記を参照している。William J. Broad, "U.S. Loses Hold on Submarine-Exposing Radar Technique," *New York Times*, May 11, 1999.

バイキング号のミッションとハロルド・マサースキーの「コンピューターを使うというのは靴を履くようなものでね」という言葉についえては、下記を参照している。Edward Clinton Ezell and Linda Neuman Ezell, *On Mars: Exploration of the Red Planet, 1958-1978-The NASA History* (Mineola, NY: Dover, 2009).

バイキング・ミッションの軌道に影響を与える検討事項については、下記を参照している。Douglas J. Mudgway, "Viking Mission Support," JPL Technical Report

Bly Cox, *Apollo: The Race to the Moon* (New York: Simon and Schuster, 1989).

マリナー探査機とその成果については、下記を参照している。Edward Clinton Ezell and Linda Neuman Ezell, *On Mars: Exploration of the Red Planet, 1958-1978-The NASA History* (Mineola, NY: Dover, 2009). マリナー5号は当初マリナー4号のバックアップ機であったが、後に金星探査機に変更された。

マギーが関わっていた観測データ高速送信システムに関しては、下記を参照している。R. C. Tausworthe et al., "A High Rate Telemetry System for the Mariner Mars 1969 Mission," JPL Technical Report 32-1354, 1969.

火星で植生を復活させると誤って考えられていた砂嵐と火星の春については、下記を参照している。William Sheehan and Stephen James O'Meara, *Mars: The Lure of the Red Planet* (Amherst, NY: Prometheus Books, 2001).

文学作品における火星の影響については、下記を参照している。Robert Crossley, *Imagining Mars: A Literary History* (Middletown, CT: Wesleyan University Press, 2011).

映画『惑星アドベンチャー・スペース・モンスター襲来!』は1953年に、『ザ・デイ・マーズ・インベーデッド・アース』は1963年に公開された。

後に「ボイジャー計画」として知られることになる「グランド・ツアー計画」とその航路については、下記を参照している。Stephen J. Pyne, *Voyager: Exploration, Space, and the Third Great Age of Discovery* (New York: Viking, 2010), and Ben Evans with David M. Harland, *NASA's Voyager Missions: Exploring the Outer Solar System and Beyond* (London: Springer-Verlag, 2004).

グランド・ツアー計画の中止については、下記を参照している。Edward C. Stone, "Voyager, the Space Triumph That Almost Wasn't," *Los Angeles Times*, February 18, 2014.

男女平等を求めた女性ストライキおよび「ああした女性たちが何を考えているのかわかりません」といった当時の反応については、下記を参照している。Catherine Gourley, *Ms. and the Material Girls: Perceptions of Women from the 1970s Through the 1990s* (Minneapolis: Lerner, 2007).

マリナー10号におけるジュゼッペ・コロンボの貢献については下記を参照している。Robert S. Kraemer, *Beyond the Moon: A Golden Age of Planetary Exploration, 1971-1978* (Washington, DC: Smithsonian Institution Scholarly Press, 2000).

1970年代に工学の学位を修得した女性の割合については、下記を参照している。National Center for Education Statistics, Statistical Analysis Report, 2013.

カリフォルニア工科大学が1970年代に女性の学部生を受け入れたことについては、下記を参照している。the Caltech alumni website (http://www.alumni.caltech.edu/news/2014/5/12/remembering-a-milestone) and in Amy Sue Bix, *Girls Coming to Tech!: A History of American Engineering Education for Women* (Cambridge, MA: MIT Press, 2014).

第11章　火星から来た男

個人および家族に関する逸話はすべて著者によるインタビューより。

マリナー10号の成果については、下記を参照している。James A. Dunne and Eric

and Robotic Surveyors（London: Springer 2004）.
ユージーン・シューメイカーがレインジャー8号機のミッションで月の昼夜の境界であるターミネーター付近での撮像を主張したことについては、下記を参照している。David H. Levy, *Shoemaker by Levy: The Man Who Made an Impact*（Princeton, NJ: Princeton University Press, 2002）.
マリナー3号に被せられていたシュラウドの問題とその解決については、下記を参照している。John S. Lewis and Ruth A. Lewis, *Space Resources: Breaking the Bonds of Earth*（New York: Columbia University Press, 1987）.
パーシヴァル・ローウェルは火星について3冊の著作を出版している。運河に関する詳細については、下記を参照している。*Mars and Its Canals*（New York: Macmillan, 1906）.
1965年、コンピューターエンジニアとして働いていたフレッド・ビリングスリーが「ピクチャー・エレメント」を縮めた「ピクセル」という言葉を考案した。デジタル画像処理技術の初期にJPLがパイオニアとしての役割を果たしたことについては、下記を参照している。James Tomayko, *Computers in Spaceflight: The NASA Experience*（Washington, DC: National Aeronautics and Space Administration, 1988）.
1965年7月30日、『ニューヨーク・タイムズ』紙は「火星はおそらく死んだ惑星だ」との社説を掲載した。
6歳以下の子供を持つ既婚女性の20パーセントが働いていたことについては、下記を参照している。Committee on Finance, *Child Care Data and Materials*, U.S. Senate, 1974.
火星の極域と重力圏に関するマリナー探査機の調査については、下記を参照している。Ezell and Ezell, *On Mars*.
サーベイヤー計画については下記を参照している。Koppes, *JPL and the American Space Program*.
ピッカリングが「ああ、ところでこれ、世界中に生中継されていますからね」と記者に告げられたことについては、下記のインタビュー記事を参照している。Mary Terrall, November 7-December 19, 1978, Caltech Archives.
「操縦席で火災発生！」との警告を含むアポロ1号の事故については、下記を参照している。David J. Shayler, *Disasters and Accidents in Manned Spaceflight*（London: Springer, 2000）.
パンティストッキングの歴史については、下記を参照している。Joseph Caputo, "50 Years of Pantyhose," *Smithsonian*, July 7, 2009.
アポロ6号のミッションについては、下記を参照している。Richard W. Orloff and David M. Harland, Apollo: The Definitive Sourcebook（New York: Springer, 2006）.

第10章　最後の宇宙女王

個人および家族に関する逸話はすべて著者によるインタビューより。
FORTRAN 66 については下記を参照している。Dennis C. Smolarski, *The Essentials of FORTRAN*（Piscataway, NJ: Research and Education Association, 1994）.
アポロ11号については、下記を参照している。Charles A. Murray and Catherine

の名前のように考えた」と述べたことについては、下記を参照している。Charles A. Murray and Catherine Bly Cox, *Apollo: The Race to the Moon* (New York: Simon and Schuster, 1989).

マリナー計画の火星探査ミッションについては下記を参照している。Edward Clinton Ezell and Linda Neuman Ezell, *On Mars: Exploration of the Red Planet, 1958-1978-The NASA History* (Mineola, NY: Dover, 2009); Clayton R. Koppes, *JPL and the American Space Program: A History of the Jet Propulsion Laboratory* (New Haven, CT: Yale University Press, 1982); *Mariner-Mars 1964: Final Project Report*, JPL, 1968; and Dennis A. Tito, "Trajectory Design for the Mariner-Mars 1964 Mission," *Journal of Spacecraft and Rockets* 4(3)(1967): 289-296.

金星が磁気圏を持たない理由について、惑星の核が完全に固体、または液体であるからと考えられている。地球では、内部の相境界も熱を放出し、核が1年に約1ミリメートルに拡大するときに対流を促進する。しかし、この効果が地磁気ダイナモ駆動できるかどうかはわかっていない。金星の核のモデルは、実際の状態はわかっていないが、その大きさと熱収支を考慮すると、少なくとも部分的に液体であると予測されている。金星はきわめて自転が遅く、太陽熱が不均一であることや異常な大気のダイナミクスなどの興味深い影響を及ぼしている。金星の磁気圏に関しては、下記を参照した。Frederic W. Taylor, *The Scientific Exploration of Venus* (New York: Cambridge University Press, 2014).

コリオリ効果については下記を参照した。Graham P. Collins, *Scientific American*, September 1, 2009.

熱殺菌が宇宙機の動作に及ぼす影響については、下記を参照した。R. Cargill Hall, *Lunar Impact: The NASA History of Project Ranger* (Mineola, NY: Dover, 2010). The Mariner Mars mission s were not heat-sterilized, as specified in Mariner-Mars 1964, JPL.

レインジャー6号からの中継中に「美しい香りをまとって歩く、エイヴォンのコロン」という別の音声に切り替わってしまい、NASAのジェームズ・ウェッブ長官が「もう1回だ。もう1回だけ飛ばしていい」と延べ、ピッカリングがミス誘導ミサイルコンテスト中に「皆で乗り越える。皆でやり遂げるんだ」と決意を表明したことについては、下記を参照している。Jeffrey Kluger, *Moon Hunters: NASA's Remarkable Expeditions to the Ends of the Solar Systems* (New York: Simon and Schuster, 2001).

電話交換手の雇用が1947年から1960年にかけて43%減少したことについては、下記を参照している。U.S. Bureau of Labor Statistics in 1963.

NASAでコンピューター職が削減されていったことについては、下記を参照している。Sheryll Goecke Powers, "Women in Flight Research at NASA Dryden Flight Research Center from 1946 to 1995" National Aeronautics and Space Administration History Office, 1997.

JPLにおけるラッキー・ピーナッツのいきさつについては下記を参照している。Associated Press, "Peanuts: Rocket Scientists' Lucky Charm," *Lodi* (*California*) *News-Sentinel*, December 3, 1999.

月探査の着陸地点に関する議論については、下記を参照している。Hall, Lunar Impact, and Paolo Ulivi and David M. Harland, *Lunar Exploration: Human Pioneers*

Williams, *Grace Hopper: Admiral of the Cyber Sea Annapolis*, MD: Naval Institute Press, 2013）.

ロイス・ハイブトの言葉「誰もなにもわかってはいませんでした」とコンパイラ開発については、下記のハイブトへのインタビュー記事を参照している。Lois Haibt is quoted as saying, "Nobody knew anything," etc., when asked about compilers, in Lois Haibt, an oral-history interview conducted August 2, 2001, by Janet Abbate, Institute of Electrical and Electronics Engineers History Center, Hoboken, NJ, U.S.A.（http://ethw.org/Oral-History:Lois_Haibt）.

IBM1620には追加機能を実行するデジタル回路がなく、オペレーターが代わってテーブルで回答を検索しなければならかったことから、CADETは「足し算はできません。試用しないでください」を意味するあだ名とされた。詳しくは下記を参照している。Richard Vernon Andree, *Computer Programming and Related Mathematics*（Hoboken, NJ: John Wiley, 1966）.

数学記号の上付きバーがプログラムから脱落したことがマリナー1号の事故原因になったこと、およびアーサーC.クラークが記号の種類について思い違いの上でマリナー1号を「歴史上最も高価なハイフンによる事故」と呼んだ件については、下記を参照している。Ceruzzi, *Beyond the Limits: Flight Enters the Computer Age*（Cambridge, MA: MIT Press, 1989）. *The Promise of Space*（New York: Berkley, 1955）, Ceruzzi explains how the Mariner 1 failure was a "combination of a hardware failure and software bug."

マーキュリー7号およびサターンロケットの資料は下記を参照した。Richard W. Orloff and David M. Harland, *Apollo: The Definitive Sourcebook*（New York: Springer, 2006）.

キューバ危機については、下記を参照している。Sheldon M. Stern, *The Cuban Missile Crisis in American Memory: Myths Versus Reality*（Palo Alto, CA: Stanford University Press, 2012）. 同書とケネディ大統領ライブラリー（http://www.jfklibrary.org/JFK/JFK-in-History/Cuban-Missile-Crisis.aspx）には、トルコへのジュピターミサイル配備について記録されているが、キューバ危機におけるジュピターミサイルの意味については1987年まで公表されなかった。

ギリシアの数学者ピタゴラスによる「弦の響きには幾何学があり、天空の配置には音楽がある」との言葉を引用してビル・ピッカリングは「天球の音楽を聴いてごらん」と新聞記者にコメントしたといい、多くの新聞がこの言葉を掲載した。Philip Dodd, "Rendezvous with Venus a Success！" *Chicago Daily Tribune*, December 15, 1962.

1963年のローズ・パレードにマリナー2号のフロート車が登場したことについては、下記を参照している。David S. Portree "Centaurs, Soviets, and Seltzer Seas: Mariner2's Venusian Adventure（1962）," Wired, December 20, 2014.

第9章　惑星の引力

個人および家族に関する逸話はすべて著者によるインタビューより。

エイブ・シルヴァースタインがアポロ計画について「宇宙船の名前は、自分の子

Voyager: Exploration, Space, and the Third Great Age of Discovery (New York: Viking, 2010).

マリナー計画については下記を参照している。Franklin O'Donnell, "The Venus Mission: How Mariner 2 Led the World to the Planets," JPL/California Institute of Technology, 2012; Robert Van Buren, *Mariner Mars 1964 Handbook*, JPL, 1965; and Koppes, *JPL and the American Space Program*.

マーキュリー計画の歴史については、スコット・カーペンターの著書をはじめ、下記を参照している。M. Scott Carpenter et al., We Seven (New York: Simon and Schuster, 1962), and John Catchpole, *Project Mercury: NASA's First Manned Space Programme* (London: Springer, 2001).

フォン・ブラウンがピッカリングに宛てた手紙については、下記を参照している。Von Braun to Pickering is also documented in Michael J. Neufeld, *Von Braun: Dreamer of Space, Engineer of War* (New York: Alfred A. Knopf), 2008.

アラン・シェパードの弾道飛行については下記を参照している。Colin Burgess, *Freedom 7: The Historic Flight of Alan B. Shepard, Jr.* (New York: Springer, 2014).

ボストーク宇宙船が宇宙で1週間は過ごせるよう設計されていたのに対し、マーキュリー宇宙船は24時間までであった点については、下記を参照している。Scott Carpenter and Kris Stoever, *For Spacious Skies: The Uncommon journey of a Mercury Astronaut* (Orlando, FL: Harcourt, 2002).

アトラス・アジェナロケットについては下記を参照している。The Atlas-Agena rocket is described in Lewis Research Center, ed., *Flight Performance of Atlas-Agena Launch Vehicles in Support of the Lunar Orbiter Missions Ⅲ, Ⅳ, and V* (Washington, DC: National Aeronautics and Space Administration, 1969).

レインジャー探査機の連続失敗については下記を参照している。David M. Harland, *NASA's Moon Program: Raving the Way for Apollo 11* (New York: Springer, 2009); Koppes, *JPL and the American Space Program*; and R. Cargill Hall, *Project Ranger: A Chronology* (Pasadena, CA: JPL/California Institute of Technology, 1971).

1960年のワールド・シリーズでの緊迫した試合展開については、下記を参照している。The thrilling 1960 World Series is chronicled in Michael Shapiro, *Bottom of the Ninth: Branch Rickey, Casey Stengel, and the Daring Scheme to Save Baseball from Itself* (New York: Henry Holt, 2010).

1960年、18歳以下の子供を持つ既婚女性の25%が労働市場に参入していたことについては、下記を参照している。Sharon R. Cohany and Emy Sok "Trends in Labor Force Participation of Married Mothers of Infants," *Monthly Labor Review*, February 2007.

1960年代のアメリカ合衆国で避妊が普及したことについては、下記を参照している。James Reed, *The Birth Control Movement and American Society: From Private Vice to Public Virtue* (Princeton, NJ: Princeton University Press, 2014).

FORTRANの歴史、初期のキーパンチ・コンピューターの操作方法、IBM1620については下記を参照している。Paul E. Ceruzzi, *A History of Modern Computing*, 2nd ed. (Cambridge, MA: MIT Press, 2003).

グレイス・マレイ・ホッパーの伝記は下記を参照している。Kathleen Broome

(College Station: Texas A&M University Press, 2004).
「8分とは待たせてくれたな」とのフォン・ブラウンの発言については下記を参照している。Erik Bergaust, *Wernher von Braun: The Authoritative and Definitive Biographical Profile of the Father of Modern Space Flight* (Washington, DC: National Space Institute, 1976).

第7章　月の輝き

個人および家族に関する逸話はすべて著者によるインタビューより。
NASA創設期の記録は下記を参照にしている。Thomas Keith Glennan, *The Birth of NASA: The Diary of T. Keith Glennan* (Washington, DC: National Aeronautics and Space Administration, 2009).
NASA設立後まもなくJPLが策定したパイオニア計画とその他の太陽系探査については、下記を参照している。Clayton R. Koppes, *JPL and the American Space Program: A History of the Jet Propulsion Laboratory* (New Haven, CT: Yale University Press, 1982), and Mark Wolverton, *The Depths of Space: The Story of the Pioneer Planetary Probes* (Washington, DC: Joseph Henry Press, 2004).
『火星とその彼方』は1957年12月4日にTV番組『ディズニーランド』のエピソードとして放映された。
IBM704に関する詳細は下記を参照している。Paul E. Ceruzzi, *Computing: A Concise History* (Cambridge, MA: MIT Press, 2012).
ルナ1号ことмечта（ミチター（Mechta）：夢）は、初の成功例とされるが実際は4回目の打ち上げである。ソ連の高名な宇宙エンジニア、セルゲイ・コロリョフによって命名され、後にソ連政府によって公式名に改められた。現在も太陽を周回している。ルナ1号とパイオニア計画については下記を参照している。Tom McGowen, *Space Race: The Mission, the Men, the Moon* (New York: Enslow, 2008).
海軍ヴァンガード計画に従事していた157名の人員の移転および、フォン・ブラウン率いる陸軍弾道ミサイル局の段階的解体については、下記を参照している。Virginia P. Dawson and Mark D. Bowles, eds., Realizing the Dream of Flight (Washington, DC: National Aeronautics and Space Administration, 2005), and Howard E. Mccurdy, *Space and the American Imagination* (Baltimore: Johns Hopkins University Press, 2011).
後にディープ・スペース・ネットワークのとなったアンテナ網の歴史については下記を参照している。William A. Imbriale, *Large Antennas of the Deep Space Network* (Hoboken, NJ: John Wiley, 2003).

第8章　アナログの大君

個人および家族に関する逸話はすべて著者によるインタビューより。

ヴェガ計画の中止と続くJPLの計画については、下記を参照している。Clayton R. Koppes, *JPL and the American Space Program: A History of the Jet Propulsion Laboratory* (New Haven, CT: Yale University Press, 1982), and Stephen J. Pyne,

Control (Oxford, England: Woodhead, 2012).

大気圏再突入が可能なノーズコーンの設計が外見は不格好になっている点については、下記を参照している。Andrew Chaikin "How the Spaceship Got Its Shape," *Air & Space Smithsonian*, November 2009.

ジュピターCまたはジュノーと呼ばれるロケットの開発中止とそれに伴う失望については、下記を参照している。Clayton R. Koppes, *JPL and the American Space Program: A History of the Jet Propulsion Laboratory* (New Haven, CT: Yale University Press, 1982).

硝酸によって起きる化学やけどについては下記を参照している。L. Kolios et al., "The Nitric Burn Trauma of the Skin," *Journal of Plastic, Reconstructive and Aesthetic Surgery* 63(4) (2010).

スプートニク衛星に関する詳細は下記を参照している。Paul Dickson, *Sputnik: The Shock of the Century* (New York: Walker, 2007), and Yanek Mieczkowski, *Eisenhower's Sputnik Moment: The Race for Space and World Prestige* (Ithaca, NY: Cornell University Press, 2013).

スプートニク1号打ち上げが公表された夜に交わされた「ヴァンガードでは無理です」から始まるフォン・ブラウンとマッケルロイ国防長官、メダリス少将との会話については、下記を参照している。William E. Burroughs, *This New Ocean: The Story of the First Space Age* (New York: Random House, 1998).

アイゼンハワー大統領とジュピターCロケット、エクスプローラー1号については下記を参照している。Yanek Mieczkowski, *Eisenhower's Sputnik Moment: The Race for Space and World Prestige* (Ithaca, NY: Cornell University Press, 2013).

レッドソックス計画については下記を参照している。Paolo Ulivi and David M. Harland, *Lunar Exploration: Human Pioneers and Robotic Surveyors* (London: Springer, 2004); R. Cargill Hall, *Lunar Impact: The NASA History of Project Ranger* (Mineola, NY: Dover, 2010); and Jay Gallentine, *Ambassadors from Earth: Pioneering Explorations with Unmanned Spacecraft* (Lincoln: University of Nebraska Press, 2009).

ソ連はイヌの宇宙飛行士ライカは健康であり、後に安楽死したと公式に主張しており、毎日ライカの健康状態を報告していた。2002年に、実際はスプートニク2号の内部は摂氏49度に達しており、ライカは打ち上げから2～3時間で死亡していたことが公表された。詳細は下記を参照している。Jennifer Latson, "The Sad Story of Laika, the First Dog Launched into Orbit," *Time*, November 3, 2014.

ヴァンガード計画の最初の打ち上げ失敗、および後の成功については、下記を参照している。Constance McLaughlin Green and Milton Lomask, *Vanguard: A History* (Washington, DC: U.S. Government Printing Office, 1970).

「全くの計算違いにより、わが国はソ連との衛星-ミサイル競争に敗北しつつある」とのケネディの懸念については、下記を参照している。Zuoyue Wang, *In Sputnik's Shadow: The President's Science Advisory Committee and Cold War America* (New Brunswick, NJ: Rutgers University Press, 2009).

エクスプローラー1号の打ち上げ、ケープ・カナヴェラルからJPLへのテレタイプ送信とその後の記者会見の様子については、下記を参照している。Matthew A. Bille and Erika Lishock, *The First Space Race: Launching the World's First Satellites*

Office, 1970); Roger D. Launius et al., eds., *Reconsidering Sputnik: Forty Years Since the Soviet Satellite* (London: Routledge, 2013); Pickering with James H. Wilson, "Countdown to Space Exploration: A Memoir of the Jet Propulsion Laboratory, 1944-1958," in R. Cargill Hall, ed., *History of Rocketry and Astronautics* (San Diego: Univelt, 1986).

宇宙の真空状態に関する解説は下記を参照している。Andrew M. Shaw, *Astrochemistry: From Astronomy to Astrobiology* (Chichester, England: John Wiley, 2006).

大気圏離脱の困難さについては下記を参照している。Paul A. Tiper and Gene Mosca, *Physics for Scientists and Engineers*, 6th ed. (New York: W. H. Freeman, 2007).

脱出速度と軌道へ到達するにあたり必要な速度、方向などの多段式ロケットの科学については下記を参照している。George P. Sutton and Oscar Biblarz, *Rocket Propulsion Elements* (Hoboken, NJ: John Wiley, 2009).

レッドストーン兵器廠と陸軍弾道ミサイル局の歴史については下記を参照している。T. Gary Wicks, *Huntsville Air and Space* (Charleston, SC: Arcadia, 2010).

オービター計画を抑え、ヴァンガード計画が選定された経緯については下記を参照している。Green and Lomask, *Vanguard*.

ホテル・デル・コロラドの歴史については下記を参照している。Donald Langmead, *Icons of American Architecture: From the Alamo to the World Trade Center* (Santa Barbara, CA: Greenwood, 2009).

ジュピターCロケットについては下記を参照している。Clayton R. Koppes, *JPL and the American Space Program: A History of the Jet Propulsion Laboratory* (New Haven, CT: Yale University Press, 1982); Abigail Foerstner, *James Van Allen: The First Eight Billion Miles* (Iowa City: University of Iowa Press, 2009); Roger D. Launius and Dennis R. Jenkins, eds., *To Reach the High Frontier: A History of U.S . Launch Vehicles* (Lexington: University Press of Kentucky, 2002); Asif A. Siddiqi, *The Red Rockets' Glare: Spaceflight and the Soviet Imagination, 1857-1957* (New York: Cambridge University Press, 2010); and James M. Grimwood and Frances Strowd "History of the Jupiter Missile System," Report of U.S. Army Missile Command, July 27, 1962.

マイクロロックについては下記を参照している。David Christopher Arnold, *Spying from Space: Constructing America's Satellite Command and Control Systems* (College Station: Texas A &M University Press, 2008), and in H. L. Richter Jr. et al., "Microlock: A Minimum Weight Radio Instrumentation System for a Satellite," JPL Publication No. 36, April 17, 1958.

第６章　九〇日と九〇分

個人および家族に関する逸話はすべて著者によるインタビューより。

スプートニク１号打ち上げ時のワシントンD.C.におけるピッカリングのエピソードについては、下記を参照している。Douglas J. Mudgway, *William H. Pickering: America's Deep Space Pioneer* (Washington, DC: National Aeronautics and Space Administration, 2008).

大気圏再突入に伴う課題については下記を参照している。*Spacecraft Thermal*

and Quotations (Oxford, England: Oxford University Press, 2011).

1950年代のJPLで起きた事故に関しては、元職員への著者によるインタビュー、および現存するわずかな記録に基づいている。

サージェントの誘導装置に関する詳細は下記を参照している。Koppes, *JPL and the American Space Program*.

レスリー・グリーナー著『月へ向かって』。Leslie Greener, *Moon Ahead* (New York: Viking Press, 1951).

1950年代のパサデナで起きた人種差別廃止に対する反対運動および学校本部長への抗議については下記を参照している。Adam Laats, *The Other School Reformers: Conservative Activism in American Education* (Cambridge, MA: Harvard University Press, 2015).

ジャネス・ローソンとセオドア・ボルドーの結婚広告は下記を参照。*The California Eagle*, September 2, 1954.

第5章　足踏み

個人および家族に関する逸話はすべて著者によるインタビューより。

ウェルナー・フォン・ブラウンに関する最良の伝記として下記を参照した。Michael J. Neufeld, *Von Braun: Dreamer of Space, Engineer of War* (New York: Alfred A. Knopf), 2008.

フォン・ブラウンとウォルト・ディズニーとの関係については下記を参照している。Mike Wright, "The Disney-Von Braun Collaboration and Its Influence on Space Exploration," in Daniel Schenker et al., eds., *Selected Papers from the 1993 Southern Humanities Conference* (Huntsville, AL: Southern Humanities Press, 1993).

「人類は間もなく宇宙を征服する」シリーズは『コリアーズ』誌（*Collier's*）に1952年から1954年まで連載された。フォン・ブラウンは1952年3月22日号掲載の「最後のフロンティアの横断」を含め、シリーズ中に8本の記事を執筆している。

フォン・ブラウンが「傲慢」であるという評判、およびアメリカの科学者に呼び起こした嫉妬については下記を参照している。Drew Pearson and John F. Anderson, *U.S.A.-Second-Class Power?* (New York: Simon and Schuster, 1958).

「衛星打ち上げロケットが実現するまで広範囲の宇宙線研究はお預けとなるだろう」とのウィリアム・ピッカリング発言については、下記を参照している。"Study of the Upper Atmosphere by Means of Rockets," JPL Publication No. 15, June 20, 1947.

国際地球観測年の計画については下記を参照している。"Proposed United States Program for the International Geophysical Year, 1957-1958," National Academy of Science, National Research Council, 1956.

コンピューター部門の平均雇用者数はJPLアーカイブの人員記録より算出した。

オービター計画の詳細およびヴァンガード計画との競争については、下記を参照した。Dwayne A. Day, "New Revelations About the American Satellite Programme Before Sputnik," *Spaceflight* 36(11)(1994): 372-373; Constance McLaughlin Green and Milton Lomask, *Vanguard: A History* (Washington, DC: U .S. Government Printing

of the jet Propulsion Laboratory (New Haven, CT: Yale University Press, 1982).

JPL周辺の地域で大学に掲示された多くのコンピューター募集広告については、下記を参照している。Archives of the lab's newsletter *Lab-Oratory*.

ロサンゼルス市におけるアフリカ系アメリカ人の人口の変化については、下記を参照している。Charles A. Gallagher and Cameron D. Lippard, eds., *Race and Racism in the United States: An Encyclopedia of the American Mosaic* (Santa Barbara, CA: Greenwood, 2014).

南カリフォルニアでオレンジ果樹園が宅地となっていった変化については下記を参照している。"Tract Housing in California, 1945-1973: A Context for National Register Evaluation," prepared by the California Department of Transportation (Sacramento, CA: 2011).

ファイアストーン・タイヤ・アンド・ラバー社がコーポラル製造の契約企業となり、JPLが安定しない品質に対し不満を募らせていった件については、下記を参照している。Stephen B. Johnson, *The Secret of Apollo: Systems Management in American and European Space Programs* (Baltimore: Johns Hopkins University Press, 2002).

ハリー・ジェームス・プールと「燃える星」については、下記を参照している。P. Thomas Carroll, "Historical Origins of the Sergeant Missile Powerplant," in Kristan R. Lattu, ed., *History of Rocketry and Astronautics: Proceedings of the Seventh and Eighth History Symposia of the International Academy of Astronautics, 1973-1974* (San Diego: Univelt, 1989).

サージェント・ロケットの12回連続発射実験と事故、および燃える星の内部形状問題については下記を参照している。Roger D. Launius and Dennis R. Jenkins, eds., *To Reach the High Frontier: A History of U.S. Launch Vehicles* (Lexington: University Press of Kentucky, 2002).

フィボナッチ数列に関する詳細は下記を参照している。Alfred S. Posamentier and Ingmar Lehmann, *The (Fabulous) Fibonacci Numbers* (Amherst, NY: Prometheus Books, 2007).

IBM 701の歴史については下記を参照している。Paul E. Ceruzzi, *Beyond the Limits: Flight Enters the Computer Age* (Cambridge, MA: MIT Press, 1989) , and Emerson W. Pugh, Building IBM: Shaping an Industry and Its Technology (Cambridge, MA: MIT Press, 1995).

ジャネス・ローソンとエレイン・チャペルの二人がIBM訓練校へ派遣された件については、下記を参照している。JPL's *Lab- Oratory* newsletter, February 1953.

第二次世界大戦中に磁気テープ音声記録装置で音声を聴いたという回想は下記を参照している。John T. Mullin, "Creating the Craft of Tape Recording," *High Fidelity*, April 1976, 62-67.

磁気テープが情報を記録する仕組みについては、下記を参照している。H. Neal Bertram, *Theory of Magnetic Recording* (New York: Cambridge University Press, 1994).

トーマス・ワトソン・ジュニアがIBMの株主総会で「当初の契約見込みは5台でしたが、営業活動の結果18台の契約を獲得することができました」と述べた記録については、下記を参照している。Susan Ratcliffe, ed., *Oxford Treasury of Sayings*

Astro Turf The Private Life of Rocket Science（New York: Walker, 2006）. 同地域の景観およびトリニティ実験については、下記を参照している。Rose Houk and Michael Collier, *White Sands National Monument*（Tucson, AZ: Western National Parks Association, 1994）.

1949 年 1 月の大雪については下記を参照している。Stephen B. Johnson, "In 1949, the Snowman Socked Los Angeles," *Los Angeles Times*, January 11, 2013.

コーポラルおよびバンパー WAC 試験に関する記録は下記の公式記録を参照している。James W. Bragg et al., "Development of the Corporal: The Embryo of the Army Missile Program," Army Missile Command（Huntsville, AL: April 1961）.

V-2 ロケットによるエルパソ上空の飛行およびファレスでの事故については下記を参照している。"V-2 Rocket, Off Course, Falls Near Juarez," *El Paso Times*, May 30, 1947.

ココアビーチ、および後のケープ・カナヴェラルの歴史については、下記を参照している。Tony Long "July 24, 1950: America Gets a Spaceport," *Wired*, July 24, 2009.

バンパー WAC に対するコラリー・ピアソンの貢献については、著者によるインタビューに基づいている。1949 年 2 月 24 日の打ち上げにおけるバンパー WAC の技術的検討については、下記を参照している。J. D. Hunley, *Preludes to U.S. Space Launch Vehicle Technology: Goddard Rockets to Minuteman Ⅲ*（Gainesville: University Press of Florida, 2008）.

「初雷（First Lightning）」を意味するコードネームが付けられたソ連初の原子爆弾については、下記を参照している。Andrew Krepinevich and Barry Watts, *The Last Warrior: Andrew Marshall and the Shaping of Modern American Defense Strategy*（New York: Basic Books, 2015）.

銭学森（Hsue-Shen Tsien）の伝記は下記を参照している。Iris Chang, *Thread of the Silkworm*（New York: Basic Books, 1995）. 銭に関する FBI 記録は情報公開法に基づいて閲覧した。合衆国政府により 1999 年まで銭にスパイ容疑がかけられていた件は下院の下記文書で報告されている。The U.S. House of Representatives Report 105-851 "Report of the Select Committee on U .S. National Security and Military/Commercial Concerns with the People's Republic of China, Submitted by Mr.［Christopher］Cox of California,［Committee］Chairman," January 3, 1999, 105th Congress, second session.

フランク・マリーナに対する FBI への嫌疑とマリーナの自発的亡命については、FBI 記録を参照している。

コーポラル輸送部隊と 27km にも及ぶ隊列の長さについては、下記を参照している。Stephen B. Johnson, *The Secret of Apollo: Systems Management in American and European Space Programs*（Baltimore: Johns Hopkins University Press, 2006）.

第４章　ミス誘導ミサイル

個人および家族に関する逸話はすべて著者によるインタビューより。

JPL の予算が 1100 万ドルに倍増したこと、続く研究所人員の増強については、下記を参照している。Clayton R. Koppes, *JPL and the American Space Program: A History*

History Collection.
メイシーのコンピューター室長代理への昇進は1946年9月3日、研究所で発表された。
1940年のローズ・パレードの記述およびパサデナ短期大学で体育の授業を受けていた女子への義務として課された試験については下記を参照している。Kim Kowsky "Parade Passed Her By: In 1942, a Rose Princess Could Only Wave Goodbye to Her Dreams," *Los Angeles Times*, December 27, 1992.

第2章 西海岸を目指して

個人および家族に関する逸話はすべて著者によるインタビューより。
第二次世界大戦時の中国の役割に関する議論は下記を参照した。Rana Mitter, *Forgotten Ally: China's World War II, 1937-1945* (New York: Houghton Mifflin Harcourt, 2013).
フライング・タイガースに関する詳細は下記を参照した。Daniel Ford, *Flying Tigers: Claire Chennault and His American Volunteers, 1941-1942* (New York: HarperCollins, 2007).
1940年代の航空産業の拡大については下記を参照している。Robert A. Kleinhenz et al., "The Aerospace Industry in Southern California," prepared for the Los Angeles Economic Development Corporation, 2012.
1939年から1945年にかけて、アメリカ合衆国の航空機産業が世界で41番目の規模から世界第1位となったことについては、下記を参照している。Roger E. Bilstein, *The American Aerospace Industry* (New York: Twayne, 1996).

第3章 ロケットの夜明け

個人および家族に関する逸話はすべて著者によるインタビューより。
1955年、バーバラは100機目のコーポラルに署名した。ロケットの打ち上げは1955年4月28日、ホワイトサンズより実施された。2001年1月、ウィリアム・ピッカリングはJPLライブラリーにてJPLの歴史の中でこの出来事について述べた。
コーポラル、WACコーポラル、バンパーWACに関する詳細は下記を参照している。Frank H. Winter, Rockets into Space (Cambridge, MA: Harvard University Press, 1990); A. Bowdoin Van Riper, *Rockets and Missiles: The Life Story of a Technology* (Baltimore: Johns Hopkins University Press, 2007); and Mike Gruntman, *Blazing the Trail: The Early History of Spacecraft and Rocketry* (Reston, VA: American Institute of Aeronautics and Astronautics, 2004).
WACコーポラルの命名の由来、および"Without Altitude Control"と"Women's Army Corps,"の頭文字という二説については、下記を参照している。Simon Naylor and James R. Ryan, eds., *New Spaces of Exploration: Geographies of Discovery in the Twentieth Century* (London: I. B. Tauris, 2010).
ホワイトサンズ実験場に関する詳細は個人へのインタビューおよび私信を参照している。実験場で起きた悪ふざけについては、下記を参照している。M. G. Lord,

フランク・マリーナに関する資料は下記を参照している。The Frank Malina Collection, JPL Archives. FBIによるマリーナの資料と私信はアメリカ議会図書館収蔵の資料を参照した。

ジェローム・ハンセーカーによる「フォン・カルマンはバック・ロジャースみたいな仕事がしたいらしいね」との発言については、下記を参照した。"Origins and First Decade of the Jet Propulsion Laboratory," in Eugene M. Emme, ed., *The History of Rocket Technology: Essays on Research, Technology, and Utility* (Detroit: Wayne State University Press, 1964).

JATO技術に関する議論は下記を参照している。J. D. Hunley, *Preludes to U.S. Space-Launch Vehicle Technology: Gaddard Rockets to Minuteman Ⅲ* (Gainesville: University Press of Florida, 2008).

エルクーペによる飛行スケジュールと実験結果に関するマリーナの資料は下記を参照している。"Results of Flight Tests of the Ercoupe Airplane with Auxiliary Jet Propulsion Supplied by Solid Propellant Jet Units: Report," 1941, JPL Archives History Collection. 本資料には、バーバラ・キャンライトの貢献について、および「飛行機の修理が終わり次第、パイロットはもう一度飛行試験をやってくれるというので本当にありがたい」との発言について、ジャック・パーソンズによる原記録が含まれている。

エルクーペがメイシーズのカタログで販売されていたことについて、下記を参照している。Paul Glenshaw, "Buy Your Plane at Penney's," *Air & Space Smithsonian*, November 2013.

エレノア・ルーズヴェルトは1941年12月7日、週一回のラジオ放送で「私たちは、何と向き合わなければならないのかも、そしてその準備ができているということもわかっています」と呼びかけた。

ダグラスA-20A爆撃機の実験に関する詳細は下記を参照した。J. D. Hunley, *The Development of Propulsion Technology for U.S. Space Launch Vehicles, 1926-1991* (College Station: Texas A&M University Press, 2013).

メルバ・ニード、フリーマン・キンケイド、メイシー・ロバーツ、ヴァージニア・プレッティマンに関する詳細は下記を参照した。"Reminiscences of California Institute of Technology Guggenheim Aeronautical Laboratory, GALCIT No. 1, later JPL," memo from Nead to Kyky Chapman, JPL Archives History Collection.

手斧を持ったウォルター・パウエルによるマリーナ襲撃事件については、下記のマリーナの回想録中にパウエルのコメントとして記載されている。Walter Powell Collection, JPL Archives. 同回想録にはフォン・カルマンの後任JPL所長決定とクラーク・ミリカンの役割に関する議論も含まれている。

ジャック・パーソンズの自伝および、建設作業員が融解したアスファルトを混ぜる作業を見て考案したアスファルト材料を使った推進剤については、下記を参照した。John Carter, Sex and Rockets: *The Occult World of Jack Parsons* (Port Town send, WA: Feral House, 2005).

ジャック・パーソンズによるアスファルト材料推進剤の技術的詳細、試験と解析結果については下記を参照した。"The Preparation and Some Properties of an Asphalt Base Solid Propellant GALCIT 61-C" GALCIT Report No. 22, JPL Archives

会話部分は、著者によるインタビュー、および議事録や実験ノート、手紙、口述歴史（オーラルヒストリー）を元にして再構成されたものである。

打ち上げの日

個人に関する逸話は著者によるインタビューより。エクスプローラー1号の打ち上げ詳細は Matthew A. Bille and Erika Lishock, *The First Space Race: Launching the World's First Satellite* (College Station: Texas A&M University Press, 2004). より。

第1章　上へ、上へ、そして遠くへ

個人の逸話はすべて、国勢調査データ、私信、口述歴史、著者による JPL スタッフへのインタビュー、および写真、議事録、機関誌といった資料に基づくものである。

「決死隊」および JPL 創成期の歴史に関する情報は下記を参照した。Frank Malina, "The Rocket Pioneers: Memoirs of the Infant Days of Rocketry at Caltech," *Engineering and Science* 31(5)(1968); Malina, "Memoir on the GALCIT Rocket Research Project, 1936-1938," *Smithsonian Annals of Flight* 10(1974); Malina, "The Jet Propulsion Laboratory: Its Origin and First Decade of Work," Spaceflight 6(5) and 6(6)(1964); oral-history interview of Malina by Mary Terrall, December 14, 1978, Caltech Archives; Chris Gainor, *To a Distant Day: The Rocket Pioneers* (Lincoln: University of Nebraska Press, 2008); and Erik M. Conway, "From Rockets to Spacecraft: Making JPL a Place for Planetary Science," *Engineering and Science* 70(4)(2007).

パサデナ市の工場は 1929 年にわずか 159 件であったものが、1933 年にはさらに 83 件にまで減少したことがパサデナ市 Web サイトに掲載されている。(http://ww2.cityofpasadena.net/history/1930-19SO.asp, accessed December 2014)

18 世紀の天文学における計算について、および公共事業促進局に雇用されてコンピューターとして働いていた女性に関する記録は下記を参照している。David Alan Grier, *When Computers Were Human* (Princeton, NJ: Princeton University Press, 2007), and Grier, "The Math Tables Project of the Works Project Administration: The Reluctant Start of the Computing Era," *IEEE Annals of the History of Computing* 20(3)(1998): 33-50.

フリッツ・ツヴィッキーによる「心底バカげている」との発言については、フランク・マリーナへの下記のインタビューを元にした口述歴史による。Mary Terrall, December 14, 1978, Caltech Archives. 間もなくツヴィキーはマリーナを支援するようになり、やがて JPL の相談役となったことは重要な点である。

ヴァヌバー・ブッシュによる「どこの世界にロケットなんかで遊んでいるようなまともな科学者やエンジニアがいるんだ」との発言については、下記を参照している。G. Pascal Zachary, *Endless Frontier*：*Vannevar Bush, Engineer of the American Centurry* (New York: Free Press, 1997).

ジェット・エンジンの開発に関する詳細は下記を参照している。Sterling Michael Pavelec, *The jet Race and the Second World War* (Westport, CT: Praeger, 2007).

参考文献

この本に関する調査は、主に著者が2011～2015年に行った単独インタビューによる。インタビューで語られた出来事は可能な限り文献による裏付けを得た。インタビューはJPLでコンピューターとして働いていた女性とその家族、彼女らと仕事の上で深い関わりをもっていたJPLのエンジニア、そのほか研究者、現在のJPL職員を対象に行われた。すでに亡くなった人物について記述する際は、家族や友人の証言、および手紙や日記などの文献を元に出来事を再構成している。多くのインタビューは本書の最終稿には反映されていないものの、JPLの仕事と関わった人物像を描き出すにあたって大きく貢献している。

インタビュー対象者は次の通り。Virginia Anderson, Virginia Prettyman Bertrando, Roger Bourke, Margaret Brunn, Marie Crowley, Janet Davis, Georgia Dvornychenko, Susan Finley, Barbara Gaffney, Roberta Headley, Joan and Frank Jordan, Nancy Key, Charles Kohlhase, Cristyne Lawson, Linda Lee, Eve Ling, Helen Ling, Bill McLaughlin, Sylvia Miller, Marcia Neugebauer, Caroline Norman, Barbara Paulson, Phil Roberts, Lydia Shen, Donna Shirley, Janine Bordeaux Smith, Patricia Canright Smith, Kathryn Thuleen, and Victoria Wang.

加えて、多くのインタビューに応じてくれた方々は、ミッション報告書、通信記録、写真、論文の抜粋など歴史的素材を提供してくれた。

JPLアーカイブより、下記のコレクションを参照した。Analog-Computing Facility at JPL; Director's Projects Review: Agendas; Earth-Mars Trajectory Calculation Collection; Flight Command and Data Management Collection; Frank Malina Collection; Galileo S-Band and X-Band Telemetry Parameters Computations Collection; Historical Biography Collection; History Collection; Hsue-Shen Tsien: articles, photos, 1939- 1970; JPL Annual Report s; JPL Bulletins: 1944- 1958; JPL Computational Mathematics Collection; JPL Computer Group Memoranda Collection; JPL Personnel Lists; Mariner Mars Aperture Collection; Mars Pathfinder Assembly; Navigations Systems Records; Operations History of the JPL Electronic Differential Analyzer for 1952; photo albums, newsletters (*GALCIT-EAR, Lab- Oratory, Universe*); Records of the Flight Office; Robert Droz Collection; SEASAT artwork; Solid Propellant Engineering Section Records; Space craft Configuration Testing Collection; Test and Launch Operations Collection; transcript of interview with Charles Kohlhase, 2002; transcript of interview with Charles Terhune, 1990; transcript of interview with Gerald Levy, 1992; transcript of JPL press conference regarding the recent launch of Sputnik I; Viking Lander Cam era Test Collection; Viking Project Records; Voyager Computer Command Subsystem Document Collection; Walter Powell Collection.

【わ　行】

【数字・欧文】

【や　行】

【ら　行】

【ま　行】

【は　行】

【な　行】

【た 行】

【さ　行】

【か　行】

索引

【著者】
ナタリア・ホルト（Nathalia Holt）
サイエンスライター。南カリフォルニア大学、テュレーン大学、ハンボルト州立大学で学び、マサチューセッツ総合病院ラゴン研究所、マサチューセッツ工科大学、ハーバード大学などで研究職に就いていた。サイエンスライターとして、これまで『ニューヨーク・タイムズ』、『ロサンジェルス・タイムズ』、『アトランティック』、『ポピュラー・サイエンス』、『タイム』などに数多くの記事を寄稿。また、JPL（ジェット推進研究所）アーカイブ、カルテク図書館、ハーバード大学のシュレシンジャー図書館などでも執筆活動を行っている。著書には、本書のほかに *Cured: The People Who Defeated HIV*（Penguin Random House, 2014）邦訳『完治―― HIV に勝利した二人のベルリン患者の物語』（岩波書店、2015）がある。

【訳者】
秋山文野（あきやま・あやの）
サイエンスライター、編集者、翻訳者。現在は BUSINESS INSIDER JAPAN、sorae.jp、JAXA などに、宇宙開発分野を中心に、日本の宇宙開発、海外宇宙ビジネス、宇宙開発史などの記事を寄稿。著書に『図解ビジネス情報源 入門から業界動向までひと目でわかる 宇宙ビジネス』（アスキー・メディアワークス、2011 年）、『“JAXA の真田ぁ〜ず” に聞く 「はやぶさ」7 年 60 億 km のミッション完全解説』（角川アスキー総合研究所、2012 年）などがある。

ロケットガールの誕生
コンピューターになった女性たち

2018年7月10日　初版第1刷

著　者　ナタリア・ホルト
訳　者　秋山文野
発行者　上條　宰
発行所　株式会社　**地人書館**
162-0835 東京都新宿区中町15
電話 03-3235-4422　　FAX 03-3235-8984
振替口座 00160-6-1532
e-mail chijinshokan@nifty.com
URL http://www.chijinshokan.co.jp/
印刷所　モリモト印刷
製本所　カナメブックス

ISBN978-4-8052-0923-3